南方坡耕地
水土流失过程与调控

程冬兵　张平仓　等　著

科学出版社
北京

内 容 简 介

本书以南方坡耕地为主题，采用宏观分析与微观研究相结合，以坡耕地战略意义、南方坡耕地及其水土流失现状、南方坡耕地水土流失过程机理、南方坡耕地治理措施现状与问题需求、南方坡耕地防治对策与新技术研发为主线，系统论述南方坡耕地水土流失过程与调控等相关成果，旨在为南方坡耕地资源高效利用与保护提供科学依据和技术支撑。本书部分插图配有彩图二维码。

本书可供广大从事南方水土保持综合治理、坡耕地防治的科研工作者及相关技术人员参考使用。

图书在版编目（CIP）数据

南方坡耕地水土流失过程与调控/程冬兵等著. —北京：科学出版社，2023.5
ISBN 978-7-03-073502-7

Ⅰ.① 南…　Ⅱ.① 程…　Ⅲ.① 南方地区-坡地-耕地-水土流失-综合治理-研究　Ⅳ.① S157.1

中国版本图书馆 CIP 数据核字（2022）第 195506 号

责任编辑：何　念　张　慧/责任校对：高　嵘
责任印制：彭　超/封面设计：无极书装

科 学 出 版 社 出版

北京东黄城根北街 16 号
邮政编码：100717
http://www.sciencep.com

武汉中科兴业印务有限公司印刷
科学出版社发行　各地新华书店经销
*

开本：787×1092　1/16
2023 年 5 月第 一 版　　印张：16 3/4
2023 年 5 月第一次印刷　　字数：397 000
定价：**139.00 元**
（如有印装质量问题，我社负责调换）

作者简介

　　程冬兵，男，汉族，博士，教授级高级工程师，1979 年 11 月出生于江西省乐平市，2008 年 6 月进入长江科学院水土保持研究所工作，现任副总工程师，担任南方水土保持研究会理事、湖北省水土保持学会理事、中国水土保持学会科技协作工作委员会委员等社会兼职。一直从事水土保持相关科研与应用管理工作，完成或正在进行的科研项目 40 余项，公开发表论文 50 余篇，出版著作 4 部，主编团体标准 1 部、地方定额 2 部，参编国家标准 1 部、行业标准 2 部。

P 前 言

Preface

坡耕地是自然、经济、社会综合作用的产物，是特定自然条件下农业生产发展的重要保障；坡耕地也是耕地资源的重要组成部分，约占全国耕地总量的 1/5，是山丘区农业生产的基本用地。坡耕地对保障山丘区粮食安全，维护区域社会稳定发挥着重要作用，承担着相应的历史使命。但与此同时，传统粗放的坡耕地耕作模式也引发了水土流失、土地退化和面源污染等严重的生态环境问题，对耕地治理、生态环境保护、经济发展造成重大威胁。坡耕地治理不仅是控制水土流失、减少江河水患的关键举措，也是解决山丘区"三农"问题的迫切需要和重要前提，已然成为当前实施乡村振兴战略的重要抓手，而且将坡耕地治理与饮用水安全、农村环境整治融为一体，对改善农村生产生活条件和生态环境均具有重要意义。

党中央、国务院高度重视，连续多年中央一号文件对坡耕地综合治理做出明确安排。2011 年的中央水利工作会议强调要加快推进坡耕地水土流失综合治理工作，同年编制了《全国坡耕地水土流失综合治理规划》（报批稿）。近些年，水利部开展的国家水土保持重点工程，以及坡耕地水土流失综合治理试点工程、自然资源部开展的土地整治项目、国家林业和草原局开展的巩固退耕还林成果基本口粮田项目、国家农业综合开发办公室开展的国家农业综合开发中低产田改造项目、国家乡村振兴局开展的以工代赈等生态建设项目，都将坡耕地改梯田作为一项重要建设内容加以实施。这些项目的实施产生了明显的生态、社会和经济效益。

在南方，由于人口密集，坡耕地开发强度大，坡耕地不仅量大面广，而且其水土流失防治任务也异常严峻。在国家大力支持下，通过多年持续治理，坡耕地治理取得了明显成效。我国南方坡耕地水土保持措施主要有三种：一是配套坡面小型截排蓄工程和田间道路的坡改梯工程措施；二是对暂时无法改为梯田又必须保留农作的坡耕地，大力推广保土耕作措施，包括等高耕作、等高沟垄种植、间作套种、轮作、覆盖与敷盖等；三是以等高植物篱、植物护埂和退耕还林还草为代表的植物措施。南方或是自然条件、或是经济条件、抑或是农耕文化的原因，现有水土保持措施不能很好地满足南方坡耕地治理需求，迫切需要新技术、新方法、新理念。

在当前国家大力推进生态文明建设和长江经济带建设背景下，以南方坡耕地为主题、以南方坡耕地资源高效利用为目标，深入揭示南方坡耕地水土流失过程，创新防治理念，研发多元化高效水土流失调控新技术显得非常必要。在一系列国家和省部级等科研项目资助下，笔者通过多年系统研究与实践，进一步揭示南方坡耕地主要土壤类型抗蚀性能和坡耕地水土流失过程机理，全面总结南方坡耕地治理现状和不足，积极探索与研究坡耕地治理新理念、新技术，尤其是"坡改梯"及"退耕"外的措施，创新提出基于"排水保土"的南方水土保持方略和坡耕地治理标准，以"坡面径流调控"为核心，研发以半透水型截水沟和抗蚀增肥技术为代表的坡耕地治理新技术，为梯田建设条件不适宜或经济条件有限等地区的坡（耕）地水土流失治理提供多元化治理方案。本书相关成果不仅进一步加深人们对南方坡耕地水土流失的微观机理和理论认识，而且在应用实践上为加快推进南方坡耕地治理进程和服务南方生态文明建设提供技术支撑。

全书由程冬兵、张平仓等共同撰写。第1、5、6章由程冬兵撰写，第2章由赵元凌撰写，第3章由王一峰撰写，第4章由孙宝洋、程冬兵、张平仓、沈盛彧撰写，第7、8章由程冬兵、张平仓撰写，第9章由程冬兵、黄金权、孙宝洋撰写，第10章由李昊撰写。程冬兵负责全书统稿。

由于作者水平有限，书中不妥之处在所难免，敬请各位同行专家和读者批评指正。

作　者

2022年3月于武汉

C目录
Contents

第 1 章

绪 论

1.1 坡耕地的由来

坡耕地的产生是自然、经济、社会综合作用的产物，是特定自然条件下农业生产发展的重要保障，坡耕地的产生本质上就是为了保障粮食安全。坡耕地的产生可以概化为以下两个方面。

一是自然环境。中国的地形、地貌具有两大特征，即地势为西高东低的 3 大阶梯和 3 横 3 纵加 1 弧的地表结构构架，形成了中国 4 大高原（青藏高原、内蒙古高原、黄土高原和云贵高原）、4 大盆地（塔里木盆地、准噶尔盆地、柴达木盆地、四川盆地）和 3 大平原（东北平原、华北平原和长江中下游平原）镶嵌在由山系构成的骨架中的地形格局。由此，中国约 2/3 的陆地面积是山地丘陵，复杂的地形地貌和自然条件限制了人们的生存发展空间。中国人民在长期历史发展中，为了保证有足够的耕地和维持生计，不得不开发和利用大量坡耕地，并利用自己的辛勤劳动和才智整治坡耕地，创造了世人瞩目的不同类型梯田景观，如秦汉时期修建的紫鹊界梯田、隋唐时期修建的红河哈尼梯田、元明时期修建的龙脊梯田等。坡耕地主要分布在我国第 2 阶梯的山丘区，我国西南部是坡耕地最多的区域，其中 25° 以上的坡耕地占了相当大的比例。

二是经济社会背景。在原始农业时期，地广人稀、刀耕火种的撂荒耕作对区域的生态环境影响不大，相反，对农田的开辟发挥了巨大的作用。进入春秋战国时期，各诸侯国为加强经济实力，推动了小农经济的形成和发展，精耕细作农业耕作技术（铁农具的使用、多粪肥田等）的出现和连年耕作、轮作复种制的出现，进一步提高了土地利用率。随着人口增长、经济发展、农业技术进步，人们开始对丘陵山地、湿地沼泽进行开发利用。从秦汉时期开始建立了中央集权的封建国家，出现了"人给家足""府库余财"的民富国强局面，人们大规模地垦荒"戍边"，农区由黄河的中下游发展到上游，坡耕地和草原得到了大量开发利用。从东汉到南北朝时期黄河流域长期战乱，北方居民纷纷南下，长江流域得到了初步开发。公元 581～1368 年是南方农业繁盛时期，人口增加使江南原有耕地不敷应用，从而南方也出现了"田进而地""地尽而山"到处开荒的局面，坡耕地开垦进一步发展。明清时期是精耕细作的深入发展时期，全国基本处于统一和安定的政治环境，人口激增，开始形成了全国性的人多地少矛盾。据史书记载，汉唐以来中国人口没有达到 1 亿，到了清代人口猛增到 4 亿，而耕地面积的增长并未抵消人口增长导致的人均耕地面积下降，一方面通过精耕细作发展多熟制；另一方面大量边际土地（坡耕地）得到开垦。进入民国时期，相关技术的引进促进了近代农业发展。中华人民共和国成立以来，我国人口的高速增长，直接导致大量开荒扩种，坡耕地数量快速增长。据有关研究资料显示,开荒扩种新增大量坡耕地的高峰期主要出现在 1959～1962 年自然灾害严重的时期，以及 70 年代后期强调粮食生产的时期。

由此可见，山地丘陵是坡耕地发生源地，是基本条件；人地矛盾即人口的快速增长或大批转移与耕地的矛盾，是促使坡地开荒的动力源，民以食为天，一旦区域人口出现大量增长，粮食需求猛增，超出现有耕地承载力，原有人地平衡状况就会被打破，出现粮食短缺必然迫使当地居民通过毁林毁草、陡坡开荒来扩大耕地面积,以满足粮食需求,维持生计;而经济发展水平和农耕技术的进步,能有效缓解坡耕地开发造成的生态危害。

1.2　坡耕地内涵及分布状况

1.2.1　坡耕地内涵

近年来,关于坡耕地利用、治理、研究等的相关报道很多,"坡耕地"一词对于公众也并不陌生,可以大概理解为坡地上的耕地。但何谓坡耕地,一直没有明确的定义。一般认为坡耕地是指分布在山坡上地面平整度差、跑水跑肥跑土突出、作物产量低的旱地。坡地一般是指坡度为 6°～25°的地貌类型(开垦后多称为坡耕地)。中华人民共和国国土资源部行业标准《第二次全国土地调查技术规程》(TD/T 1014—2007)中将耕地分为 5 个坡度级,坡度≤2°视为平地,其他分为梯田和坡地 2 类,尽管没有明确定义,但习惯理解坡度>2°的耕地就是坡耕地。水利部行业标准《水土保持工程项目建议书编制规程》(SL 447—2009)提出了适用于水土保持的土地利用分类体系,将一级类型"耕地"下的二级类型"旱地"再细分三级类型,界定坡度≥5°的旱地即为坡耕地。

在学术界,杨瑞珍(1994)定义坡耕地为耕地所在地地表形态>8°的耕地。杨子生(1999)根据《土地利用现状调查技术规程》,按云南耕地分类体系,认为坡耕地界定有狭义和广义两种理解,狭义的坡耕地仅指旱地中坡度>2°的坡地和轮歇地,而广义的坡耕地除了包括坡地和轮歇地外,还包括坡度>2°的梯田、望天田、水浇地、梯地及菜地,即指坡度>2°的所有耕地。同时杨子生(1999)从研究坡耕地水土流失与改造利用的角度出发,将滇东北山区坡耕地分为横坡耕地和顺坡耕地 2 个一级类型,横坡耕地可进一步划分出 2 个二级类型、5 个三级类型,顺坡耕地可分出 2 个二级类型。孙启铭(2001)定义坡耕地为分布在山坡上,地面平整度差、跑水跑肥跑土突出、作物产量低的旱地。谢俊奇(2005)认为坡耕地为有坡度的耕地,从坡耕地利用、土壤侵蚀及对农业机械作业影响角度分析,<15°为耕地适宜坡度,15°为中、小型农机耕作的上限,>15°难以机耕,片状侵蚀和线状侵蚀强烈,表土基本流失,新土露出地表,水土流失严重,已不宜农耕。为了利于研究分析,原国土资源部开展坡耕地调查评价时主要针对>15°的坡耕地,并划分为 15°～25°、>25°两个坡度级,同时根据工程设施和种植面状况分为坡地和梯田(含梯地)两个类型。坡地是指无工程设施或设施简陋的坡耕地;梯田是指有工程设施,种植面为平面的坡耕地。陈百明等(2009)根据土地详查及变更调查的耕地坡度分级,认为坡耕地从广义上是指坡度>2°的耕地(即除了坡度<2°的平地和平地之外的耕地),狭义上则仅指坡度>2°、顺坡种植的耕地(即不包括坡度>2°的梯田梯地)。董丽(2011)总结坡耕地是指地表自然坡度>2°且能够种植农作物的自然土地。张正林等(2012)认为坡耕地是指分布在山上的旱地。杜焰玲等(2016)将坡耕地定义为原始地形坡度>2°,后来经过开垦或人工改良(包括工程措施、耕作措施等),土地利用形式主要为种植农作物的生态系统或人工景观,其核心观点是坡耕地的本质是一种土地利用方式,将其认定为一种景观或生态系统。冯伟(2018)则认为坡耕地通常指在丘陵山区地貌坡度>5°（东北黑土区坡度>3°）的耕地，一般地面平整度差，跑水、跑肥、跑土问题突出，作物产量低且不稳定。

总体而言，笔者认为坡耕地是指有坡度的耕地，坡度≥5°，是耕地资源的重要组成部分，是山丘区农业生产的基本用地，但坡耕地生态脆弱，水土流失和土地退化严重。

1.2.2 坡耕地分布状况

根据原国土资源部 2008 年公布的土地详查资料，全国共有 18.26 亿亩①耕地，3.59亿亩坡耕地（不含港澳台地区），坡耕地占全国耕地总量的 19.7%，分布在 31 个省（自治区、直辖市）的 2 187 个县（市、区、旗）。各省（自治区、直辖市）耕地与坡耕地分布情况见图 1-1。

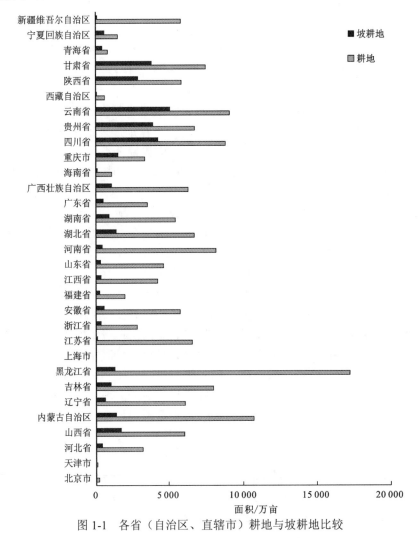

图 1-1　各省（自治区、直辖市）耕地与坡耕地比较

---

① 1 亩≈666.67 平方米

从图 1-1 可以看出，耕地面积大于 1 亿亩的有 2 个省（自治区、直辖市），主要分布在东北；耕地面积介于 5 000 万亩至 1 亿亩的有 15 个省（自治区、直辖市），主要分布在西南、西北、东北。而坡耕地则主要分布在西南各省（自治区、直辖市）。

坡耕地坡度主要分布在 5°～25°，共有 3.12[①]亿亩，占坡耕地总面积的 86.9%。其中：5°～<15° 的坡耕地面积 1.93 亿亩，占坡耕地总面积的 53.8%；15°～25° 坡耕地面积 1.20 亿亩，占坡耕地总面积的 33.4%。

1. 行政区分布

从行政区分布看，坡耕地主要集中在中西部地区，其中，坡耕地面积超过 1 000 万亩的有云南、四川、贵州、甘肃、陕西、山西、重庆、湖北、内蒙古、广西 10 个省（自治区、直辖市），面积 2.73 亿亩，占全国坡耕地总面积的 76.0%。

从各行政区坡耕地组成看，25° 以上坡耕地主要分布在云南、贵州、陕西、四川、甘肃、重庆、湖北、山西、广西 9 个省（自治区、直辖市），共 4 379.78 万亩，占 25° 以上坡耕地总面积 93.2%，其中云南、贵州、陕西 3 省达 2 793.73 万亩，占 25° 以上坡耕地总面积的 59.5%。

2. 流域分布

从流域分布看，耕地主要集中在长江、黄河、松辽 3 大流域片，面积为 11.72 亿亩，占耕地总面积的 64.2%。而坡耕地主要集中在长江、黄河、松辽和珠江 4 大流域片，面积为 3.37 亿亩，占坡耕地总面积的 93.9%。

从各流域坡耕地在耕地中的占比看：长江流域及西南诸河最大，达 36.0%；其次是黄河流域及内陆河，为 28.0%；紧随其后的是珠江流域，为 25.0%。这些与长江、黄河、珠江流域破碎的地形地貌息息相关。

各流域坡耕地总面积比较，长江、黄河 2 大流域片分布最多，坡耕地面积达 2.63 亿亩，占坡耕地总面积的 73.3%。特别是长江流域及西南诸河坡耕地面积达 1.80 亿亩，占坡耕地总面积的 50.1%。

从各流域坡耕地组成看，15° 以上的坡耕地主要分布在长江、黄河、珠江 3 大流域片，面积达 1.55 亿亩，占坡耕地总面积的 43.2%，其中：15°～25° 的坡耕地面积达 1.10 亿亩，占坡耕地总面积的 30.6%，25° 以上的坡耕地面积达 4 517 万亩，占坡耕地总面积的 12.6%。

3. 区域分布

全国共划分为 8 个一级区：东北黑土区、北方风沙区、北方土石山区、西北黄土高原区、南方红壤区、西南紫色土区、西南岩溶区、青藏高原区。8 个一级区中坡耕地均

---

① 数据进行过舍入修约，原始数据具体为：5°～<15° 坡耕地面积 19 278.77 万亩（约 1.93 亿亩）；15°～25° 坡耕地面积 11 951.02 万亩（约 1.20 亿亩），即 5°～25° 坡耕地面积 31 229.79 万亩（3.12 亿亩）

有分布，但集中分布在西南岩溶区、西南紫色土区、西北黄土高原区、南方红壤区 4 个区域，坡耕地面积 3.26 亿亩，占坡耕地总面积的 90.8%，尤其是我国西南部西南岩溶区和西南紫色土区坡耕地面积达 1.77 亿亩，占坡耕地总面积的 49.3%。

从各一级区坡耕地组成看，15°以上的坡耕地同样主要分布在西南岩溶区、西南紫色土区、西北黄土高原区、南方红壤区 4 个区域，面积达 1.54 亿亩，占坡耕地总面积的 42.9%，其中：15°~25°的坡耕地面积达 1.10 亿亩，占坡耕地总面积的 30.6%；25°以上的坡耕地面积达 4 508 万亩，占坡耕地总面积的 12.6%。

对比各一级区，我国西南部西南岩溶区和西南紫色土区不仅坡耕地分布广泛，而且坡度陡，15°以上的坡耕地占本区域坡耕地面积的 63.0%，占各一级区 15°以上坡耕地总面积的 66.0%；25°以上的坡耕地占本区域坡耕地面积的 21.0%，占各一级区 25°以上坡耕地总面积的 78.0%。

1.3 坡耕地生态环境问题

1.3.1 水土流失

根据水利部、中国科学院和中国工程院联合开展的中国水土流失与生态安全综合科学考察成果（水利部 等，2010），全国现有坡耕地面积占全国水土流失总面积的 6.7%，尽管面积占比不大，但水土流失非常严重，土壤侵蚀量达到 1.415×10^9 t/a，占全国土壤侵蚀总量的 31.0%。坡耕地较集中地区，其水土流失量一般占该地区水土流失总量的 40.0%~60.0%，坡耕地面积大、坡度较陡的地区高达 70.0%~80.0%。据调查分析，5°~15°坡耕地土壤侵蚀模数为 1 000~2 500 t/(km²·a)，15°~25°坡耕地土壤侵蚀模数为 3 000~10 000 t/(km²·a)，25°以上坡耕地土壤侵蚀模数可高达 10 000~25 000 t/(km²·a)。据考察发现，中华人民共和国成立至 20 世纪末，我国平均每年因水土流失而损失的耕地约 100 万亩，其中绝大部分为坡耕地。若以此流失速度估算：50 年后东北黑土区将有 1 400 万亩耕地的黑土层全部流失，"北大仓"粮食产量将因此降低 40.0%左右；35 年后西南岩溶地区石漠化面积将翻一番，届时将有近 1 亿人失去赖以生存和发展的土地。同时，坡耕地水土流失产生的泥沙淤积江河湖库，降低水利设施调蓄功能和天然河道泄洪能力，加剧洪涝灾害的发生，影响水利设施发挥效益。据不完全统计，全国水库已累计淤积泥沙 2.0×10^{10} t 以上，其中 1950~1999 年黄河下游河道共淤积泥沙 9.2×10^9 t，河床普遍抬高 2~4 m，"悬河"形势进一步加剧。长江上中游地区水土流失加速了暴雨径流汇集，每年约有 3.5×10^8 t 粗沙、石砾淤积在支流水库和河道中，长江上游各类塘堰的平均年淤积率达 1.9%，年淤积泥沙 6.0×10^7 m³。

在南方，由于人口更为密集，坡耕地开发更为强烈。以南方红壤区和西南土石山区为例，全区共有坡耕地 2.20 亿亩，占全国坡耕地面积的 61.3%，说明坡耕地在南方广泛分布。另外，坡耕地占该区耕地面积 31.2%，高于全国平均水平（20.0%），也说明坡耕地在南方作为生产用地的重要地位。其中：南方红壤区有坡耕地 0.43 亿亩，占耕地面积的 11.5%，坡度一般在 25° 以下，水热条件好，尽管面积占比相对较少，但开发强度大，加上该区强降雨，水土流失强度以强烈为主；西南土石山区有坡耕地 1.77 亿亩，占耕地面积的 53.8%，远高于全国平均水平，陡坡耕地较多，占区内坡耕地面积的 20.0% 以上，土层较薄，人口密度大，人地矛盾非常突出，经济相对落后，粗放耕作普遍，坡耕地土壤年侵蚀量达 4.26×10^8 t，占长江上游总侵蚀量（1.60×10^9 t）的 26.7%。由此可见，南方坡耕地量大面广，水土流失防治任务不仅非常迫切，也异常严峻。

1.3.2　土地退化

坡耕地土地退化主要表现为养分流失、土壤结构破坏、土层变薄。

坡耕地土壤的养分包含大量的氮、磷、钾，中等含量的钙、镁和微量的锰、铁、铜、锌、铝等元素，其中有离子态速效性养分，也有经过分解转化的无机或有机速效性养分。坡耕地土壤养分流失主要有两种途径：一是溶解于径流中的可溶性养分随径流流失；二是吸附和结合在土壤颗粒表面以无机态和有机质存在的养分随径流冲刷泥沙流失。氮、磷、钾作为植物生长所必需的 3 种大量元素，是坡耕地施用最多的肥料，因而也是坡耕地养分流失的最主要成分。这 3 种养分元素中，氮和钾易溶，而磷更容易被土壤固定，故氮和钾的流失以溶解态为主，而磷流失则以颗粒态为主。据实验分析，当表层腐殖质质量分数为 2%～3% 时，如果流失土层 1 cm，那么每年每平方千米的土地就要流失腐殖质 200 t，同时带走 6～15 t 氮、10～15 t 磷、200～300 t 钾。全国每年因水土流失流走的氮、磷、钾总量近 1.00×10^8 t，其中绝大多数来自坡耕地。据长期观测研究结果，东北黑土区坡耕地开垦 20 年土壤肥力下降 1/3，40 年下降 1/2，80 年下降 2/3 左右（冯伟，2018）。

土壤结构破坏具体包括：质地组成发生变化，砂砾含量相对增加，黏粒含量相对减少，随着细粒土壤的进一步流失，母质或基岩逐渐裸露，土地砂砾化和石化现象严重，以至丧失农业利用价值。在风化花岗岩、花岗片麻岩和砂岩出露地区，土壤砂砾化问题更突出，例如湖北省秭归县的耕地中，砾石质量分数超过 30% 的旱地占旱地总面积的 36.0%；而在石灰岩、石英砂岩出露地区，石化过程发展迅速，如贵州省清镇市、赫章县，每年石化的土地面积均达 333～400 hm²；土壤结构稳定性下降，较大粒径水稳性团聚体减少；土壤孔隙度变差，较大孔径孔隙减少，容重增加，持水蓄水性能减弱，保土保肥性差（谢俊奇，2005）。

土层变薄是水土流失将大量表层肥沃的土壤携带走，导致土层变薄，甚至基岩裸露。坡耕地水土流失严重地区，表土层每年流失可达 1 cm 以上，比土壤形成速度快 120～400 倍，西南岩溶地区许多坡耕地土壤流失严重，基岩裸露，"石化"现象非常严重，已失去农业耕种价值。东北黑土区初垦时黑土层厚度一般在 50～80 cm，垦殖 70～80 年后，坡耕地黑土层厚度不到原来的一半。

坡耕地土地退化直接导致土地生产力降低，农产品减产，农民收入受限，生活无法保障，抵御自然灾害能力差，制约了山丘区经济社会的发展。据考察结果，坡耕地集中分布的地区在地理上与我国老、少、边、穷地区基本耦合，坡耕地比例大、坡度大的地区，往往是少数民族聚居、群众生活贫困的地区。云南、贵州、四川 3 省长江上游坡耕地水土流失严重地区，农民人均纯收入仅相当于平坝河谷地区的 1/4 至 1/5。人地矛盾迫使当地农民不断开垦新的坡地、林地，破坏原有地表植被，"山有多高，地有多高，山有多陡，地有多陡"。据专题制图仪（thematic mapper，TM）影像数据分析，20 世纪90 年代以来，全国已有 1.7×10^4 km^2 的林地被开垦为耕地，大面积植被遭到破坏，造成当地生态环境日趋恶化。

1.3.3 面源污染

我国的耕地面源污染形势十分严峻。统计数据表明，耕地面源污染已经成为我国水体污染的重要来源。2010 年第一次全国污染源普查公报显示，农业面源污染已成为第一大污染源，其化学需氧量（chemical oxygen demand，COD）、总氮（total nitrogen，TN）和总磷（total phosphorus，TP）排放量分别占全部污染物的 43.7%、57.2% 和 67.3%，其中耕地面源污染是占比最大的农业面源污染（李晓平，2019）。《2015 年中国环境状况公报》显示，2015 年全国六成以上的地下水水质较差，更严重的是近四成地表水不宜直接接触人体，化肥农药和农业废弃物中的氮、磷和其他有机、无机污染物是造成地下水污染严重的主要原因。

坡耕地由于地形坡度原因，在传统粗放的耕作扰动条件下，其本身的土壤养分、施用的化肥和农药等极易发生迁移，即通过水土流失过程，大量养分、重金属、化肥、农药等随径流和泥沙进入江河湖库，为水体富营养化提供物质，增大水体浊度，污染水体。坡耕地水土流失已经成为我国水体氮、磷、钾污染的重要途径，而且坡耕地水土流失严重的地方，往往土壤更为贫瘠，农民对化肥、农药的使用量更大，随水土流失进入水体的各种化学污染物质更多，从而引起恶性循环，加剧水环境污染，对工农业生产用水和居民生活用水构成严重威胁。

1.4 坡耕地治理的战略意义

（1）坡耕地作为耕地的重要后备资源，关乎国计民生。古语有云：仓廪实、天下安。粮食，是历代国家治国安邦的根本。耕地是粮食生产的重要前提与保障，事关国家的粮食安全、抵御自然灾害的能力、社会稳定及可持续发展，保护耕地就是保护我们的生命线。我国人口众多、人均耕地相对不足的基本国情，决定了必须采取世界上较为严格的耕地保护制度，并作为我国的一项基本国策。2007 年国务院政府工作报告发出"一定要守住全国耕地不少于 18 亿亩这条红线"的最强音；2017 年，中共中央、国务院关于加强耕地保护和改进占补平衡的意见强调"要坚持最严格的耕地保护制度和最严格的节约

用地制度,到 2020 年,全国耕地保有量不少于 18.65 亿亩";党的十九大报告和 2018
年中央一号文件更明确地指出要严守耕地红线,一系列政策措施充分展示了党和政府保
护耕地的决心。坡耕地作为耕地的重要后备资源,关乎国计民生,具有极其重大的现实
意义。

(2)坡耕地治理是控制水土流失、减少江河水患的关键举措。我国坡耕地整治历史
悠久。早在 4000 多年前,人们就学会在田间开挖沟洫以排泄积水和洪水,采用明田法进
行沟垄种植。春秋战国时期,随着梯田的出现,坡耕地整治发展到一个新的阶段。秦汉
时期修建的紫鹊界梯田、隋唐时期修建的红河哈尼梯田、元明时期修建的龙脊梯田是我
国古代梯田建设的典范,时至今日仍在耕种,持续发挥效益。中华人民共和国成立以来,
党和国家高度重视坡耕地整治工作。1964 年,毛泽东主席号召"农业学大寨",大力发
展农田基本建设,山丘区人民开展了以坡改梯为重点的坡耕地整治。党的十七大召开以
来,中央领导多次批示明确要求各级政府和部门,要把坡耕地水土流失综合治理作为重
大的农村基础设施工程进行规划和实施。2007~2011 年连续 5 年的中央一号文件都对坡
耕地水土流失综合治理做出了安排。2010 年 5 月,为贯彻落实中央精神,国家发展和改
革委员会、水利部启动了坡耕地水土流失综合治理试点工程;2013 年,围绕党的十八大
精神及统筹推进"五位一体"总体布局要求,将坡耕地水土流失综合治理试点工程正式
列入国家水土保持重点治理专项工程。实践证明,实施坡耕地治理,搞好坡改梯及其配
套工程建设,不仅通过改变微地形、增加地表覆盖、提高土壤抗蚀性等方式,能有效控
制水土流失,充分发挥水土资源效益,而且通过减少入江河水沙,延缓出流速度,实现
江河湖库的削洪减峰和区域抗旱能力,减少江河水患灾害。

(3)坡耕地治理是推动乡村振兴和生态文明建设的重要抓手。坡耕地集中分布的
地区也是我国老、少、边、穷地区,这些地方普遍地理条件恶劣、自然资源匮乏、基
础设施落后、经济发展缓慢、人民生活贫困。党的十九大报告指出,农业农村农民问
题是关系国计民生的根本性问题,必须始终把解决好"三农"问题作为全党工作的重
中之重,实施乡村振兴战略。老、少、边、穷地区的发展是实施乡村振兴战略的重要
攻关内容。坡耕地治理已经成为解决山丘区"三农"问题的迫切需要和重要前提,是
当前实施乡村振兴战略的重要抓手。通过实施坡耕地治理,配合灌排设施和田间道路
建设,有利于改善农业生产条件,提高土地生产力,促进农业发展和农民增收,有效
推动乡村振兴。

近年来,国家高度重视生态安全问题。党的十九大报告明确指出"建设生态文明是
中华民族永续发展的千年大计",昭示了以习近平同志为核心的党中央加强生态文明建
设的坚定意志和决心。通过坡耕地治理,改变传统粗放、广种薄收的坡耕地生产方式,
在保障粮食安全的前提下,积极与退耕还林还草等生态工程相结合,实行集约生产经营,
优化优势资源配置,将坡耕地治理与饮用水安全、农村环境整治融为一体,对改善农村
生产生活条件和生态环境均具有重要意义,不仅有利助推美丽乡村建设,更是山丘区生
态文明建设的重要内容。

1.5   南方坡耕地水土保持历程

1979 年 8 月，水利部在江西省兴国县召开华东六省水土保持工作座谈会，对推动和发展南方水土保持工作起到了重要作用。1980 年长江水利委员会根据水利部安排，在江西省兴国县塘背河和湖南省岳阳县李段河首次开展了综合治理试点工作。1982 年全国水土保持工作协调小组在北京召开第四次全国水土保持工作会议，确定在全国水土流失严重的八大片区开展重点治理，其中包括南方红壤丘陵区的江西省兴国县。之后重点防治范围逐步扩大到洞庭湖水系和鄱阳湖水系及大别山南麓的部分水土流失严重的地区。在国家重点防治工程推动下，各省（自治区、直辖市）水土流失防治工作也蓬勃发展。1991 年《中华人民共和国水土保持法》的颁布实施，水土保持工作在我国被列入重要日程，南方红壤丘陵区所涉及的地区水土保持研究机构、省级水土保持试验站逐步成立，开展了以小流域为单元的重点治理示范工作。经过 20 多年的综合治理，南方红壤丘陵区在水土流失治理和水土保持工作上取得了显著的成效，创造了各种因地制宜的模式，取得了切实有效的经验，特别是针对红壤丘陵区水土流失特点采取的具有特色的竹节沟、侵蚀劣地改造、猪-沼-果技术、生态修复等水土流失综合治理措施，对于增加森林覆盖率、减少水土流失、减轻水体的面源污染和洪涝灾害威胁、提高农民收入等起到了很大的作用。各地在水土保持实践中积累和创造的许多具有区域特色的水土保持综合技术措施与方法，为南方红壤丘陵区今后的水土流失治理和水土保持工作奠定了坚实的基础，提供了科学可行的指导。

坡耕地是南方及全国水蚀区发生水土流失的主要土地类型，是江河泥沙的主要起源地，所以坡耕地治理也是南方小流域水土流失综合治理的重要内容，南方水土保持历程也包含了南方坡耕地水土保持历程。

1.6   小　　结

坡耕地的产生是自然、经济、社会综合作用的产物，是特定自然条件下农业生产发展的重要保障，坡耕地的产生本质上就是为了保障粮食安全。

坡耕地是指有坡度的耕地，坡度 ≥5°，是耕地资源的重要组成部分，是山丘区农业生产的基本用地，但坡耕地生态脆弱，传统粗放的坡耕地耕作模式引发了水土流失、土地退化和面源污染等严重的生态环境问题，对耕地治理、生态环境保护等造成重大威胁。

坡耕地作为耕地的重要后备资源，关乎国计民生。坡耕地治理是控制水土流失、减少江河水患的关键举措，是推动乡村振兴和生态文明建设的重要抓手，坡耕地治理也是南方红壤丘陵区小流域综合治理的重要内容。

第 2 章

南方坡耕地及其水土流失现状

2.1 南方坡耕地遥感解译及分布特征

2.1.1 南方坡耕地遥感解译

1. 遥感解译

遥感是非接触的，远距离的探测技术。基于地球表面不同的地物类型具有不同的光谱反射率和反射率特性的特点，可以通过遥感影像分类的过程进行地物的识别。从广义上讲，图像分类即为对图像或原始遥感卫星数据中的所有像素进行分类以获得给定标签或土地覆盖信息的过程。本书中坡耕地的遥感解译方法，是基于卫星遥感影像，采用监督分类的方法，对南方红壤区的遥感影像进行土地利用分类，进而得到南方红壤区的坡耕地分布情况。

1）数据源

本书使用的卫星遥感影像主要为 LANDSAT-8 卫星搭载的陆地成像仪（operational land imager，OLI）传感器所拍摄的南方红壤区影像数据，拍摄时间为 2018 年左右。

LANDSAT-8 是美国陆地卫星计划的第 8 颗卫星，于 2013 年 2 月 11 日成功发射。如表 2-1 所示，LANDSAT-8 卫星搭载的 OLI 传感器包括 9 个波段，空间分辨率为 30 m（除一个 15 m 的全色波段外）。以往的 LANDSAT 系列卫星每天只能获取 250 张影像，LANDSAT-8 每天至少可以获取 400 张影像。LANDSAT-8 大约需要 9 天就能覆盖中国，这是因为 LANDSAT-8 可以更灵活地进行区域监视。以往的 LANDSAT 系列卫星只能在轨道卫星的正下方收集轨道线两侧的某个宽度区域，而 LANDSAT-8 上的传感器则能够通过指向远离轨道的角度来获取信息，以便收集轨道圈最初位于卫星后面的地面信息，这有助于及时获取需要进行多个时间比较研究的图像。

表 2-1 LANDSAT-8 卫星 OLI 传感器波段设置

波段	波长范围/μm	空间分辨率/m	波段名
波段 1	0.433～0.453	30	海岸波段
波段 2	0.450～0.515	30	蓝波段
波段 3	0.525～0.600	30	绿波段
波段 4	0.630～0.680	30	红波段
波段 5	0.845～0.885	30	近红外波段
波段 6	1.560～1.660	30	短波红外 1
波段 7	2.100～2.300	30	短波红外 2
波段 8	0.500～0.680	15	全色波段
波段 9	1.360～1.390	30	卷云波段

2）遥感影像监督分类方法

根据所使用的方法，常见的遥感影像分类过程可以分为两大类：监督分类和非监督分类。在监督分类中，解译人员在图像中识别出感兴趣的不同地表覆盖类型的同质代表性样本，这些样本称为训练样本。选择适当的训练区域是基于解译人员对区域的熟悉程度及他们对图像中实际地表覆盖类型的了解程度，包含这些区域像素的所有波段中的用于"训练"计算机识别每个类别波谱的相似区域。计算机使用特定的程序或算法来确定每个训练集的类别。一旦计算机确定了每个类别的特征，图像中的每个像素都将与这些特征信息进行比较，并以数字方式标记为最相似的类别。

一般的遥感影像分类步骤包括：①设计影像分类方案，如耕地、林地、草地等不同类别，进行实地调查，收集研究区域各地表类别的地面信息；②图像预处理，包括辐射、大气、几何和地形校正，图像增强；③人工选择影像中各类别的代表区域，生成训练特征；④运行图像分类算法；⑤后处理，完成几何校正、过滤和分类修饰等；⑥准确性评估，将分类结果与实地研究进行比较。

3）土地利用分类

按水田，旱地，林地，草地，水域，城乡、工矿、居民用地和未利用土地 7 类土地利用类型，对南方红壤区进行土地利用遥感解译。

2. 坡度信息提取

坡度表示高程栅格影像中每个单元格到相邻单元格的值的最大变化率，代表地表单元格陡缓的程度，在单元格与其 8 个相邻单元格之间的距离上，海拔的最大变化程度即为最陡的高程差程度，其变化率为坡度。一般通过研究区的数字高程模型（digital elevation model，DEM）数据计算该区域的坡度。

1）数据源

2009 年 6 月，美国和日本向全球用户发布了先进星载热发射和反射辐射仪全球数字高程模型（advanced spaceborne thermal emission and reflection radiometer global digital elevation model，ASTER GDEM）。第一个版本的 ASTER GDEM（GDEM1）由覆盖陆地表面北纬 83°和南纬 83°之间的 120 多万个 DEM 影像组合而成。GDEM1 的总精度约为 20 m，95%的置信水平。研究估计 GDEM1 的有效空间分辨率约为 120 m。第二个版本的 ASTER GDEM（GDEM2）由美国和日本于 2011 年 10 月中旬发布。通过新增的 26 万个 DEM 影像，实现对 GDEM2 的改善。GDEM2 的空间分辨率约为 30 m。南方红壤区高程范围从-135 m 到 2 160 m，多为丘陵山区，地形起伏比较大。

2）坡度计算方法

坡度计算一般采用拟合曲面法。以 3×3 的窗口为例，拟合曲面采用二次曲面，以每个窗口的中心为一个高程点，中心点的坡度的计算公式如下

$$\text{Slope} = \tan \sqrt{\text{Slope}_{\text{wa}}^2 + \text{Slope}_{\text{sa}}^2} \qquad (2\text{-}1)$$

式中：Slope 为坡度；Slope_{wa} 为 X 方向的坡度；Slope_{sa} 为 Y 方向的坡度。

3）坡度计算结果

南方红壤区坡度范围从 0°到 78°，丘陵山区坡度变化较大。

4）坡耕地的遥感解译

叠加土地利用分类和坡度数据后，提取南方红壤区坡耕地信息。为便于后续统计分析，将 5°≤坡度≤15°定义为缓坡，15°<坡度≤25°定义为斜坡，坡度>25°定义为陡坡。

2.1.2 南方红壤区坡耕地分布特征

经解译，南方红壤区坡耕地面积约为 60 291 km²，约占耕地总面积 21.00%。按坡度等级划分，坡耕地总体以缓坡为主，占 72.70%；其次为斜坡，占 19.12%；陡坡耕地较少，占 8.18%。但各二级区之间存在较大差异，坡耕地坡度分布特征如表 2-2 所示。

表 2-2 南方红壤区各二级区坡耕地分布特征

二级区	坡耕地面积/km²	坡度等级占比/%		
		缓坡	斜坡	陡坡
大别山—桐柏山山地丘陵区	9 753	90.61	7.74	1.65
海南及南海诸岛丘陵台地区	2 277	91.35	7.20	1.45
华南沿海丘陵台地区	8 413	80.03	15.26	4.71
江淮丘陵及下游平原区	2 693	96.62	2.82	0.56
江南山地丘陵区	14 004	67.30	22.96	9.74
南岭山地丘陵区	13 773	62.06	25.46	12.47
长江中游丘陵平原区	2 807	94.01	4.42	1.57
浙闽山地丘陵区	6 571	45.02	36.66	18.32
合计	60 291	72.70	19.12	8.18

注：南岭山地丘陵区中各坡度等级占比之和不等于 100.00%，是因为有些数据进行过舍入修约。

图 2-1 显示，江南山地丘陵区和南岭山地丘陵区坡耕地面积最大，两者之和占比接近南方红壤区各二级区坡耕地面积的一半。海南及南海诸岛丘陵台地区、江淮丘陵及下游平原区和长江中游丘陵平原区等二级区由于自身地形原因，坡耕地较少。另外，从坡度等级上对比，山地丘陵区坡耕地坡度较大，平原区坡耕地坡度较小。

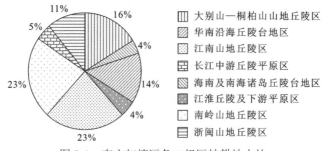

图 2-1 南方红壤区各二级区坡耕地占比

2.2　南方坡耕地水土流失遥感解译及分布特征

2.2.1　南方坡耕地水土流失遥感解译

本书对南方红壤区坡耕地水土流失的估算采用美国学者维斯迈尔（Wischmeier）等建立的通用土壤流失方程（universal soil loss equation，USLE）。该方程全面考虑了影响土壤侵蚀的自然因素，即降雨侵蚀力、土壤可蚀性、坡长、坡度、地表覆盖与管理和水土保持措施 6 大因子。USLE 的基本形式为

$$A = R \cdot K \cdot L \cdot S \cdot C \cdot P \tag{2-2}$$

式中：A 为土壤侵蚀模数，t/（hm^2·a）；R 为降雨侵蚀力因子，MJ·mm/（hm^2·h·a）；K 为土壤可蚀性因子，t·hm^2·h/（hm^2·MJ·mm），L 为坡长因子（量纲为一，0～1）；S 为坡度因子（量纲为一，0～1）；C 为地表覆盖与管理因子（量纲为一，0～1）；P 为水土保持措施因子（量纲为一，0～1）。

1. 降雨侵蚀力因子 R 估算

R 值反映降雨引起土壤分离和搬运的动力大小，即降雨产生土壤侵蚀的潜在能力，其与降雨量、降雨强度、降雨历时等因素有关。这里采用基于月降雨量的降雨侵蚀力简易算法计算降雨侵蚀力数据，公式为

$$R = 0.358\,9 F^{1.946\,2} \tag{2-3}$$

$$F = \left[\sum_{i=1}^{12} P_i^2 \right] \times Q^{-1} \tag{2-4}$$

式中：Q 为多年平均降雨量，mm；P_i 为第 i 月的平均降雨量，mm；F 为降水季节变率指数，量纲为一。

2. 土壤可蚀性因子 K 估算

K 指土壤遭受侵蚀的敏感程度，反映土壤对侵蚀外应力剥蚀和搬运的敏感性，是影响土壤流失量的内在因素，也是定量研究土壤侵蚀的基础。使用侵蚀-生产力影响估算（erosion-productivity impact calculator，EPIC）模型计算土壤可蚀性因子 K。EPIC 模型的公式为

$$K = \left\{ 0.2 + 0.3 \exp\left[-0.025\,6 S_a \left(1 - \frac{S_i}{100} \right) \right] \right\} \left(\frac{S_i}{C_l + S_i} \right)^{0.3}$$

$$\times \left[1 - \frac{0.25 C_c}{C_c + \exp(3.72 - 2.95 C_c)} \right] \times \left[1 - \frac{0.7 S_n}{S_n + \exp(-5.51 + 22.9 S_n)} \right] \tag{2-5}$$

$$S_n = 1 - S_a / 100 \tag{2-6}$$

式中：S_a 为砂粒质量分数（0.050～2.000 mm），%；S_i 为粉砂质量分数（0.002～0.050 mm），%；C_l 为黏粒质量分数（<0.002 mm），%；C_c 为有机碳质量分数，%。相关数据是结合全国第二次土壤调查 1∶400 万的土壤类型数据。

3. 坡长因子 L 和坡度因子 S 估算

坡长和坡度反映了地形地貌特征对土壤侵蚀的影响。坡长被定义为一点沿水流方向到其流向起点间的最大地面距离在水平面上的投影长度。在现有的坡面土壤侵蚀模型中，通常采用土壤侵蚀量随坡长增加而增加的关系。

航天飞机雷达地形测绘使命（Shuttle Radar Topography Mission，SRTM）是由美国国家航空航天局和国防部测绘局等机构合作，于 2000 年 2 月通过装载于"奋进号"航天飞机的干涉成像雷达近 11 d 的全球性作业，得到的数字高程模型。已有研究表明 SRTM 数据适用于土壤侵蚀评价中的地形因子的提取。本书利用 SRTM 获得的 30 m 空间分辨率的 DEM 数据，由 ARCGIS 的 GRID 模块进行地形分析，提取坡长坡度。其中坡长因子 L 以流水线长度近似，按下式计算

$$L = (\lambda / 22.13)^{\alpha_L} \tag{2-7}$$

式中：λ 为坡长，m；α_L 为坡长指数。

坡度因子 S 采用分段计算，即缓坡采用麦库尔（McCool）公式，陡坡采用 Liu 等（2000）的公式

$$S = \begin{cases} 10.8\sin\theta + 0.03 & (\theta < 5°) \\ 16.8\sin\theta - 0.50 & (5° \leqslant \theta < 10°) \\ 21.9\sin\theta - 0.96 & (\theta \geqslant 10°) \end{cases} \tag{2-8}$$

式中：θ 为坡度。

4. 地表覆盖与管理因子 C 估算

C 反映的是有关植被覆盖和管理变量对土壤侵蚀的综合作用，其定义为有特定植被覆盖或田间管理土地上的土壤流失量，其他条件相同时与清耕休闲地上的土壤流失量之比。C 的取值主要与植被覆盖用地类型有关，这里结合 30 m 分辨率植被覆盖度（TM、HJ-1A/1B）和中分辨率成像光谱仪（moderate—resolution imaging spectroradiometer，MODIS）的归一化植被指数（normalized difference vegetation index，NDVI）、叶面积指数（leaf area index，LAI）、植被净初级生产力（net primary production，NPP）参数得到 C。

5. 水土保持措施因子 P 估算

P 是采用专门措施后的土壤流失量与顺坡种植时的土壤流失量的比值，介于 0～1，对无任何土壤保持措施的土地类型 P 为 1。本书是在对南方红壤区水土流失现状和土地利用调查的基础上，通过综合考虑土地利用类型与地形坡度的基础上估算得到 P。

6. 模型运算

将获取的因子代入计算模型，获取 2018 年南方红壤区坡耕地水土流失现状。土壤侵蚀强度分级参考《土壤侵蚀分类分级标准》（SL 190—2007）。

2.2.2 南方红壤区坡耕地水土流失分布特征

经解译，南方红壤区坡耕地水土流失面积近 $6×10^4$ km^2，约占区域水土流失面积的 1/3。按强度等级划分，坡耕地总体以轻中度为主，轻度占 38.01%，中度占 34.68%，强烈占 19.13%，极强烈占 6.69% km^2，剧烈占 1.50%。同时各二级区之间存在较大差异，坡耕地水土流失特征如表 2-3 所示。

表 2-3 南方红壤区各二级区坡耕地水土流失特征

二级区	占区域坡耕地水土流失面积/%	强度等级占比/%				
		轻度	中度	强烈	极强烈	剧烈
大别山—桐柏山山地丘陵区	16.19	55.34	35.27	7.74	1.41	0.24
海南及南海诸岛丘陵台地区	3.67	55.82	35.53	7.20	1.41	0.04
华南沿海丘陵台地区	14.02	41.91	38.12	15.26	4.01	0.70
江淮丘陵及下游平原区	4.34	71.78	24.84	2.82	0.48	0.07
江南山地丘陵区	23.37	31.03	36.27	22.96	8.05	1.69
南岭山地丘陵区	22.87	26.78	35.29	25.46	9.82	2.65
长江中游丘陵平原区	4.67	67.05	26.97	4.42	1.18	0.39
浙闽山地丘陵区	10.85	13.30	31.72	36.66	15.22	3.10
合计	100.00	38.01	34.68	19.13	6.69	1.50

注：表中数字的和可能不等于合计数字，是因为有些数据进行过舍入修约。

图 2-2 显示，由于山地丘陵区坡耕地坡度较平原区大，山地丘陵区坡耕地水土流失强度亦较平原区严重。

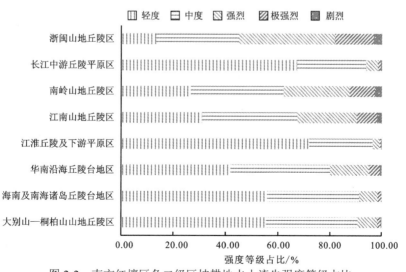

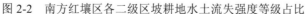

图 2-2 南方红壤区各二级区坡耕地水土流失强度等级占比

2.3 南方坡耕地水土流失成因

2.3.1 降雨

南方降雨量普遍大而集中，南方红壤区年均降雨量为 800～2 500 mm，是全国年均降雨量 630 mm 的 1.3～4.0 倍，降雨量主要集中在 4～9 月，占全年的 70%以上，高强度的降雨对地表土壤的破坏和短时间内形成的径流，极易诱发严重的水土流失。据统计，严重的水土流失往往发生在几场暴雨之中，一次大的降雨引起的水土流失有时可占全年流失量的 80%以上，输沙量则可占全年的 60%以上（程冬兵 等，2010）。

西南土石山区年均降雨量为 800～1 000 mm，降雨强度大而且多暴雨，降雨量主要集中在 5～10 月，占全年的 70%～90%，并有多个暴雨中心，是该区坡耕地水土流失的主要动力。

2.3.2 地形地貌

南方红壤区低山和丘陵交错，岗地占土地总面积的 11.4%，丘陵占 26.7%，山区占 33.8%，三者合计占 71.9%，属典型的低山丘陵地区，地形破碎，造成侵蚀易发的地形条件。

西南土石山区地质构造复杂，晚近期新构造活动强烈，断裂带发育，岩层破碎，地势西高东低，地形起伏大，山高坡陡，山地、丘陵地占 90.0%以上，为水土流失发生创造了环境条件。

2.3.3 母岩与土壤

南方红壤区成土母岩分布面积广、易发生水土流失的主要有花岗岩、紫色页岩、第四纪红黏土及石灰岩等，这些母岩节理裂隙发育明显，自身风化程度高、结构松散、保水性和抗蚀性很弱，加上气温高、辐射热量大、降雨量大，且高温和多雨同季，导致这些母质和基岩的物理风化、化学风化和生物活动过程十分强烈，如果表层土壤遭到破坏，极易遭受侵蚀而发生水土流失。

西南土石山区成土母岩多为白垩纪、古近纪、新近纪陆相或湖相沉积物质——紫色页岩、紫色砂岩、紫色砂砾岩，母岩产状大多为页岩、砂岩及泥岩相互成层状排列，膨胀系数差别很大，在高温多湿、干湿季节分明的亚热带气候条件下，岩石表面湿热膨胀、干冷收缩频繁，极易物理崩解，因此易风化而成土快的特点为土壤侵蚀提供了丰富的物质来源。

南方红壤区主要土壤类型是红壤，红壤具有"黏、瘦、板、旱、酸"等特点，土壤黏重，缺乏有机质，土壤贫瘠，渗透性差，易板结，遇水易化，抗蚀性差，在降雨打击和径流冲刷条件下很容易发生严重的水土流失。

西南土石山区主要土壤类型有紫色土、黄壤和石灰土。紫色土属岩性土，土层浅薄，有机质累积作用十分微弱，有机质含量极低，导致抗蚀性极弱，蓄水性差且渗透率低，遇强降雨很容易形成径流，水土流失最为严重。黄壤与红壤性质较为相似，黄壤由于有机质较丰富，土壤抗蚀性较红壤稍好。石灰土土层非常浅薄，土质疏松，易于耕作，抗蚀性较差。

2.3.4　耕作方式

南方红壤区人口密度大，人地矛盾突出，坡耕地开垦不可避免。由于人为松耕，坡耕地的土壤表层受到破坏，土壤颗粒多呈分散状态，黏结力下降，水土流失加剧。一般坡耕地的水土流失比没有受到破坏的表土层自然裸露坡地要高 10 倍左右，土壤侵蚀模数高达 $5\,000 \sim 6\,000$ t/（$km^2 \cdot a$）。另外，一直以来坡耕地的开垦存在很大盲目性，经济相对落后地区的农户更注重外出打工或非农从业，对土地利用往往"粗放经营"和"重用轻养"，不合理的开垦利用甚至超强度的掠夺式经营，如顺坡开垦节约劳力，贪多求快急功近利，不按水土保持标准修筑梯田等，不仅无法获得稳定的经济效益，反而造成大面积的水土流失。

西南土石山区由于地处山区，耕地资源有限，加之农业生产水平落后，在相当长的一段时间内片面强调"以粮为纲"的指导思想下，单一经营，通过开垦坡地、广种薄收来满足对粮食的需要，垦殖率高，垦殖坡度越来越陡，"山上种山尖尖，下山种到河边边"，形成"山有多高，地有多高，山有多陡，地有多陡"的局面。另外，由于该区土壤中养分相对比较丰富，为一些作物生长提供了很有利的条件，这也助长了农民开垦坡耕地的风气。

2.4　小　　结

南方红壤区坡耕地约占耕地总面积 21.00%，总体以缓坡为主，各二级区之间存在较大差异，江南山地丘陵区和南岭山地丘陵区坡耕地面积最大。

南方红壤区坡耕地水土流失面积约占区域水土流失面积的 1/3，总体以轻中度为主，各二级区之间存在较大差异，山地丘陵区坡耕地坡度较平原区大，水土流失强度亦较平原区严重。

南方坡耕地水土流失是自然因素和人为耕作因素综合作用的产物。其中自然因素主要体现在水土流失发生的动力——降雨、地形地貌、母岩与土壤等方面；人为耕作因素主要包括破坏地表植被覆盖、疏松土层、改变下垫面条件等方面。

第 *3* 章

南方坡耕地主要土壤类型
成土过程及抗蚀性

3.1 主要土壤类型成土过程

土壤发生的研究是有一个过程的，土壤是多个成土因素共同作用的产物，成土因素通过影响土壤成土过程的方向、速率和强度决定土壤的形态和属性。土壤形成过程是内生化学能（晶格能）和太阳能驱动下的物质转化和迁移，主要可以概括为 4 个基本过程：输入、输出、迁移和转化。物质输入过程是通过风化过程向土体的输入和有机质的输入，土壤本质上是在矿物风化的基础上，接受生物固定的含 C、N 有机物而形成的有机质和矿物综合体，而土壤中的无机矿物主要来源于化学风化。物质输出过程是土壤与环境之间进行物质交换的重要环节，输出的主要介质是流体（液体和气体），大多数土壤物质的损失是通过地表的水蚀、风蚀及可溶性物质和胶体随着渗透水从土体向下或者侧向淋溶而发生的。物质转化过程涉及物质的合成、分解和形态的转化，往往是由于土壤环境的改变而发生的。一般来说，最主要的物质转化过程包括有机质的积聚和变化、土壤结构的形成、盐分的积聚和再次沉积、次生碳酸盐的聚集和再分布、次生硅的聚集和再分布、黏土的聚集和重新分布、铁和铝的络合和重新分布、脱硅作用与稳定氧化物富集、氧化与还原反应引起的消耗和累积等。

从本质上看，影响土壤形成过程的驱动力可以分为内生的能量因素和表生的能量因素，前者主要是地球深部活动形成的矿物中的晶格能，后者包括地形决定的势能和太阳能。大多数土壤性质的变化都是由母岩矿物差异造成的。

土壤形成过程可划分为自然土壤形成过程和人为土壤形成过程两大类。自然土壤形成过程是指由地壳表面的岩石风化体及其经搬运的沉积体，受其所处环境因素的作用，形成具有一定剖面形态和肥力特征的土壤历程，包括有机质循环和积累过程、原始土壤形成过程、盐渍过程、钙积过程、黏化过程、（脱硅）富铝化过程、灰化过程、浅育过程等。

道库恰耶夫在 1883 年《俄罗斯黑钙土》一书中正式提出影响土壤形成的 5 大因素，包括气候、地形、母质、生物和时间。人为因素除了直接作用于土壤外，主要是通过影响和改变 5 大因素对土壤发生作用。人为作用引发土壤组成的变化，包括脱盐和返盐、脱钙和复钙、脱盐基和复盐基、磷的积累、有机碳的变化及土壤污染等。现代地表过程中，成土母质的大规模改变主要出现在城市、工业、矿山等区域。由于城市生活、工业加工、矿山开采等产生的废弃物，不仅进入土壤成为污染的来源，而且大量直接成为土壤发育的母质，进而影响土壤形成。南方坡耕地主要土壤包括红壤和紫色土，以下分别叙述这两种土壤的成土过程。

3.1.1 红壤成土过程

1. 红壤概述

红壤是我国最重要的土壤类型之一，是热带、亚热带的代表性土壤，广泛分布于长江以南 14 个省（自治区、直辖市），面积约为 $2.03 \times 10^6 \ \text{km}^2$。红壤地区热量充足，雨水充沛，10 ℃以上的积温可达 4 500～8 500 ℃，年降雨量在 1 000～2 000 mm。炎热、多雨为植物生长创造了良好条件。红壤地区是我国主要粮食产区，也是热带、亚热带经济作物（橡胶、油棕、咖啡、可可、柑橘、茶叶、油茶、蚕桑等）的主要产区。

红壤通常被认为是红色风化壳的俗称，是风化壳发育阶段的产物。我国南方湿润的热带、亚热带气候条件为红壤的形成提供了有力的保障，并形成了广泛的红壤分布地带，是研究红壤形成过程及其地球化学机制的有利场所。

红壤的形成经历了复杂的物理化学过程，是一系列内在因素和外在因素综合作用的结果。

2. 红壤成土条件

我国热带亚热带地区，广泛分布着各种红色或黄色的土壤，由于它们在土壤发生和生产利用上有共同之处，将其统归为红壤系列或富铝化土纲，包括砖红壤、赤红壤、红壤、黄壤等土类。红壤分布范围北起长江两岸，南至南海诸岛，东起台湾、澎湖列岛，西达云贵高原及横断山脉，包括广东、广西、福建、台湾、江西、湖南、云南、贵州、浙江，以及安徽、湖北、四川、江苏与西藏南面的一部分。

红壤分布区域高温多雨，湿热同季的特点有利于土壤物质的强烈风化和生物物质的快速循环。该地区以山丘为主，地形及母质变化复杂，丘陵台地，地势平缓，淋溶作用强烈，大多出现红壤。而在高山地区，温度较低，湿度较大，易发育黄壤。深切河谷，气候干热，淋溶作用较弱，大多形成褐红壤。另外，区域内植被组成丰富，以热带雨林、季雨林及亚热带常绿阔叶林为主，另有各种热带亚热带作物与果木。植被生长茂密，种类繁多，四季常青，为土壤发育与肥力增长提供了丰富的物质基础。

热带亚热带地区，红壤的形成是富铝化与生物富集化两种过程长期作用的结果，前者是该区土壤形成的基础，后者是土壤肥力不断发展的前提。

富铝化过程也称为脱硅富铝化过程，是红壤形成的主要过程，其主要特点是土体中硅酸盐类矿物强烈分解，硅和盐基遭到淋失，铁铝等氧化物明显聚积，以及黏粒与次生矿物不断形成。

热带亚热带地区的红壤具有深厚的红色土层，这类深厚的红色层是古气候条件下的产物，但在当前的气候条件下，仍进行着不同程度的脱硅富铝化过程。红壤的富铝化过程除与现代水热条件有关外，也因母岩的性质而有差异。如富含硅酸盐的石灰岩，长期风化后，其铝的含量较铁高，二氧化硅含量相对较低。玄武岩多形成铁质富铝风化壳，第四纪红黏土多为硅铁质富铝风化壳，花岗岩及浅海沉积母质分别形成硅铝质及硅质富铝风化壳。

红壤形成过程除具有脱硅富铝化过程外，同时还具有明显的生物富集过程，主要是在湿热条件下，繁茂的草木及其凋落物参与生物循环的结果。在热带条件下绿色物质从凋落到参与土壤的富集过程，化学组成不断发生显著变化。例如砖红壤上的热带雨林植被，由鲜叶转为地表残落物的过程中，原来在鲜叶中吸收量较多的氧化钙、氧化镁、氮、三氧化硫等趋于分解和淋失，相反，植物鲜叶吸收量较少的三氧化二铝、三氧化二铁、二氧化硅等则处于相对累积状态。此外，这种分解作用的强弱往往决定于微生物数量及其呼吸强度。热带亚热带土壤的形成是富铝化与生物富集化两种互相矛盾的过程长期作用的结果，也正因为土壤中的两种过程交替十分频繁，所以土壤具有较温带等地区更大的生产潜力，能生长出更为丰盛的绿色植物与农林牧产品。

3. 红壤分类系统

根据土壤成土条件、成土过程及土壤属性相结合原则，将我国热带亚热带红壤分成土纲、土类、亚类、土属、土种5级。首先，按照富铝化过程特点，将整个地区土壤归为富铝化土纲，土壤按热量带所反映的生物气候带，分为热带的砖红壤，南亚热带的赤红壤（砖红壤性红壤），中亚热带的红壤、黄壤等。土类以下，按水热差异、发育阶段及参与的次要成土过程划分为亚类，如砖红壤分为红色砖红壤、黄色砖红壤、砖红壤性土，以及由于人为耕作熟化过程中形成的赤土等。亚类以下，主要按母质特性、矿物组成及地区特点划分为土属，即按母质影响硅、铁、铝组成比例，划分为铁质、铁铝质、硅铁质、硅铝质及硅质5组。

我国热带亚热带地区的土壤，由于受生物、气候及地形条件的影响，在分布上表现出明显的水平地带性、垂直地带性及相近的规律性。水平地带的形成主要受不同经纬度的水热条件及生物因素影响，加之整个地形中间高、南北低，西高东低，因而自南向北依次分布着砖红壤、赤红壤、红壤和黄壤4个土壤纬度带。在南部，由东往西又依次分布着赤红壤、红壤（黄壤）及山原红壤3个不同的经度带，前者是土壤的水平地带规律，后者是土壤相近的规律性。热带亚热带土壤的垂直分布规律，即垂直地带性，在不同的水平地带内表现有所不同。地形对土壤水平地带的分布界线起着"双重"作用，有时起"促进"作用，使界线更加明显；有时起"干扰"作用，界线曲折，中断或模糊不清。此外，山地坡向的不同有时对生物气候也有强烈影响，以至形成特殊的山地土壤垂直带谱。土壤组合分布规律，主要是由中、小地形所引起的水热状况再分配及成土母质、人为活动等因素所形成。土壤的各种分布规律，对整个地区农林牧的综合配置与利用有明显影响。

4. 主要红壤类型的特性

（1）砖红壤。砖红壤主要分布在台南、海南岛、雷州半岛及西双版纳等地。分布地区具有高温多雨、干湿季节明显的季风特点。原生植被为热带雨林或季雨林，生物积累与分解作用强烈。在同样生物气候条件下，母岩对砖红壤形成有深刻影响，玄武岩发育的土壤，土层深厚，呈暗红色，基性矿物强烈分解，铁铝高度富集，整个土体中原生矿物含量极少。

（2）赤红壤。赤红壤为南亚热带代表性土壤，主要分布于广东沿海和桂西南，闽南、台南及滇南一带的丘陵台地低山地区。地形以低山丘陵为主，气候特点介于红壤及砖红壤之间，植被为季风常绿阔叶林，母质为花岗岩及其他酸性岩。根据成土条件和肥力特性，可分为黄色赤红壤、赤红壤性土和赤红土3个亚类。

（3）红壤。红壤主要分布于长江以南广阔低山丘陵区，包括赣、湘两省大部分地区、滇南、鄂东南、粤、桂、闽等北部，以及黔、川、浙、皖、苏、藏南等地区。红壤形成于亚热带生物气候条件下，气候温暖、降雨量充沛，无霜期 240～280 d，但由于降雨量分配不均，降雨集中于 3～6 月，且多暴雨，常引起水土流失，7～8 月常出现干旱，影响作物生长。红壤原生植被为亚热带常绿阔叶林，富铝化作用明显，黏土矿物以高岭石为主，母质为红砂岩、花岗岩、千枚岩、第四纪红黏土等，对红壤形成有明显影响。另外，第四纪红黏土发育的红壤，土层深厚，质地黏重，土壤通气透水性能差。根据成土条件、过程和肥力、利用特点，可划分为黄红壤、褐红壤、红壤性土和红泥土 4 个亚类。

（4）黄壤。黄壤广泛分布于全区的高原、山地地区，以川、黔两省为主，其他省份有零星分布。黄壤形成于湿润生物气候下，热量较同纬度的红壤略低，原生植被为亚热带常绿阔叶林。黄壤分布地区地形复杂，母质主要是花岗岩、砂页岩和石灰岩。黄壤差异直接表现在黄壤质地上，一般前者偏砂，后者偏黏，在剖面形态特征上，由于土体经常处于湿润状态，游离铁经水化作用以针铁矿及多水氧化铁形态存在，使土壤形成黄棕色层次尤以淀积层最为明显。此外，黄壤淋溶作用较强，交换性盐基含量低，通常表土较心土、底土低。根据成土条件、过程、属性及发育程度，分为表潜黄壤、黄壤性土和黄泥土 3 个亚类。

（5）燥红土。燥红土曾称为热带稀树草原土、红褐土等，主要分布在琼西、云南元江干热河谷等地，气候条件表现为热量高、酷热期长、降水少、蒸发量大、旱季长等特点。母质主要为片岩、花岗岩及沉积物。土壤成土过程较弱，富铝化作用较轻，由于淋溶作用较弱，旱季水分大量蒸发，盐基有往表层聚积的趋势。

（6）紫色土。紫色土是紫色岩上发育的一种岩性土，主要分布在四川盆地及其他省部分地区。地形以低山丘陵为主。自然植被多为柏木、白杨、女贞等为主的稀树灌丛。土壤形成深受母质影响，物理风化强烈，化学风化微弱，碳酸钙不断淋溶，尤其是经物理分解成为碎屑物后更为显著。但岩层屡受侵蚀，成土母质不断更新或堆积，碳酸钙淋溶也持续不断进行，使土壤发育处于相对幼年阶段。该类土壤呈紫红或亮红棕色，土壤有机质层薄，母岩松脆，易于分解，矿质养分丰富，可划分为酸性紫色土、中性紫色土和碳性紫色土 3 个亚类。

（7）石灰土。石灰土主要分布在桂、黔、滇境内，在其他地区石灰岩山丘地段也有分布，石灰土的发育和石灰岩山丘地的熔融风化及岩溶地形的发展有密切关系。石灰土可划分为红色石灰土、棕色石灰土、黄色石灰土和黑色石灰土 4 个亚类。

（8）水稻土。水稻土广泛分布在全区山地丘陵谷地及冲积平原。由于地处热带、亚热带，光热充足，且淹水时间长，有利于生物积累。红壤地区的水稻土，尤其是红黄壤起源的水稻土，都经受强烈的风化作用，因而黏粒硅铝率低，黏土矿物以高岭石为主，氧化铁含量高，阳离子交换量低，磷大部分以闭蓄态的磷酸盐为主，具有明显的母质残留特点。

3.1.2 紫色土成土过程

1. 紫色土概述

紫色土一般指亚热带和热带气候条件下由紫色砂页岩形成的一种岩性土。在中国，紫色土集中分布在四川盆地丘陵和海拔在 800 m 以下的低山区域。按照行政范围来看，紫色土在滇、黔、苏、浙、闽、赣、湘、粤、桂等区域也有零星分布。其中四川紫色土的面积约为 $1.6 \times 10^5 \ km^2$，紫色土区也是重要的粮食生产基地。

紫色土养分储量丰富，特别是磷、钾和部分微量元素，而且养分循环速度快。紫色沉积岩是一个丰富的物质库，黏粒和砂粒含量适中，结构易于恢复，且有良好的透水性和非毛管孔隙。

2. 紫色土成土条件

紫色土广泛分布于中亚热带四川盆地内，西以邛崃山为界，北沿大巴山、经过巫山往东止于湖北边境，南边顺着古蔺复背斜由西往东，再沿着大娄山往东经齐岳山止于巫山县边境。晚三叠世以来，地台区原有的褶皱面经历了三次强烈运动改造，印支运动影响强烈，形成了盆地的构造格局。燕山运动形成广泛的地台盖层褶皱带，盆地内出现大片红色建造。喜马拉雅山运动使青藏高原上升，四川盆地隆起，盆地的湖泊过程结束，逐渐演化成现在的地质构造特征。地质构造格局控制了盆地内部气候、植被及农业特征，影响土壤的发生和发育。紫色土的成土条件主要包括地形、气候、植被、母质、地表水和地下水、人为活动和综合影响等方面。

1）地形

四川盆地不论在构造还是地形上都是一个极其完整的盆地，大致以广元—雅安—叙永—奉节四点连线为界，是我国东部季风区域最大的内陆盆地。盆地四周环山，地形封闭，山高一般在 1 500 m 以上，而盆地中部的高度一般在 200~700 m，主要由中生代红色地层组成，又有"红色盆地"之称。区内丘陵广布，起伏缓和，地层基本水平，倾角不大，仅有轻微褶皱，由细长的背斜和宽平的向斜组成，一般为北东方向排列。盆地中部除西南边缘有一些二叠纪玄武岩外，其他各地均无火成岩侵入，是扬子地台上最稳定的部分。盆地面积广阔，差异明显，紫色土区域地形特征可划分为盆中方山丘陵、盆东平行峡谷、盆北低山、盆南低山与丘陵。

2）气候

四川盆地属于中亚热带湿润气候。由于北部秦巴山系屏障，寒潮不易入侵，而东部巫山海拔不高，太平洋暖湿气流从东部伸入四川，这是影响盆地气候的主要因素。印度洋暖湿气流从南部横断山脉进入，对盆地气候也会产生重要影响。根据四川盆地气候分异，可以划分为北亚热带、中亚热带、南亚热带 3 个典型区，其中北亚热带海拔高度盆地在 800~1 200 m，河谷在 1 600~2 000 m；中亚热带海拔高度盆地在 400~800 m，河谷在 1 200～1 600 m；南亚热带海拔高度盆地在 400 m 以下，河谷在 1 200 m 以下。

以上气候分异对紫色土属性的影响十分明显，特别是 pH 由北亚热带到南亚热带几乎呈由高到低的规律。南亚热带的紫色土发育比北亚热带要深，呈现向富铝化过渡的特征。

3）植被

四川在植被区划中属于亚热带常绿阔叶林区域，而四川盆地属于东部（湿润）常绿阔叶林亚区域中的中亚热带常绿阔叶林地带。在"红色盆地"内自然植被组合有亚热带常绿阔叶林、低山常绿针叶林、竹林和亚热带草丛。由于该地区农业开发较早，垦殖指数高，自然植被大面积分布较少见。人工植被包括作物和经济林木两种：作物主要包括水稻、玉米、小麦、红薯、马铃薯、油菜、棉花、甘蔗等；经济林木有柑橘、油桐、桑、胡桃、茶、油茶及各种水果等。

位于川中方山丘陵区，在海拔 300～500 m 的紫色土区域，多为农业植被。盆地南部和西南部，气候温暖湿润，常绿阔叶林生长良好，组成种类丰富，群落结构复杂。建群植物以锥属、木荷属、大头茶属等为主，林下以罗汉竹、方竹为主。草本植物以里白、光里白为常见的优势植物。在长江河谷及浅丘地区，海拔 400 m 以下的缓坡谷地、丘陵台地和浅谷中性、微酸性紫色土上，龙眼、荔枝、甜橙也有分布。盆地西部鄂西北部常绿阔叶林则以樟科为主，林下以方竹、八月竹为主。盆东南热量条件不如盆南，常绿阔叶林仍以壳斗科植物为主。以上紫色土植被，是区域热量丰富、水分充沛与土壤肥力的综合体特征反映，对土壤的发生、发展影响显著。

4）母质

紫色土是在三叠系、侏罗系、白垩系等紫色砂页岩上形成的。其成土母质主要是紫色砂页岩的残积物、坡积物及古风化壳等。

现代残积物是紫色土分布最广的一种母质。由于紫色母岩物理风化和侵蚀过程同步，所以母质具有现代残积物的特征。现代残积物的性质随基岩性质不同而异，包括碎屑残积物、砂质残积物、泥质残积物、碳酸盐残积物、酸性残积物。这五种母质是可以独立存在的，也可以以结合形式出现，如碳酸盐碎屑残积物、酸性泥质残积物等。

古风化残积物在四川盆地红色的各级夷平面上，特别是盆地东南集中分布，是在古气候条件影响下形成的，由于地壳上升侵蚀基准面下降产生侵蚀切割的不同。该种母质发育的土壤，肥力较低，适宜松木、杉木、茶及楠木生长。

5）地表水与地下水

四川盆地内河流纵横，均汇入长江，形成不对称的向心状水系。长江水系的重要干、支流有川江、岷江、沱江、嘉陵江、金沙江、乌江、赤水河等。各河流的共同特征是河谷较宽，水量丰富。大多数河流与构造线斜交或直交，峡谷、宽谷相间分布。气候、地形和地表组成物质不同，地表径流量有较大差异，对风化壳和土壤又产生重大影响。径流特征制约着紫色土的成土过程和方向，而水质又影响着土壤肥力，土壤肥力直接关系到作物品质和产量。

四川盆地红色丘陵区，地下水分布广泛，其主要储存在风化带孔隙裂隙中，兼有构造裂隙，溶蚀空洞的作用，流经丘陵区的岷江、沱江、嘉陵江、渠江、长江等江河，沿江阶地有些比较宽阔，地下水比较丰富，而且埋藏浅、水质好。地下水按照赋存条件差异可以分为裂隙水和层间水两种。

6）人为活动

红色丘陵区域农业历史悠久，自然植被少，所以农业经营中的各种人为活动对土壤形成的作用特别明显，人为活动是紫色土形成的重要因素。

复种轮作：紫色土的轮作一直是以"小麦（豌豆）—玉米（棉花、花生、大豆、红薯等）"为中心的二熟制。同一地块每年都是相同的作物群体向土壤吸收养分和消耗地力，重地重茬同时存在，出现地力不平衡现象。由于人为活动的参与，土壤由被动地自然恢复地力而转变为有目的的定向培肥地力，土壤肥力有序上升，否则不合理的轮作也会使土壤肥力下降。

施肥：一定复种轮作形式中施肥也是影响土壤性质的重要手段。紫色土区域施肥以有机肥料为主，辅以氮磷化肥。由于肥料的施用，不仅补充了作物带走的大量元素，也改良了土壤的理化和生物学特性，进而提高了作物产量。

坡改梯：由于紫色土水土流失严重，土壤肥力降低，为了保持水土，进行了坡改梯工程，主要过程包括揭取表土，里切外垫；开挖背沟，整建水系；砌筑地埂，保持水土；挖沉沙凼；培肥土壤，改良土质。坡改梯改变了土壤小环境，减缓了坡度，增厚了土层，改良了土壤质地；整理坡面水系，改善区域地形的水热条件，土壤发育朝向有利于作物的方向发展。

植树造林：植树造林改善了生态环境，水热动态也发生改变，不可避免影响物质转化的速度和方向，从根本上影响土壤肥力。

另外，耕作措施如深耕、耕翻、中耕松土等措施，对改善土壤水、肥、气、热条件及耕作性能发挥着作用。

7）综合影响

四川盆地热湿同步的气候，结构疏松、钙质丰富的紫色母岩，起伏易侵蚀的地形和集约耕作相结合等因素，延缓了土壤发育，促进了初育土的形成。该区域生物气候条件有利于富铝化过程的进行，但广泛分布的紫色母岩丘陵地形及高垦殖的集约耕作改变了成土方向，与地带性土壤不相吻合。紫色母岩大部分为碎屑状，结构疏松，磷钾比较丰富，在形成土壤过程中：一是易于物理风化，易于流失；二是钙质丰富，脱盐基时间较长，脱盐基伴随脱硅作用交替进行，进而发生富铝化作用。在诸多复杂的作用中，紫色母岩的快速风化与强度侵蚀交替进行是延缓富铝化过程的主要原因，而集约农业则加速了富铝化过程，特殊的母岩、地形和气候结合也使土壤形成过程具有一定的必然性。

3. 紫色土分类

自 20 世纪 30 年代以来，人们对紫色土分类进行了大量工作，包括四种趋势：一是根据 pH 和石灰性分为酸性、中性、钙质紫色土，这种分类占绝对优势；二是根据无机胶体品质对肥力的影响分为紫红泥、紫棕泥、暗紫泥三种（后期又分为黄紫泥、红紫泥、紫棕泥、暗紫泥），该种分类方式在西南地区较为常用；三是按地带性分为黄壤性土、褐色森林土、棕色森林土及富铝化土壤；四是根据诊断层和诊断特性分为紫色初育土、紫色粗骨土。

3.2　主要土壤类型抗蚀性

3.2.1　土壤入渗率特征

1. 原位测试点选取

在金沙江下游及毕节市、陇南市、嘉陵江中下游、三峡库区，以及湘江资水中游地区和赣江中下游地区等"长治"工程重点防治区中选择了 37 个测点。

以丘陵和低山地区坡度在 5° 左右的坡耕地为测试对象，测试土壤的入渗性能，进行不同范围内的对比和分析。选择的土壤类型主要包括黄壤、红壤、紫色土、石灰土、褐土和棕壤等，其中黄壤类测点 9 个，红壤类测点 6 个，紫色土类测点 11 个，石灰土类测点 6 个，其他土类测点 5 个。

2. 土壤入渗性能及理化性质测定

土壤入渗率采用双环法测定，测试所采用的内环直径为 35.5 cm，高为 25.0 cm，外环直径为 50.5 cm。试验统一历时 80 min，以 80 min 时的入渗率作为土壤的稳定入渗率，在同一地块重复测试 2 次，结果取平均值。入渗试验的同时，在测试点附近采集表层 0～10 cm 的土样，用作室内土壤理化性质的测定和分析。土壤表层容重测定采用环刀法，密度测定采用比重瓶法，用公式"总孔隙度（%）=（1–容重/密度）×100"来计算土壤的总孔隙度，颗粒分析采用比重计法测定，有机质含量测定采用重铬酸钾氧化-外加热法，土壤水稳性团聚体含量测定采用改进的约德（Yoder）法。

3. 土壤入渗过程拟合

土壤水分入渗的数学模型包括格林-安普特（Green-Ampt）公式、菲利普（Phillip）公式、考斯加可夫（Kostiakov）公式、霍顿（Horton）公式及蒋定生公式等，其使用条件各异。笔者通过对常用入渗公式进行分析，结合前人的研究成果，选取概念较为明确、使用较为可靠的菲利普公式、考斯加可夫公式、霍顿公式和蒋定生公式对入渗数据试验过程进行拟合，结果见表 3-1。

表 3-1　测点基本情况

测点	考斯加可夫公式 $f(t)=at^{-b}$			霍顿公式 $f=f_c+(f_1-f_c)e^{-at}$				蒋定生公式 $f=f_c+(f_1-f_c)t^{-a}$				菲利普公式 $f=a+1/2\,bt^{-0.5}$		
	a	b	R^2	f_c	f_1	a	R^2	f_c	f_1	a	R^2	a	b	R^2
兴山	3.89	0.13	0.60	0.32	1.78	0.27	0.98	2.58	3.66	1.90	0.93	1.95	4.94	0.75
长寿	5.18	0.36	0.82	1.53	27.76	2.22	0.95	1.09	6.11	0.77	0.97	0.22	12.24	0.95
利川	6.64	0.51	0.97	1.40	27.13	2.04	0.97	0.46	6.73	0.64	0.99	−0.16	14.01	0.98
广安	3.79	0.32	0.82	1.37	8.25	0.74	0.89	0.90	4.26	0.66	0.90	0.51	7.65	0.89
遂宁	25.59	0.34	0.77	10.04	116.40	1.98	0.85	8.25	27.21	1.08	0.88	2.57	55.32	0.83
商南	11.33	0.38	0.96	3.46	23.13	0.69	0.94	1.94	12.14	0.64	0.98	0.91	22.86	0.97
宜宾	12.28	0.41	0.96	3.39	26.16	0.70	0.93	2.02	13.25	0.71	0.99	0.42	26.43	0.97
攀枝花	1.85	1.00	0.96	0.21	11.84	2.17	0.96	0.11	1.64	1.38	0.98	−0.54	5.32	0.86
昭通	5.78	0.29	0.66	2.32	20.47	1.22	0.95	2.05	6.90	1.11	0.97	0.59	14.46	0.87
元谋	1.91	0.90	0.85	0.16	15.71	1.60	0.99	0.04	2.89	1.34	1.00	−1.02	9.36	0.85
威宁	4.21	0.24	0.81	1.86	6.42	0.38	0.76	0.75	4.58	0.37	0.72	1.29	6.50	0.71
赫章	5.16	0.18	0.72	2.83	9.70	0.70	0.93	2.47	5.70	0.71	0.90	2.00	7.60	0.88
黔西	3.97	0.71	0.85	0.40	17.68	0.97	0.99	0.02	5.84	0.95	0.97	−1.41	15.61	0.90
邵阳	7.85	0.27	0.88	3.38	16.09	0.81	0.93	2.57	8.41	0.68	0.94	1.84	13.46	0.93
衡阳	12.32	0.57	0.96	2.27	26.75	0.73	0.89	0.91	12.61	0.74	0.97	−0.96	28.12	0.95
于都	4.09	0.60	0.95	0.88	37.87	2.82	0.93	0.69	3.79	1.55	0.95	−0.75	11.76	0.83
兴国	4.12	0.43	0.95	0.89	5.82	0.28	0.92	0.05	4.29	0.45	0.96	0.22	8.09	0.96

注：f 为入渗率，mm/min；f_1 为初始入渗率，mm/min；f_c 为稳定入渗率，mm/min；t 为时间，min；a、b 为拟合参数；e 为自然常数；R^2 为相关系数。

比较 4 种入渗模型的相关系数（R^2）可以看出，在长江中上游地区，利用蒋定生公式和霍顿公式进行拟合的精度高于菲利普公式和考斯加可夫公式，其相关系数均值分别为 0.94、0.93、0.89 和 0.85。这与陕北黄土高原土壤入渗模型的模拟研究结果是一致的，表明蒋定生通过对黄土高原入渗试验总结的经验公式也适用于我国长江流域的土壤入渗模拟。从拟合结果可以看出，对于土壤稳定入渗率的拟合，4 种模型结果比较一致，最大值均出现于遂宁，稳定入渗率最小值结果有较大差异，这主要是公式使用条件差异所造成的。

为了明确 4 种入渗公式与实测入渗率的拟合情况，分别用 4 种公式计算遂宁测点的入渗率，并结合不同时间的实测入渗率绘制入渗曲线。结果表明，在入渗初始阶段（1 min），考斯加可夫公式和霍顿公式拟合较好。入渗衰减阶段（10 min），霍顿公式和蒋定生公式拟合结果都偏小。考斯加可夫公式拟合较好，在入渗稳定阶段（80 min），考斯加可夫公式和菲利普公式与入渗实测曲线最为相似，其中考斯加可夫曲线与入渗曲线最为接近。

4. 土壤入渗率影响因素

土壤的初始入渗率、平均入渗率和稳定入渗率是评价土壤水分入渗中最为常用的 3 个指标。土壤初始入渗率和平均入渗率均与土壤初始含水量相关。

一般而言，土壤初始入渗率与初始含水量成反比，在初始含水量不同时，仅比较土壤初始入渗率意义不大。而稳定入渗率主要与土壤自身物理、化学性质有关，当达到稳定入渗率时，一般所测定的土壤含水量已饱和，消除了土壤含水量对入渗率的影响。由于测试范围广，土壤初始含水量不易控制一致，所以本书主要针对土壤稳定入渗率进行分析。

根据土壤入渗率影响因子的不同，选取影响土壤入渗率的容重、孔隙度、有机质含量、粉/黏、>0.25 mm 水稳性团聚体等因子，对其与土壤稳定入渗率的关系进行相关分析（表 3-2）。可以看出，容重、孔隙度、>0.25 mm 水稳性团聚体含量、有机质含量和粉/黏均和土壤稳定入渗率显著相关。其原因可能是进入土壤中的水分是在土壤孔隙中运行的，土壤孔隙的大小、分布及连通状况与土壤渗水能力关系密切，孔隙越多，尤其是大的孔隙越多，渗透率越大。测试用孔隙度表示土壤的孔隙状况。

表 3-2　土壤稳定入渗率与各影响因子的相关分析

	稳定入渗率	容重	孔隙度	>0.25 mm 水稳性团聚体含量	有机质含量	粉/黏
稳定入渗率	1.000	-0.717**	0.691**	0.554**	0.538**	0.533**
容重	-0.717**	1.000	-0.987**	-0.544**	-0.370*	-0.436*
孔隙度	0.691**	-0.987**	1.000	0.592**	0.365*	0.468**
>0.25 mm 水稳性团聚体含量	0.554**	-0.544**	0.592**	1.000	0.544**	0.129
有机质含量	0.538**	-0.370*	0.365*	0.544**	1.000	0.106
粉/黏	0.533**	-0.436*	0.468**	0.129	0.106	1.000

注：**表示 $p<0.01$ 水平具有显著相关；*表示 $p<0.05$ 水平具有显著相关。

从表 3-2 可以看出，土壤稳定入渗率和土壤孔隙度呈极显著的正相关，但是其相关性并不如容重与土壤稳定入渗率之间的高，这是因为土壤的通透性主要取决于孔径超过 0.02 mm（或 0.06 mm）的非毛管孔隙，孔隙度只能说明土壤孔隙数量，而不能反映土壤孔隙大小和分配状况。容重是土体密实程度和孔隙度大小的综合反映，容重越大，土体越密实，孔隙度越小，渗水越慢。稳定入渗率随着>0.25 mm 水稳性团聚体含量的增多而增大，这是因为团聚体结构在土壤内形成大量的孔隙，使土壤通气透水性得到改善。稳定入渗率和有机质含量呈正相关，因为有机质除其本身疏松多孔能提高土壤的入渗性能外，还是形成土壤团聚体的重要物质，团聚体的大量形成也会间接促进土壤的稳定入渗性能。稳定入渗率与粉/黏呈正相关，粉/黏越小，土壤质地越黏重，颗粒间孔隙越小，越不易渗水。

5. 不同类型土壤入渗率

图 3-1 为 4 种类型土壤的稳定入渗率，试验结果表明：黄壤类土壤稳定入渗率最大，均值为 2.68 mm/min；其次是石灰土和紫色土，均值分别为 2.16 mm/min 和 1.81 mm/min，红壤类土壤稳定入渗率最小，均值为 0.25 mm/min，为黄壤系列土类的 1/10 左右。

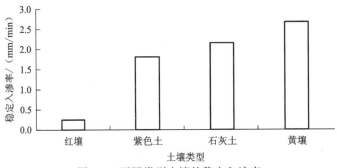

图 3-1   不同类型土壤的稳定入渗率

土壤的稳定入渗率之所以随土壤类型产生有规律的变化，是因为各土类的质地、结构及土壤生物化学特征上存在较大差异。从图 3-2 可以看出，在 4 种土类中，黄壤类容重最小，质地最轻，土壤孔隙度最大，团聚体和有机质质量分数也是最高，结构较好。石灰土团聚体和有机质质量分数也较高，表层结构较好，但质地黏重。深受石灰性紫色砂页岩影响的紫色土，孔隙度较黄壤和石灰土小，表土有机质质量分数较低，而且团聚体质量分数较低，质地较为黏重，结构较差。而取自于四川省南部县和江南丘陵区的红壤，不仅质地最为黏重，而且有机质和团聚体质量分数都较低，结构较差，透水能力较差。

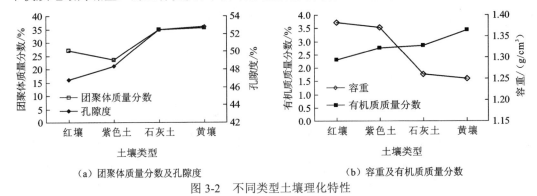

（a）团聚体质量分数及孔隙度   （b）容重及有机质质量分数

图 3-2   不同类型土壤理化特性

6. 长江中上游地区土壤入渗率空间分异

由于土壤类型、质地、结构、肥力水平的不同，土壤稳定入渗率在水平变化上，呈现出明显的地域差异性。根据土壤稳定入渗率地域差异特征，结合一定的自然条件特点，初步将长江中上游地区按土壤入渗性能的强、弱划分为 3 个区域：稳定入渗率极高值区，稳定入渗率高值区和稳定入渗率一般区。稳定入渗率极高值区主要包括四川盆地、毕节地区、川东、川西山地丘陵、云贵高原及陕南局部地区,稳定入渗率极高,达到 2.4 mm/min 以上,尤其是遂宁和自贡及其周围地区,稳定入渗率达到 3.84 mm/min 以上,该区域土壤类型以黄壤、石灰土和紫色土为主,土壤颗粒较粗,稳定入渗率最快。稳定入渗率高值区主要包括秦巴山地及东部余脉、南方红壤丘陵部分地区及川西高山地区等,土壤稳定入渗率在 0.72~2.40 mm/min,此区新构造运动强烈,地貌结构复杂,坡陡沟深,除秦巴山多石灰岩外,其余广大地区一般为花岗岩、千枚岩、砂岩等,土壤土质差而浅薄,结构松散,石质含量高,土壤容重多在 1.2 g/cm³ 以下,黏粒含量较少,水稳性团聚体质量分数在 18%左右,稳定入渗率不大。稳定入渗率一般区主要包括金沙江下游地区和赣南红壤丘陵地区,土壤稳定入渗率偏低,多在 0.72 mm/min 以下,该区土壤以红壤为主,土壤结构不良,质地黏重,透水性差,土壤稳定入渗率较小。

土壤稳定入渗率的这种空间分异与长江流域目前的重点产沙区相对应,如稳定入渗率一般区金沙江下游地区,是长江流域重点产沙区之一,赣南红壤丘陵区是崩岗侵蚀的高发区。陕南及陇南地区、四川盆地、三峡库区及丹江口库区等稳定入渗率高值区,是长江流域的几大重力侵蚀产沙区。而对于稳定入渗率极高值区,毕节地区是长江流域石漠化严重的地区之一,也是重点产沙区之一。

3.2.2　土壤抗冲特征

1. 测试点分布

长江流域地域辽阔,自然状况千差万别,土壤类型众多,并呈现出一定的地带性分布规律,土壤抗冲性随土壤类型不同会发生很大的变化。笔者在长江中上游地区选择了 50 个测试点,基本涵盖除长江源头区以外长江流域水土流失重点治理的 7 大区域。

2. 测试方法

在评价土壤抗冲性上采用土壤抗冲系数来评价土壤抗冲性,定义为每冲刷 1 g 干土所需的水量和时间的乘积。采用蒋定生设计的原状土冲刷水槽及其所拟定的试验方法。为了解土壤剖面上土壤抗冲系数的差异,在实际测定时,统一自土壤表层 0~10 cm、20~30 cm、40~50 cm 分 3 层取条形原状抗冲土壤样品进行测定。

测试前,首先用取土器在测定处土壤的不同深度取原状土,并称重记录,同时在各层土壤剖面取少量土样用酒精烘干法测定所取土样的含水量,然后将取土器连同土样一起放入图 3-3 中的装样室内准备试验。冲刷试验前将抗冲槽坡度调至 5°,并将供水桶放置在木制支架上,此时冲刷流量为 0.183 L/s,并同时开始用秒表记录时间。冲刷时间以供水桶中的水用完为标准,待供水桶中水用完后(注意若取样器中土样被冲掉约 2/3,而供水桶中的水未用完时,停止试验并记录供水桶中的剩余水量及冲刷时间)记录时间,并称出剩余湿土重量。然后,采集少量冲刷后的土样用酒精烘干法测定土样冲刷试验后的含水量，根据冲刷试验前后土样损失量计算土壤各层次的抗冲系数。冲刷试验装置见图 3-3。

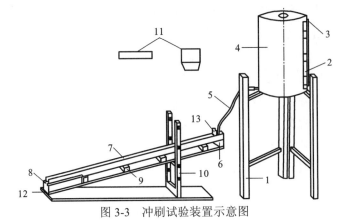

图 3-3　冲刷试验装置示意图

1—放水桶架；2—标尺；3—玻璃管；4—盛水桶；5—放水管；6—静水室；7—原状土冲刷水槽；8—装样室；
9—垫木；10—坡度架；11—采土器；12—铰链；13—整流栅

土壤抗冲系数计算公式见式（3-1）：

$$K_c = \frac{\Delta Q \cdot t}{2k} \tag{3-1}$$

式中：K_c 为抗冲系数，L·min/g；ΔQ 为冲刷后与冲刷前供水桶的体积差，L；t 为冲刷时间，min；k 为冲刷掉的土的质量，g。

3. 不同土壤类型抗冲性特征

取样点包括长江中上游地区主要土类中的主要亚类，包括紫色砂页岩上发育的紫色土、壤质红壤、壤质黄壤、褐土、石灰土、棕壤等，不同土壤类型的抗冲系数见表 3-3。

表 3-3　不同土壤类型的抗冲系数　　　　　　　　（单位：L·min/g）

土壤深度/cm	壤质红壤	壤质黄壤	棕壤	石灰土	紫色土	砂质红壤	砂质黄壤	褐土
0~10	36.62	13.01	9.90	8.51	5.73	0.58	0.06	0.02
20~30	89.47	24.93	17.72	16.49	8.01	2.27	3.16	0.06
40~50	87.27	25.41	18.00	20.29	18.70	16.52	2.05	0.28

不同的土壤类型由于其母质、地形、水文地质等形成因素不同，以及在成土过程中受不同气候、生物等自然因素影响，在抗冲性上存在明显差异。表 3-3 分别显示了 0~10 cm、20~30 cm 和 40~50 cm 土层深度中土壤抗冲系数随土壤类型发生变化的规律，结果表明：抗冲性整体上从壤质红壤、壤质黄壤、棕壤、石灰土、紫色土、砂质红壤、砂质黄壤、褐土依次递减。在 0~10 cm 层抗冲性最大的壤质红壤的抗冲系数为石灰土的 4.30 倍，为抗冲系数最小的褐土的 1 831.00 倍。在 20~30 cm 层和 40~50 cm 层，壤质

红壤的抗冲系数分别为石灰土的 5.43 倍和 4.30 倍，为抗冲系数最小的褐土的 1 491.17 倍和 311.68 倍。这可能与土壤中>0.25 mm 水稳性团聚体及土壤物理性黏粒含量等理化属性有关。黏粒具有很强的黏结力，黏粒含量高的土壤常呈土团或土块状结构，质地较黏粒含量低的土壤更黏重，在同等径流冲击作用的情况下，抵抗径流机械破坏的能力也更强，而以往的研究表明>0.25 mm 的风干土水稳性团聚体含量和土壤抗冲系数之间有很强的相关性。这种现象在同一种土类中，土壤质地不同导致抗冲性存在显著差异上得到了很好的体现。试验结果显示：黏质红壤的黏粒含量为砂质红壤的 1.47 倍，>0.25 mm 的风干土水稳性团聚体含量为砂质红壤的 1.25 倍，其抗冲系数为砂质红壤的 189.57 倍；黏质黄壤的黏粒含量为砂质黄壤的近 2 倍，>0.25 mm 的风干土水稳性团聚体含量为砂质黄壤的 1.31 倍，其抗冲系数为砂质黄壤的 509 倍。

4. 抗冲系数沿土壤剖面的分异规律

长江中上游地区坡耕地土层普遍较薄，一般为 50 cm 左右，通过对 0 cm、20 cm、40 cm 层土壤抗冲系数的统计数据进行对比分析，笔者归纳得出抗冲性沿土壤剖面垂直变化规律大致上分为土壤质地主导型、农业耕作主导型和腐殖质层影响型 3 种。

1）土壤质地主导型

此种类型的土壤抗冲性大小随土壤剖面的变化规律为：表层土壤抗冲性最小，底层土壤抗冲性最大。这主要与土壤剖面特性有关，土壤质地是这种变化趋势的主要影响因素，而农业耕作和根系的影响占次要地位。以自贡市的紫色土为例（图 3-4），其表层土壤为棕色，砂质黏壤土，团块状结构，疏松；中层土壤为棕色，黏壤土，小块状结构，稍紧；底层土壤为灰棕色，块状结构，夹岩石碎屑。随着这种土壤质地上的变化，抗冲性依次增强，抗冲系数 0～10 cm 层为 5.72 L·min/g、20～30 cm 层为 8.01 L·min/g、40～50 cm 层为 18.70 L·min/g，造成抗冲系数随土壤深度增大而递增的原因：一方面是由于自然条件产生上砂下黏的层次性；另一方面在土壤形成过程中，由于水分在剖面中自上而下地淋洗，把上层的分散细粒（黏粒）带往下层，从而使剖面的上部出现一个机械成分上的黏粒洗出层，其质地相对较轻，而剖面下部则形成黏粒淀积层，其质地相对较黏，

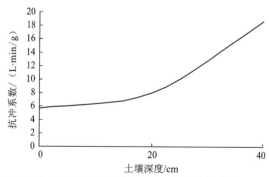

图 3-4　土壤质地主导型抗冲系数随土壤深度变化趋势图（以自贡为例）

雨水的冲洗、地表径流的冲刷，都有可能使表土层中的黏粒大量流失，而使土壤产生上轻（砂质）下重（黏质）的质地剖面。因而不同深度的土壤在理化特性上存在差异，特别是黏粒含量随着深度增加而增多，土壤抗冲性也随之逐渐增大。

2）农业耕作主导型

此种类型的土壤抗冲系数大小随剖面层次的变化为中层最大，呈凸峰型分布，底层抗冲系数高于表层（图 3-5）。这主要与农业耕作有关，表层土壤因为经常耕作较为疏松，底层土壤位于根系活动层以下，失去了根系的固结作用，而 20 cm 层土壤受耕作影响较小，由于根系对土壤的加固作用从而出现中层抗冲系数大于表层和底层的现象。以黔西为例，中层土壤抗冲系数分别为表层和底层的 1.5 倍和 1.3 倍。植物根系可以显著提高土壤抗冲性，虽然根系在土壤中的分布特点是随剖面深度增加有效根密度急剧减少，但是试验点限定在农耕地的前提下，由于受耕作影响，仅在中层 20 cm 处，即土体疏松分散抗冲性差的耕作层之下才体现出根系提高抗冲性的效果。根系在土体中交错、穿插、缠绕，固结土壤，而且根系的活动还可以改善土壤的物理性质，根系的分泌物及其死亡分解后所形成的多糖和腐殖质又能作为土壤团聚体的胶结剂，团聚土粒，形成稳定的团聚体，这些都提高了土壤的抗冲能力。

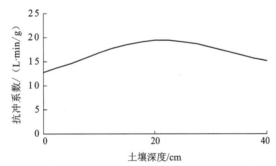

图 3-5 农业耕作主导型抗冲系数随土壤深度变化趋势图（以黔西为例）

3）腐殖质层影响型

这一类型的主要特点表现在底层抗冲系数小于表层，中层最大，图 3-6 为兴山土壤抗冲系数随土壤深度变化趋势图。在兴山、西昌等试验点，玉米、红薯生长旺盛的农地，由于当地气候湿润且有农作物遮挡，地表阴暗潮湿，表层土壤富含腐殖质，低等植物生长活跃，土壤的抗冲性也明显较高。以兴山为例，表层土壤抗冲系数为底层的 1.8 倍。腐殖质在土壤中主要以胶膜形式包裹在矿质土粒的外表。由于它是一种胶体，黏结力较强，可增加土壤的黏性，并促进团聚体结构的形成，一定程度上改变了土壤的分散无结构状态，这种改善在砂质土壤中较明显。对于过砂土壤采用客土法、引洪漫淤法或施用大量有机肥料改良土壤，均能提高土壤中有机质含量，使土粒比较容易黏结成小土团，提高土壤抗冲性。而在表层和根系活动层之下土壤失去了有机质和植物根系的固结作用，抗冲性又显著下降。这也与在茂密的草丛、灌木林下土壤抗冲性增强的研究结论相符。由于根系的加固作用，中层土壤抗冲性高于表层和底层。

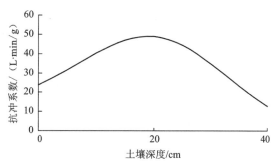

图 3-6　腐殖质层影响型抗冲系数随土壤深度变化趋势图（以兴山为例）

5. 土壤理化性质对抗冲性的影响

通过对长江中上游地区 50 个测试点土壤抗冲系数的测试及土壤样品的室内理化分析，获得了每个测试点的抗冲系数、容重、黏粒含量、粉粒含量、砂粒含量、>0.25 mm 水稳性团聚体含量、有机质含量、pH 数据，具体见表 3-4。

表 3-4　土壤抗冲性与土壤理化性质相关性分析

	抗冲系数	容重	黏粒含量	粉粒含量	砂粒含量	>0.25 mm 水稳性团聚体含量	有机质含量	pH
抗冲系数	1.000	0.034	0.744**	0.333	-0.473	0.918**	0.789**	-0.655*
容重	-0.034	1.000	-0.302	-0.403	0.402	-0.136	0.067	0.422
黏粒含量	0.744*	-0.302	1.000	0.716	-0.840**	0.591	0.465	-0.731*
粉粒含量	0.333	-0.403	0.716*	1.000	-0.978**	0.305	0.139	-0.364
砂粒含量	-0.473	0.402	-0.840**	-0.978	1.000	-0.422	-0.249	0.499
>0.25 mm 水稳性团聚体含量	0.918**	-0.136	0.591	0.305	-0.422	1.000	0.730*	-0.659*
有机质含量	0.789**	0.067	0.465	0.139	-0.249	0.730*	1.000	-0.353
pH	-0.655*	0.422	-0.731*	-0.364	0.499	-0.659*	-0.353	1.000

注：**表示 $p<0.01$ 水平具有显著相关；*表示 $p<0.05$ 水平具有显著相关。

试验结果表明土壤抗冲系数与>0.25 mm 的水稳性团聚体含量、有机质含量、黏粒含量呈正相关，相关系数分别为 0.918，0.789，0.744。因此，影响长江中上游地区土壤抗冲系数的主要因素为>0.25 mm 的水稳性团聚体含量、有机质含量和黏粒含量。>0.25 mm 的水稳性团聚体含量、有机质含量和黏粒含量越高，抗冲系数越大。

6. 土壤抗冲性的空间分异规律

根据实测的长江中上游地区 50 个测点的土壤抗冲性数据，利用 ArcView 中的空间分析模块，笔者绘制了长江中上游地区的土壤抗冲性等值线图。试验结果表明，长江中上游地区土壤抗冲系数的地域分异规律为：嘉陵江上游和湘东、赣南山地丘陵区测点的土壤抗冲系数均小于 3 L·min/g，为整个测试中抗冲系数最小的区域。嘉陵江中下游、四川盆地和丹江口库区测点土壤抗冲系数介于 3～12 L·min/g，为土壤抗冲性较弱的区域；金沙江下游、黔西部分地区及三峡库区部分地区土壤抗冲系数介于 12～21 L·min/g，为土壤抗冲性一般的区域；此外还存在湖北兴山、贵州毕节和云南巧家三个土壤抗冲性较强的区域，这三个区域抗冲系数介于 21～30 L·min/g。

由此可见，与黄土高原绝大部分地区抗冲系数小于 1 L·min/g 相比，长江中上游地区除了嘉陵江上游和湘东、赣南山地丘陵区由于土体结构松散，抗冲性较弱，与黄土高原地区处于同一数量级外，其他区域的抗冲性远远高于这一水平，抗冲系数在土壤质地黏重的测点达到最高值。

总体上看，长江中上游地区抗冲系数在数值分布上以 3～21 L·min/g 为主，在区域分布上呈现出以云贵高原和三峡库区为中心，向周围递减的趋势，在长江流域西北及东南处，即嘉陵江上游和湘东、赣南山地丘陵区，达到最小。

3.2.3　土壤抗剪强度特征

1. 取样点范围

针对长江中上游不同区域的水土流失特征，采用原位测定土壤抗剪强度。野外调查、原位测试及采样共计 37 个点位，涉及甘肃、陕西、四川、重庆、云南、贵州、湖北、湖南和江西 9 个省（直辖市），所调查的区域涵盖长江中上游的主要水蚀区，包括四川盆地、江南丘陵、川东平行岭谷区、云贵高原等不同地貌类型区，这些区域极具代表性。野外调查行程超过 1.9×10^4 km，获得野外测试原始数据近 10 000 个，收集各测试点的有关土壤侵蚀，水土保持现状，治理措施布设及实施状况，自然、社会、经济方面的相关资料，并留存大量影像资料。野外调查及原位测试选点原则符合"点面（区域）映射""点类（土壤亚类）映射"的全息同构原理，符合"分级点控"的区域结构控制原理。具体选择原则包括以下 3 个方面。

（1）野外调查及原位测点充分反映出水土流失的区域特征，以丘陵和低山地区的坡耕地为重点测试对象，选取残积环境、缓坡部位、侵蚀环境未受到较大的人为扰动且无明显侵蚀的坡度在 5° 左右的坡耕地，交通相对便利的近水源处。

（2）野外调查及原位测点充分代表某一土壤亚类的水蚀特征，例如地带性土类中的红壤、黄壤等亚类，一些与区域水土流失状况有明显关系的非地带性土类（如紫色土、石灰土）等主要亚类。

（3）野外调查及原位测点对于长江流域水蚀区内土壤指标的总体测试具有多级控制的作用。

2. 样品测试方法

土壤抗剪强度的测试采用 14.10 Pocket Vane Tester 型三头抗剪仪进行测定，三头抗剪仪共有 3 个旋头，分别为 CL102 型（小号）、CL100 型（中号）、CL101 型（大号），针对不同的土壤类型采用不同的旋头，其中：黏质土用 CL102 型（小号）旋头；壤质土用 CL100 型（中号）旋头；砂质土用 CL101 型（大号）旋头。在每个测点选取一片符合要求的空地，清除地表的枯枝落叶等杂物，人工开挖一个长×宽×深为 1.0 m×1.5 m×0.6 m 的剖面，分别于土壤剖面的 0 cm、20 cm、40 cm 深度留 3 个成阶梯状的平面，并用小铁铲将之轻轻整平（保持土壤结构不被破坏），然后轻轻将抗剪仪水平压于土中，扭动抗剪仪柄直至土壤破坏，记录抗剪仪指针读数。为保证测定结果的可靠性及有效性，剔除异常情况，每个测点在每个测试深度的抗剪强度的测定要求每层 3 次重复，如若测试的 3 个结果差异大，则增加测试次数。每个土壤抗剪强度值依据"实测值与结果值之间的转换关系曲线"求取最终的结果。抗剪仪 3 个旋头（大号、中号、小号）通过实测值计算，抗剪强度结果的转换数学关系式如式（3-2）～式（3-4）所示。

$$大号：y=0.02x \tag{3-2}$$

$$中号：y=0.11x \tag{3-3}$$

$$小号：y=0.27x \tag{3-4}$$

式中：x 为抗剪仪实测值，kg/cm^2；y 为转换后的结果，即为土壤抗剪强度，kg/cm^2。

在每个测点采取土样带回室内进行土壤理化性质分析，进而研究不同土壤理化性质对土壤抗剪强度的影响。测定项目及测定方法分别为：含水量和容重（烘干法）、土壤有机质（重铬酸钾-外加热法）、颗粒组成（比重瓶法）。

3. 主要土壤类型的抗剪强度特征

根据《中国土壤系统分类检索（第三版）》的土壤系统分类并结合调查区域的气候、地域等特点，将本次野外调查及原位测点的土壤类型共计划分为褐土、红壤、黄壤、石灰土和紫色土 5 种类别。

由于土壤类型不同，土壤的机械组成和土壤结构不同，抵抗外力剪切破坏的能力也不相同。笔者统计分析不同土壤类型野外各测点表层土壤平均抗剪强度，结果如图 3-7 所示。可以看出，长江中上游地区表层土壤平均抗剪强度随土壤类型的变化规律表现为红壤平均抗剪强度最大，为 0.53 kg/cm^2，然后是黄壤，为 0.36 kg/cm^2，紫色土和褐土平

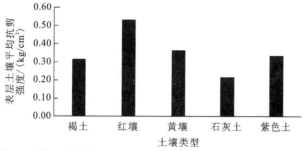

图 3-7　长江中上游地区不同土壤类型表层土壤平均抗剪强度

均抗剪强度分别为 0.33 kg/cm² 和 0.31 kg/cm²，石灰土的平均抗剪强度最小，为 0.21 kg/cm²，比红壤抗剪强度减少 60.4%。

结合图 3-7 可知，土壤抗剪强度出现上述随土壤类型的变化规律，主要是由各种土壤类型的容重、黏粒含量及有机质含量不同而引起的。红壤质地黏重，黏粒含量较多，但是有机质和团粒含量低，抗剪强度较大；黄壤质地较轻，结构较好，土壤孔隙度大，团聚体和有机质含量高，抗剪能力稍强；深受石灰性紫色母岩影响的紫色土，质地较黏重，孔隙度小，表土有机质含量较低，而且团聚体含量少，结构较差，抗剪强度较小；石灰土质地黏重，抗剪能力较差。

4. 影响土壤抗剪强度主要因素

为了分析影响土壤抗剪强度的主要因素，通过理论分析，选用表层土壤容重、含水量、黏粒含量和有机质含量土壤属性指标作为表层土壤抗剪强度的潜在影响因素。利用 SPSS 软件进行相关分析，结果见表 3-5 所示。结果表明：含水量和土壤抗剪强度呈显著负相关，土壤容重、有机质含量和土壤黏粒含量与土壤抗剪强度呈正相关。

表 3-5 抗剪强度与各影响因子的相关性分析

	含水量	容重	有机质含量	黏粒含量
抗剪强度	−0.505**	0.438*	0.388*	0.405*

注：**表示 $p<0.01$ 水平具有显著相关；*表示 $p<0.05$ 水平具有显著相关。

（1）土壤容重与抗剪强度的关系。原状土抗剪强度由内摩擦力和凝聚力 2 部分组成，土壤容重与内摩擦力之间的关系不明显，但对原始凝聚力及加固凝聚力有重大的影响。土壤容重是土壤质地黏重程度和孔隙度大小的反映。土壤容重愈大，孔隙度愈小，土体密实，不易压缩，同时土壤颗粒间的接触面积也相对较大，增大了相对滑动时的摩擦力，所以抗剪强度愈大；反之，当土壤容重小时，土壤孔隙度大，土壤颗粒之间的距离大，分子引力弱，因而土壤的原始凝聚力及加固凝聚力均弱，抗剪强度亦小。

（2）含水量与抗剪强度的关系。在通常情况下，土壤中总是存在一定量的水分，对于浅层原状土来说，由于受降雨、蒸发作用的影响，土壤水分总是处于不断的变化之中。由于矿物颗粒的表面张力及土壤水势的扩散作用，土壤水（大于结晶水的部分）总是附着在土粒表面，于是两个土粒的结合水同时受到相邻两个土粒的吸引作用，在两个土粒间出现一定的联系，随着土壤含水量的增大，土壤颗粒间距也在增大，造成其引力减小，相应地结合水的联系作用也在减小，反映在土壤抗剪强度方面就是凝聚力的降低，同时水的自由度很大，其运动黏滞系数远远小于土壤颗粒间的摩擦系数，因此当结合水的厚度增大后，土体间产生相对运动的摩擦系数就要减小，反映在土壤抗剪强度方面就是其内摩擦力的减小。

（3）黏粒含量、有机质含量与抗剪强度的关系。抗剪强度与黏粒含量呈正相关，黏粒含量越大，土壤质地越黏重，抗剪强度越大；有机质含量与抗剪强度呈正相关，主要是由于有机质含量的增大增强了土壤颗粒之间的凝聚力所致。

5. 土壤抗剪强度的水平和垂直变化特征

1）水平变化特征

土壤的抗剪强度是在受到外力（降雨冲刷、重力等）作用时，土壤抗拒发生剪切破坏而脱离母体的一种强度指标性能，它反映了土体在外力作用下发生剪切破坏的难易程度。根据实测的长江中上游地区 37 个测试点的土壤抗剪强度，利用 ArcView 中的空间分析模块对长江中上游地区土壤抗剪强度的空间变化规律进行了分析，结果表明，长江中上游地区土壤抗剪强度在水平地域上呈明显的规律性变化。抗剪强度从长江流域的东南部分向西逐渐减小，在金沙江下游云南境内达到最小。其中湘中、赣南丘陵区为抗剪强度高值区，湖北谷城及四川宜宾也是抗剪强度高值点，抗剪强度大于 0.48 kg/cm²，陇南地区、四川盆地及三峡库区土壤抗剪强度值较小，为 0.30 kg/cm² 左右，金沙江下游云南境内存在 2 个抗剪强度低值点，陕西略阳、湖北巴东及丹江口库区抗剪强度也较小，仅为 0.20 kg/cm²。

从整体上看，长江流域大部分地区土壤抗剪强度集中分布在 0.30～0.48 kg/cm²，主要包括甘肃西部、陕西西部、四川南部、湖北、湖南大部分地区及贵州全部地区。与我国黄土高原土壤抗剪强度相比，长江流域土壤抗剪强度较小，已有研究表明黄土高原土壤抗剪强度为 0.82 kg/cm²，而长江中上游地区土壤抗剪强度为 0.35 kg/cm²，仅占黄土高原土壤抗剪强度的 42.7%，与北方土石山区（0.52 kg/cm²）和东北漫岗丘陵区（0.42 kg/cm²）相比，长江中上游地区土壤抗剪强度也相对较小（张爱国 等，2002，2001）。

2）垂直变化特征

根据抗剪强度的分层（上层 0～20 cm、中层 20～40 cm、下层 40～60 cm）统计数据归纳出长江中上游地区原状土抗剪强度呈现 2 种垂直剖面构型，包括递增型和凸峰型（图 3-8），递增型为普遍形式，土壤抗剪强度的这种垂直变化主要与土壤容重的向下递增及土壤含水量的垂直变化有关。

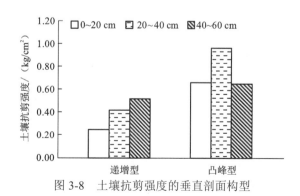

图 3-8　土壤抗剪强度的垂直剖面构型

递增型以四川自贡灰棕紫砂泥土为例；凸峰型以四川宜宾紫色土为例

（1）递增型。此种类型土壤抗剪强度的变化规律为：表层土壤抗剪强度最小，中层次之，底层土壤抗剪强度最大。这种构型在长江流域比较普遍，形成这种垂直变化规律主要是受土壤容重的影响。表层土壤容重较小，结构比较疏松，土体中孔隙含量多，土体颗粒间距大，引力小，土壤的抗剪强度小，抗剪能力较低，随着深度的增加，土壤变得较紧实，孔隙含量减小，土体颗粒间距减小，引力增大，抗剪强度也逐渐增大。以取自四川自贡的灰棕紫砂泥土为例，不同土壤深度的抗剪强度如图 3-8 所示。其中表层土壤为棕色，砂质黏壤土，团块状结构，疏松；中层棕色，黏壤土，小块状结构，稍紧；底层灰棕色，块状结构，夹岩石碎屑。伴随着土壤剖面垂直构型的变化，抗剪强度从上到下逐渐增大，表层抗剪强度为 0.25 kg/cm^2，中层为 0.42 kg/cm^2，底层为 0.52 kg/cm^2。

（2）凸峰型。此种类型土壤抗剪强度的变化规律为：中层土壤抗剪强度最大，表层与底层抗剪强度较小。形成这种垂直变化构型的主要原因是土壤含水量的影响，容重的影响占次要地位。此种类型测点土壤表层容重较大，结构紧密，透水性差，表层的水分很难下渗，底层的水分很难被利用，而使得土壤表层和底层含水量较大，中层含水量较小。含水量大，意味着水分子膜厚度大，土壤颗粒间距较大，土粒之间引力减小，抗剪强度小，而对于含水量较小的中层，土粒之间的接触面积大，相对滑动时的摩擦力大，抗剪强度也大。以四川宜宾的紫色土为例（见图 3-8），表层土壤含水量为 22%，中层土壤含水量为 17%，底层土壤含水量为 20%，伴随土壤含水量的这种垂直变化，抗剪强度呈现"中间大，两头小"的凸峰型变化，表层土壤抗剪强度为 0.66 kg/cm^2，中层为 0.97 kg/cm^2，底层为 0.65 kg/cm^2。

3.2.4 土壤崩解速率特征

1. 测试点范围

在长江中上游地区选择了 50 个测试点，涵盖除长江源头区以外长江流域水土流失重点治理的 7 大区域。所涉及的区域包括以云贵高原石灰岩地区为主体的石漠化区、金沙江下游和嘉陵江上游、三峡库区和丹江口库区及上游、洞庭湖和鄱阳湖所属水系流域等。选择的取样点能反映出水土流失的区域特征，以丘陵和低山地区坡度在 5°左右的坡耕地为主要测试对象，呈现残积环境、缓坡部位、侵蚀环境未受到较大的人为扰动并未受到明显侵蚀的地点，且能充分代表某一土壤亚类的水蚀特征，包括地带性土类中的红壤、棕壤、黄壤等亚类，以及与区域水土流失状况有明显关系的非地带性土类的主要亚类，例如紫色土、石灰土等。

2. 测试方法

土壤崩解试验采用静水崩解法测定，使用蒋定生设计的土壤崩解仪，仪器由崩解缸、浮筒、网板 3 部分组成。测定前首先从开挖好的土壤剖面的不同层面上用崩解取样器取原状土，取样深度分别为 0～10 cm、20～30 cm、40～50 cm，然后将土样从取样器中取出并放在网板上，再将网板架悬挂在有刻度的浮筒下方，随即将网板架放入盛有清水的崩解缸中，同时开始计时读数并记录，一次土样的崩解观测时间为 30 min，崩解过程中分别在 0.0 min、0.5 min、1.0 min、2.0 min、3.0 min、4.0 min、5.0 min、7.0 min、10.0 min、15.0 min、20.0 min 和 30.0 min 记录浮筒的读数。但当中途土样已全部崩解时，则记录下全部崩解时的浮筒读数和相应的时间。土壤崩解速率采用式（3-5）进行计算：

$$B = \frac{S_d}{\rho} \cdot \frac{l_0 - l_t}{t} \tag{3-5}$$

式中：B 为崩解速率，cm^3/min，表示单位时间内崩解掉的原状土土样体积；S_d 为浮桶底面积，cm^2，设备改制后的两个浮桶底面积皆为 30.2 cm^2；ρ 为各土层的容重，g/cm^3；l_0、l_t 分别为崩解开始（已放土样）的浮桶刻度初始值和时刻 t 的读数，cm；t 为崩解时间，min。

3. 不同类型土壤崩解速率变化规律

对不同类型土壤的崩解速率进行统计，结果见表 3-6。不同深度土类崩解速率由快至慢基本按照以下顺序：砂质红壤、砂质黄壤、褐土、壤质黄壤、石灰土、紫色土、棕壤、壤质红壤。其中 0～10 cm、20～30 cm 层土壤均符合这一变化规律，而 40～50 cm 层壤质黄壤崩解速率小于石灰土而大于紫色土，其他土类崩解速率快慢顺序没有变化。这说明在 0～10 cm、20～30 cm 深度由于土壤受农业活动干扰和外界自然因素的影响基本一致，不同土类的崩解速率变化规律也基本趋于一致，而在 40～50 cm 深度受扰动较少，崩解速率与成土过程更具相关性，变化规律也出现了差异。对数据进行进一步分析，崩解速率明显分为 3 个等级，砂质红壤和砂质黄壤崩解速率的变化范围为 80.44～220.98 cm^3/min，褐土崩解速率的变化范围为 27.64～59.00 cm^3/min，而壤质黄壤、石灰土、紫色土、棕壤和壤质红壤的崩解速率则要小得多，在 0.09～1.33 cm^3/min 变化。崩解速率最快的砂质红壤同最慢的壤质红壤相比差异显著，例如在 0～10 cm 层前者崩解速率约为后者的 480 倍。

表 3-6　不同类型土壤的崩解速率　　　　　　（单位：cm^3/min）

土壤深度/cm	砂质红壤	砂质黄壤	褐土	壤质黄壤	石灰土	紫色土	棕壤	壤质红壤
0～10	220.98	136.10	27.64	1.33	1.29	0.89	0.47	0.46
20～30	164.20	123.80	59.00	1.26	1.15	0.82	0.29	0.09
40～50	150.80	80.44	55.35	0.81	0.93	0.59	0.24	0.14

4. 不同土层深度土壤崩解速率变化规律

崩解速率受农业耕作、植物生长、土壤成土过程等因素综合影响。由于耕作等农业活动，农耕地在 10～30 cm 深度内有一犁底层和作物根系活动层。在该土层内，土体比较坚硬，根系穿插交织，因而土壤不易在静水中分散崩解，土壤崩解速率较慢。而越过这一深度，根系锐减，土壤崩解速率也随之增大。植物生长旺盛，地表富含腐殖质的土壤由于黏性得到了增强，崩解速率也变得缓慢。土壤不同的成土过程也在一定程度上决定了土体在静水中的崩解速率随着深度发生相应的变化。在农业耕作、植物生长、土壤成土过程等各种因素的综合作用下，土壤崩解速率随土壤深度的变化表现为递增型、递减型、凸峰型、凹谷型（图3-9）。

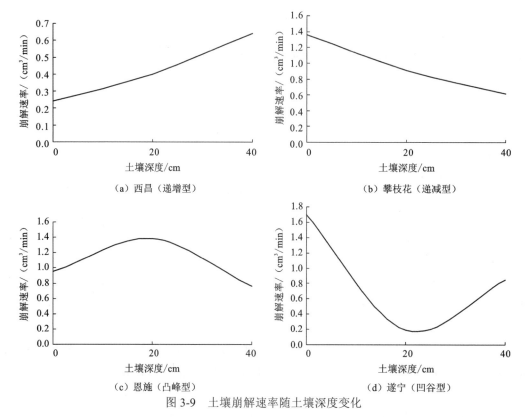

图 3-9　土壤崩解速率随土壤深度变化

（a）西昌（递增型）　　　　（b）攀枝花（递减型）

（c）恩施（凸峰型）　　　　（d）遂宁（凹谷型）

从土壤崩解速率在垂直剖面上的差异来看，长江流域绝大部分测点在3个测试层上崩解速率存在2倍左右的差异。如利川表层（0～10 cm）土壤崩解速率为1.5 cm³/min，中层（20～30 cm）土壤崩解速率为1.1 cm³/min，而底层（40～50 cm）土壤崩解速率则减小到0.8 cm³/min，其表层为底层的1.9倍。而这种从上到下崩解速率逐渐递减变化的现象也在所有测点中出现最多，约占总数的一半，其他剖面崩解速率变化趋势从多到少依次是：递减型、递增型、凸峰型、凹谷型。

5. 土壤崩解性的空间分异规律

根据野外原位测试数据，利用 ArcView 中的空间分析模块对长江中上游地区土壤崩解速率进行了空间分析，可以将其划分为3个明显等级区。

（1）土壤崩解速率较慢区。在丹江口库区、三峡库区、四川盆地和云贵高原等地土壤崩解速率较低，该区域内只有广安的崩解速率达到36.40 cm³/min，而其他测点中德昌崩解速率最大，但也仅为 1.70 cm³/min。除了刚刚放入崩解箱时有少量浮土落下外，在 30 min 的崩解时间内土壤的崩解量不超过 20%，有些甚至没有变化。

（2）土壤崩解速率一般区。嘉陵江上游区域内徽县和武都的土壤崩解速率均为 27.30 cm³/min，在 10 min 左右时崩解量就达到 80% 以上。

（3）土壤崩解速率较快区。陕南地区的测点崩解速率都超过 80.00 cm³/min，在试验开始 2 min 内就崩解完毕。而在赣南山地丘陵区，邵阳、于都、兴国崩解速率都超过 10.00 cm³/min，在兴国甚至达到了 248.00 cm³/min。但是在区域内有 2 个崩解性能较弱的点，湖南衡阳和江西信丰，其崩解速率分别为 1.25 cm³/min 和 1.20 cm³/min。

6. 土壤理化性质对崩解速率的影响

通过对长江中上游地区 50 个测试点土壤崩解速率的测试及土壤样品的室内理化性质分析，获得了每个测试点的崩解速率、容重、黏粒含量、粉粒含量、砂粒含量、>0.25 mm 水稳性团聚体含量、有机质含量、pH 数据（表 3-7）。

表 3-7　土壤崩解速率与土壤理化性质相关性分析

	崩解速率	容重	黏粒含量	粉粒含量	砂粒含量	>0.25 mm 水稳性团聚体含量	有机质含量	pH
崩解速率	1.000	-0.064	-0.361	0.273	0.340	-0.882**	-0.682*	0.517
容重	-0.064	1.000	-0.302	-0.403	0.402	-0.136	0.067	0.422
黏粒含量	-0.361	-0.302	1.000	0.716*	-0.840**	0.591	0.465	-0.731*
粉粒含量	-0.273	-0.403	0.716*	1.000	-0.978**	0.305	0.139	-0.364
砂粒含量	0.340	0.402	-0.840**	-0.978*	1.000	-0.422	-0.249	0.499
>0.25 mm 水稳性团聚体含量	-0.882**	-0.136	0.591	0.305	-0.422	1.000	0.730*	-0.659
有机质含量	-0.682*	0.067	0.465	0.139	-0.249	0.730*	1.000	-0.353
pH	0.517	0.422	-0.731*	-0.364	0.499	-0.659*	-0.353	1.000

注：**表示 $p<0.01$ 水平具有显著相关；*表示 $p<0.05$ 水平具有显著相关。

通过 SPSS 软件对崩解速率和各个因子之间的相关分析，结果表明土壤崩解速率和 >0.25 mm 水稳性团聚体含量及有机质含量存在负相关性，相关系数分别为-0.882、-0.682，这说明长江中上游地区影响崩解速率的主要因素是>0.25 mm 水稳性团聚体含量和有机质含量，>0.25 mm 水稳性团聚体含量和有机质含量越高，崩解速率越低。

3.3　小　结

红壤和紫色土是我国南方亚热带和热带气候区域最重要的 2 种土壤类型。

土壤稳定入渗率随土壤类型发生有规律变化，黄壤类最大，然后是石灰土、紫色土，红壤类稳定入渗率最小；土壤稳定入渗率与容重呈负相关，与孔隙度、>0.25 mm 水稳性团聚体含量、有机质含量及粉/黏呈正相关。

随土壤类型变化土壤抗冲性由大到小依次为：红壤、黄壤、棕壤、石灰土、紫色土、褐土。抗冲性沿土壤剖面垂直变化规律分为 3 种类型：土壤质地主导型、农业耕作主导型、腐殖质层影响型。

表层与底层的土壤抗剪强度均呈现出黏土>黏壤土>壤土，其中黏土在表层和底层的平均土壤抗剪强度分别为 0.56 kg/cm^2、0.99 kg/cm^2。土壤含水量、粉粒及黏粒含量之和也呈现出与土壤抗剪强度相同的分布规律。以上 3 种土壤质地表层平均抗剪强度均随含水量增大呈先增大后减小的变化趋势，而底层土壤抗剪强度均随含水量增大而减小。

随土壤类型不同崩解速率由快至慢顺序依次为砂质红壤、砂质黄壤、褐土、壤质黄壤、石灰土、紫色土、棕壤、壤质红壤；土壤崩解速率在垂直剖面上的变化趋势可分为递减型、递增型、凸峰型、凹谷型 4 种类型。

第 4 章

南方坡耕地主要土壤类型
水土流失模拟试验

4.1 试验材料与方法

4.1.1 试验材料与设计

以南方坡耕地主要土壤类型红壤和紫色土为研究对象,模拟不同坡度、降雨强度和坡面侵蚀过程,系统研究坡面产流产沙规律,利用多目立体摄影测量技术,量化红壤坡耕地的细沟发育过程及其参数的变化,从而揭示坡面侵蚀过程和细沟发育对不同影响因素的响应机制,阐明细沟侵蚀的临界坡长,为南方坡耕地土壤侵蚀机理研究和防治提供参考。

降雨模拟试验在长江科学院水土保持研究所降雨试验大厅进行,降雨设备采用多喷头下喷式模拟系统,降雨强度变化范围为 0.5~4.0 mm/min,降雨覆盖尺寸为 12.0m×7.5 m,降雨高度为 6 m,降雨均匀度大于 80%,试验前进行降雨强度率定,使其达到设计降雨强度。

试验所用土槽为液压式双坡度侵蚀钢槽,其上方有两个由钢板分割开的钢槽,布设平行试验(图 4-1)。每个试验钢槽规格为 6.5 m(长度)×1.0 m(宽度)×0.5 m(高度),坡度调节范围为 0°~20°(图 4-2)。底部以 10 cm×10 cm 的间距打孔,孔径为 2 mm,以保证良好的渗透性(图 4-3)。试验土槽尾部与土层平齐设置有集雨导管,下方设置有带圆状孔隙的挡板,挡板尺寸为 1.0 m×0.5 m,各孔隙直径为 1 cm,孔隙间距为 2.5 cm,设置孔隙用于测算降雨条件下的壤中流。为了尽可能消除土槽边界效应,将土槽上部 0.5 m 作为预留区域,剩余 6 m 平均分为上、中、下三段,分别记作上、中、下坡。每组试验开始前,将野外取回土样自然风干后过 5 mm 筛子,按野外实测土壤的容重,在两个钢槽内分别分 4 层,每层装填 10 cm 土样,土槽四周尽量压实以防止边壁效应的发生。

（a）正视图

（b）侧视图

图 4-1 试验土槽

试验中土壤类型、降雨强度和坡度等设计水平如表 4-1。试验前,先在槽底填入 10 cm 厚的沙子便于渗水,然后将试验土壤过 10 mm 筛子,每隔 5 cm 分层压实,填土厚度为 40 cm。

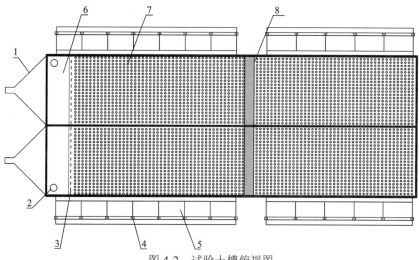

图 4-2　试验土槽俯视图

1—地表径流收集器；2—壤中流收集器；3—土壤侵蚀槽下部挡板；4—扶手；
5—脚踏板；6—地表径流导流板；7—土壤侵蚀槽底部挡板；8—塑胶过渡带

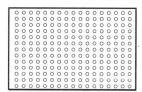

图 4-3　土壤侵蚀槽底部挡板示意图

表 4-1　降雨试验各因素组合及设计水平

序号	土壤类型	坡度/(°)	设计降雨强度/(mm/min)	实际降雨强度/(mm/min)	降雨时长/min
1	红壤	6	2.000	2.127	25
2			3.000	2.907	25
3		10	1.500	1.807	25
4			2.000	2.127	25
5			2.500	2.496	25
6			3.000	2.907	25
7			3.500	3.642	22
8		15	1.000	1.244	33
9			1.500	1.807	33
10			2.000	2.127	32
11			2.500	2.496	30
12			3.000	2.735	32
13	紫色土	10	1.500	1.807	40
14			2.500	2.496	25
15			3.500	3.642	15
16		15	1.500	1.807	50

正式降雨前一天，采用 0.5 mm/min 的降雨强度进行前期降雨 30 min，控制土壤含水量在 20%左右，以保证土壤前期含水量一致。每次试验前，采集土壤，用烘干法测定土壤含水量，直至满足试验要求为止。试验开始前调节坡度并进行降雨强度率定，先用遮雨布盖住土槽，在土槽四周均匀布设 4 个雨量筒，接 3 min 降雨，率定降雨强度。降雨强度达到要求后，快速揭开覆盖土槽的遮雨布并用秒表计时。降雨过程中观察记录坡面产流产沙开始时间、坡面不同部位径流的流速、侵蚀形态变化及细沟发育过程，坡面开始产流后每隔一定时间接样 1 次。坡面流速测定采用高锰酸钾染色法，测速人员手持装有高锰酸钾紫色溶液的洗瓶和 50 cm 长的铁质标尺及秒表，测定紫色溶液从标尺的头部流至尾部所用的总时长（s），然后记录在表格中。降雨结束后，利用烘干称重法测量径流和泥沙重量，并计算坡面入渗率、产流率和产沙率。每次降雨试验平行重复两组，共计人工降雨试验 32 场。

室内降雨模拟试验是为了获取坡面细沟侵蚀的发育过程相关数据，同时记录试验过程中的现场资料，利用高清成像技术进行土壤坡面的拍摄，采用的成像设备是由长江科学院水土保持研究所自主研发的多目立体摄影测量技术成像设备（CKC-01）。试验过程中运用 CKC-01 进行不同时段红壤土槽坡面拍摄，再由后期相关图像软件（PhotoScan）的处理，可以得到红壤坡面的数字高程模型图和数字正射影像图（digital orthophoto map，DOM），用于分析细沟发育过程及其参数的变化。

4.1.2 数据分析与处理

（1）坡面入渗率。根据降雨过程中实测径流量大小，可利用下式计算坡面入渗率的变化。

$$f_i = P\cos\theta - 10\,000Q/(St) \tag{4-1}$$

式中：f_i 为坡面入渗率，mm/min；P 为降雨强度，mm/min；θ 为土槽坡度，°；S 为土槽实际承雨面积，mm^2；t 为时间，min；Q 为径流量，mm^3。

（2）坡面输沙率。坡面输沙率为单位时间、面积上的产沙量，计算如下

$$E_r = M/(At) \tag{4-2}$$

式中：E_r 为坡面输沙率，g/（$m^2\cdot$s）；M 为产沙量，g；A 为土槽面积，m^2；t 为降雨时间，s。

（3）细沟密度。细沟密度是指在单位研究区域内细沟的长度，表征坡面细沟的分布情况，其表达式为

$$\rho = \sum_{j=1}^{m} L_{ij}/A_o \tag{4-3}$$

式中：ρ 为细沟密度，m/m^2；L_{ij} 为坡面上第 j 条细沟的总长度，m；m 为坡面上细沟的总条数，条；A_o 为坡面表面积，m^2。

（4）细沟割裂度。细沟割裂度是指单位面积里坡面细沟的平面总面积之和，该参数是一个量纲为一的参数，它可以相对客观地反映细沟侵蚀的强度和坡面的破碎程度，其表达式为

$$\mu = \sum_{j=1}^{m} A_j / A_o \tag{4-4}$$

式中：μ 为细沟割裂度；A_j 为坡面上第 j 条细沟的表面积，m^2。

（5）细沟复杂度。细沟复杂度是指细沟的有效长度与其对应的垂直有效长度的比值，它能够反映细沟在坡面分布的复杂度，其表达式为

$$c = L_{ij} / L_j \tag{4-5}$$

式中：c 为细沟复杂度；L_j 为坡面上第 j 条细沟的垂直有效长度，m。

（6）细沟宽深比。细沟宽深比是指细沟的宽度与其相应的深度的比值，它能够反映细沟在沟槽坡面上的形态特征，其表达式为

$$R_{\mathrm{WD}} = \sum_{i=1}^{n} W_i \Big/ \sum_{i=1}^{n} D_i \tag{4-6}$$

式中：R_{WD} 为细沟宽深比；W_i 为坡面上测得第 i 个点的细沟宽度，m；D_i 是为坡面上测得第 i 个点的细沟深度，m。

（7）径流平均流速。坡面径流的平均流速是将坡面径流最大流速乘以一个修正系数，而径流的最大流速是用染色剂法测得的坡面流速，其表达式为

$$V = kV_m \tag{4-7}$$

式中：V 为径流平均流速，cm/s；V_m 为坡面的最大径流流速，cm/s；k 为修正系数，本书中 $k=0.75$。

（8）雷诺数。雷诺数是径流惯性力与黏滞系数的比值，用来表征水流状态的量纲为一的参数，其表达式为

$$Re = \frac{\rho_w V d}{u} \tag{4-8}$$

式中：Re 为雷诺数；ρ_w 为流体密度，g/cm^3；d 为特征长度，cm；u 为径流的黏滞系数，cm^2/s，主要与径流温度有关。

（9）弗劳德数。弗劳德数是径流惯性力与重力的比值，用来表征水流缓急的量纲为一的参数，其表达式为

$$Fr = \frac{V}{\sqrt{gh}} \tag{4-9}$$

式中：Fr 为弗劳德数；g 为重力加速度，$9.8m/s^2$；h 为平均水深，mm。

（10）阻力系数。阻力系数是用来表征细沟中股流在流动过程中所受阻力大小的水力学参数，其表达式为

$$f = \frac{8ghJ}{V^2} \tag{4-10}$$

式中：f 为阻力系数；J 为水力坡度，其值近似等于坡度的正切值。

两个平行试验取平均值，试验数据通过数理统计分析和作图，对组合试验进行方差分析，用最小显著性差异（least significant difference，LSD）法对试验结果进行多重比较，对不同条件下因变量进行差异显著性检验（曼-惠特尼 U 检验和配对样本非参数检验，$\alpha=0.05$）。

4.2 坡面产流产沙规律

4.2.1 坡面产流产沙影响因素

降雨是坡面土壤发生侵蚀的源动力，降雨强度、历时、雨型、时空分布及降雨侵蚀力等因子均会影响坡面产流及产沙强度，其中降雨强度直接决定降雨动能的大小，是影响坡面侵蚀过程和侵蚀量的最主要因素。

1. 降雨强度对坡面产流产沙影响

1）坡度为 6°

不同降雨强度下坡面产流量、入渗率、产沙模数和输沙率随降雨历时增加呈显著变化趋势（$p<0.05$）。坡面平均产流量与降雨强度呈正相关，降雨强度较大的坡面平均入渗率（1.39 mm/min）大于降雨强度为 2.0 mm/min 坡面平均入渗率。降雨强度为 2.0 mm/min 的坡面平均产沙模数和输沙率[14.10 g/m² 和 0.16 g/（m²·s）]大于降雨强度为 3.0 mm/min 的坡面平均产沙模数和输沙率[7.14 g/m² 和 0.10 g/（m²·s）]。相同坡度下，降雨强度越大，坡面产流量、产沙模数、入渗率和输沙率的变化幅度和变异系数越大（表 4-2）。

表 4-2 坡度为 6° 时不同降雨强度下坡面侵蚀统计特征值

指标	降雨强度/(mm/min)	极小值	极大值	均值	标准差	极差	变异系数/%
产流量/mm	2.0	1.64	1.83	1.73	0.05	0.19	2.94
	3.0	1.63	1.95	1.76	0.08	0.32	4.64
入渗率/(mm/min)	2.0	0.63	1.47	0.88	0.22	0.84	25.25
	3.0	1.03	2.21	1.39	0.33	1.18	23.63
产沙模数/(g/m²)	2.0	9.08	22.99	14.10	3.02	13.91	21.43
	3.0	1.74	12.27	7.14	2.16	10.53	30.23
输沙率/[g/(m²·s)]	2.0	0.07	0.26	0.16	0.04	0.19	26.06
	3.0	0.03	0.14	0.10	0.03	0.11	30.92

不同降雨强度的坡面的产流开始时间显著不同（$p<0.05$），降雨强度为 3.0 mm/min 的产流开始时间（1.66 min）早于降雨强度为 2.0 mm/min 的产流开始时间（1.83 min）。产流刚开始，降雨强度为 3.0 mm/min 的坡面产流量先显著增大，然后降低，随降雨历时的增加，呈波动变化并逐渐趋于稳定，而降雨强度较小时坡面产流量随降雨历时的增加变化幅度较小，不同降雨强度坡面产流量总体呈增大趋势[图 4-4（a）]。不同降雨强度下的坡面入渗率显著不同（$p<0.05$），降雨强度为 2.0 mm/min 和 3.0 mm/min 的坡面初始入渗率为 1.47 mm/min 和 2.21 mm/min，随着降雨历时的增加，坡面入渗率均呈先降低并

逐渐趋于稳定的趋势[图 4-4（b）]，降雨强度越大，坡面稳定入渗率越大。随降雨历时的增加，不同降雨强度坡面产沙模数和输沙率呈先显著增大然后降低，并逐渐趋于稳定的趋势[图 4-4（c）、图 4-4（d）]。坡面输沙率与降雨强度呈负相关，降雨强度为 2.0 mm/min 时的坡面输沙率随降雨历时的增加最大值出现的时间早于降雨强度为 3.0 mm/min 时坡面输沙率最大值出现的时间。

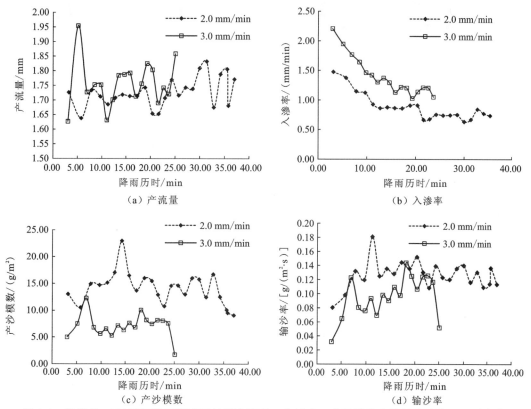

图 4-4　坡度为 6° 时不同降雨强度下坡面产流量、入渗率、产沙模数和输沙率随降雨历时变化

由图 4-5 可知，坡度为 6° 时，相同降雨历时（25 min）条件下，坡面累积产流量与降雨强度呈正相关，降雨强度为 2.0 mm/min 和 3.0 mm/min 坡面累积产流量分别为 27.91 mm 和 31.97 mm，而降雨强度较大的坡面累计产沙模数（128.45 g/m²）小于降雨强度较小时坡面累积产沙模数（227.93 g/m²）。降雨强度由 2.0 mm/min 增加到 3.0 mm/min 时，坡面累积产沙模数与累积产流量变化趋势相反，可见坡度为 6° 时，随降雨强度增大，累积产沙模数并不是一直增加的，降雨强度达到 2.0 mm/min 时，累积产沙模数已接近极值。

2）坡度为 10°

坡度为 10° 时，不同降雨强度坡面产流量、入渗率、产沙模数和输沙率的变化幅度和变异系数总体随降雨强度的增加而增大（表 4-3）。当降雨强度最大（3.5 mm/min）时，平均输沙率[0.82 g/（m²·s）]最大，而当降雨强度为 3.0 mm/min 时，坡面平均入渗率

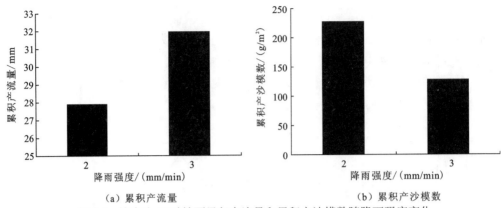

（a）累积产流量 （b）累积产沙模数

图 4-5　坡度为 6° 时坡面累积产流量和累积产沙模数随降雨强度变化

（1.34 mm/min）最大。当降雨强度为 2.0 mm/min 时，除平均产流量外，平均入渗率、平均产沙模数和平均输沙率均最小。各降雨强度条件下，最大平均产沙模数是最小平均产沙模数的 6.57 倍，最大平均输沙率是最小平均输沙率的 9.11 倍。坡度为 10° 时，坡面产流量与降雨强度基本呈先减小后增大趋势，而产沙模数随降雨强度增加基本呈先增大后减小趋势。

表 4-3　坡度为 10° 时不同降雨强度下坡面侵蚀统计特征值

指标	降雨强度/（mm/min）	极小值	极大值	均值	标准差	极差	变异系数/%
产流量 /mm	1.5	1.61	1.78	1.69	0.05	0.17	2.95
	2.0	1.58	1.99	1.69	0.10	0.41	5.77
	2.5	1.51	1.80	1.64	0.10	0.29	5.90
	3.0	1.44	1.77	1.59	0.07	0.33	4.50
	3.5	1.55	2.08	1.78	0.11	0.53	6.27
入渗率 /（mm/min）	1.5	0.81	1.53	0.98	0.21	0.72	21.28
	2.0	0.69	1.50	0.87	0.19	0.81	21.42
	2.5	0.80	2.05	1.09	0.33	1.25	29.76
	3.0	0.97	2.32	1.34	0.37	1.35	27.82
	3.5	0.75	2.77	1.29	0.46	2.02	35.33
产沙模数 /（g/m²）	1.5	8.41	17.53	12.84	2.04	9.12	15.87
	2.0	5.88	10.67	7.64	1.05	4.79	13.76
	2.5	11.94	30.60	15.84	4.95	18.66	31.23
	3.0	31.76	86.47	50.23	16.42	54.71	32.69
	3.5	21.11	56.97	38.06	8.95	35.86	23.52

续表

指标	降雨强度/（mm/min）	极小值	极大值	均值	标准差	极差	变异系数/%
	1.5	0.02	0.16	0.10	0.03	0.14	30.32
	2.0	0.06	0.13	0.09	0.01	0.07	16.01
输沙率/[g/（m²·s）]	2.5	0.06	0.36	0.22	0.06	0.30	29.00
	3.0	0.23	1.44	0.81	0.26	1.21	32.74
	3.5	0.20	1.16	0.82	0.21	0.96	25.24

　　随降雨历时的增加，不同降雨强度下的坡面产流量、入渗率、产沙模数和输沙率变化趋势基本相同（图 4-6）。不同降雨强度下坡面产流量随降雨历时增加的变化幅度差异均较大，但总体随降雨历时增加，坡面产流量逐渐趋于稳定[图 4-6（a）]。不同降雨强度下坡面入渗率随降雨历时增加而降低并逐渐趋于稳定，降雨强度越大，在降雨初期入渗率越大[图 4-6（b）]。不同降雨强度坡面产沙模数随降雨历时增加均呈先增大后降低并逐渐趋于稳定的趋势[图 4-6（c）]，尤其是降雨强度越大时这种变化趋势越明显，3 种较大降雨强度（3.5 mm/min、3.0 mm/min 和 2.5 mm/min）的坡面产沙模数最大值（30.60 g/m²、86.47 g/m² 和 56.97 g/m²）均出现在第 10 min 左右。在降雨初期，降雨强

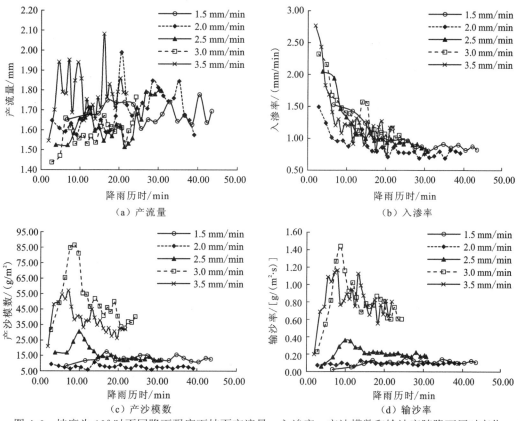

图 4-6　坡度为 10°时不同降雨强度下坡面产流量、入渗率、产沙模数和输沙率随降雨历时变化

度越大，坡面产沙模数越大，但随降雨历时增加，降雨强度为 3.0 mm/min 时的坡面产沙模数显著大于其他降雨强度条件下坡面的产沙模数（$p<0.05$）。输沙率随降雨历时的变化趋势与产沙模数相似[图 4-6（d）]，均呈先增加后降低并逐渐趋于稳定的趋势。降雨强度为 3.0 mm/min 和 3.5 mm/min 时的坡面输沙率在降雨过程中的变化无显著差异，但显著大于其他降雨强度下的输沙率（$p<0.05$），是其他降雨强度下坡面输沙率的 4～9 倍。

相同降雨历时（25 min）条件下，随降雨强度增加，坡面累积产流量逐渐增大。降雨强度由 1.5 mm/min 增加到 2.0 mm/min 时的坡面累积产流量的增幅最大，增大了 1 倍，降雨强度大于 2.0 mm/min 时，增幅显著降低，但随降雨强度增加，坡面累积产流量逐渐增大，当降雨强度达到 3.5 mm/min 时，坡面累积产流量（46.38 mm）最大（图 4-7）。而累积产沙模数随降雨强度增加呈增大趋势，当降雨强度为 3.0 mm/min 时，坡面累积产沙模数（1 073.02 g/m²）最大。当降雨强度由 2.5 mm/min 增加到 3.0 mm/min 时，坡面累积产沙量增加幅最大。坡度为 10° 坡面累积产流量和累积产沙模数随降雨强度变化趋势与 6° 坡面相似，累积产流量均与降雨强度呈正相关，而累积产沙模数的变化存在临界降雨强度。

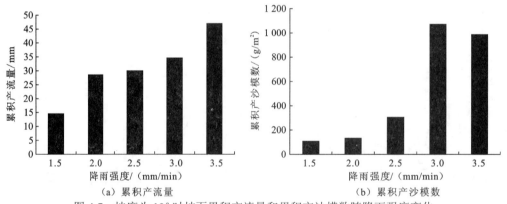

（a）累积产流量　　　　　　　　　　（b）累积产沙模数

图 4-7　坡度为 10° 时坡面累积产流量和累积产沙模数随降雨强度变化

3）坡度为 15°

随降雨强度的增加，坡面平均产流量呈先增大后减小的趋势，而坡面入渗率、产沙模数、输沙率的值和变化幅度总体呈增加趋势（表 4-4）。对于产流量，降雨强度越大，极大值越大，变化幅度也越大。但坡面产流量极小值和平均值在降雨强度大于 2.0 mm/min 时呈下降趋势。降雨强度最大时，坡面入渗率极大值大于其他降雨强度，且平均入渗率是最小降雨强度条件下的 1.2 倍。但当降雨强度为 3.0 mm/min 时，坡面入渗率变化幅度较大（C_v=43.54%），其平均入渗率小于降雨强度为 2.5 mm/min 时的平均入渗率。坡面产沙模数随降雨强度增大，极大值、平均值和极差均呈显著增大趋势（$p<0.05$），变异系数的变化与之不同。对于不同降雨强度下坡面输沙率，各特征值基本随降雨强度增加而增大（$p<0.05$）。降雨强度为 3.0 mm/min 时的平均输沙率是最小降雨强度时的 5.0 倍。

表 4-4　坡度为 15° 时不同降雨强度条件下坡面侵蚀统计特征值

指标	降雨强度 /（mm/min）	极小值	极大值	均值	标准差	极差	变异系数/%
产流量/mm	1.0	1.53	1.84	1.70	0.08	0.31	4.97
	1.5	1.67	1.93	1.78	0.08	0.26	4.36
	2.0	1.73	1.99	1.85	0.08	0.26	4.46
	2.5	1.57	2.02	1.85	0.12	0.45	6.34
	3.0	1.57	2.08	1.79	0.12	0.51	6.73
入渗率/（mm/min）	1.0	0.65	1.11	0.73	0.12	0.46	16.37
	1.5	0.69	1.53	0.85	0.22	0.84	25.64
	2.0	0.24	1.80	0.85	0.36	1.56	42.02
	2.5	0.80	1.92	1.10	0.30	1.12	27.60
	3.0	0.33	2.32	0.89	0.39	1.99	43.54
产沙模数/（g/m²）	1.0	4.11	21.55	14.47	5.08	17.44	35.08
	1.5	8.82	33.82	16.09	7.90	25.00	49.10
	2.0	11.43	36.82	19.03	7.81	25.39	41.02
	2.5	12.68	53.39	23.32	12.45	40.71	53.40
	3.0	11.94	58.64	24.02	10.62	46.70	44.22
输沙率/[g/（m²·s）]	1.0	0.01	0.13	0.08	0.03	0.12	42.31
	1.5	0.07	0.26	0.13	0.05	0.19	41.33
	2.0	0.08	0.37	0.20	0.07	0.29	32.13
	2.5	0.15	0.55	0.27	0.10	0.40	37.79
	3.0	0.18	0.84	0.40	0.15	0.66	37.32

　　由上述分析可知，在降雨过程中，单位时间平均产流量与降雨强度总体呈正相关，不同降雨强度下坡面产流量随降雨历时增加无明显变化规律，且无明显差异[图 4-8（a）]。不同降雨强度下坡面入渗率均呈先下降，降雨历时至 15 min 左右，逐渐趋于稳定的趋势[图 4-8（b）]。入渗达到稳定，降雨强度较小时（<2.5 mm/min），不同降雨强度下的坡面入渗率无显著差异（$p > 0.05$）。与坡度为 6° 和 10° 时相同，当坡度为 15°，降雨强度大于 2.5 mm/min 时，在整个降雨过程中坡面产沙模数和输沙率均显著大于其他降雨强度（$p < 0.05$），且随降雨历时增加呈明显的先增加后减小再逐渐趋于稳定的趋势。当降雨至 10 min 左右时，坡面产沙模数和输沙率均达到最大值。当降雨强度小于 2.5 mm/min 时，不同降雨强度条件下的坡面产沙模数和输沙率随降雨历时的变化差异不明显，但也均呈先增加后降低再逐渐趋于稳定的趋势。

　　由图 4-9 可知，坡面累积产流量和累积产沙模数随降雨强度的增加均呈不断增加的趋势，降雨强度由 1.0 mm/min 增加到 1.5 mm/min 时，累积产流量和累积产沙模数的增加幅度最大，分别增加 3.19 倍和 4.00 倍。当降雨强度为 3.0 mm/min 时，累积产流量和累积产沙模数达到 42.18 mm 和 600.35 g/m²，是最小降雨强度时的 6.86 倍和 11.02 倍。与坡度为 10° 坡面相似，15° 坡面临界降雨强度≥3.0 mm/min。

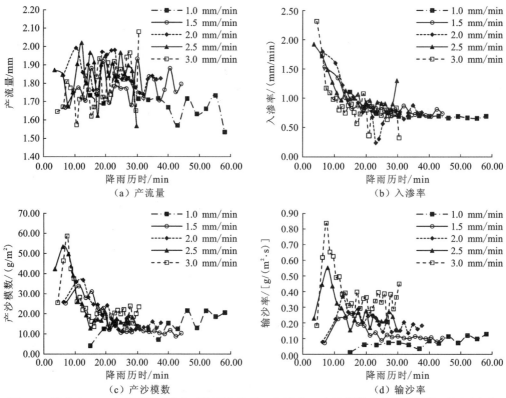

图 4-8　坡度为 15° 时不同降雨强度下坡面产流量、入渗率、产沙模数和输沙率随降雨历时变化

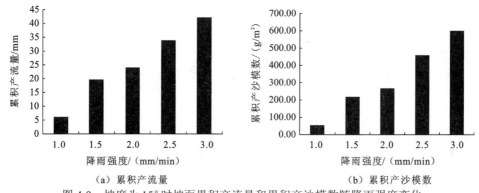

图 4-9　坡度为 15° 时坡面累积产流量和累积产沙模数随降雨强度变化

　　降雨是坡面发生侵蚀的源动力，降雨强度越大，雨滴的直径和末速越大，降雨动能越大，对土壤的击溅作用表现得越强烈，对坡面的破坏程度也越大（秦伟 等，2015）。坡面入渗率与产流量相对应，均与降雨强度基本呈正相关，降雨强度较大时会破坏坡面结构，导致入渗率增加，坡面产流量较小（陈芳 等，2014）。坡度较小时，产流量随降雨强度增大而增加，但是当坡度达到 10° 和 15°，降雨强度较大时，对坡面的破坏作用加剧，导致坡面孔隙度增加，坡面入渗率显著增大，因此较大降雨强度时的产流量和变异系数会小于较小降雨强度，这也导致不同降雨强度条件下坡面产流量随降雨历时的变

化区别不是很明显,但总体趋势相似。因此,不同坡度的坡面,累积产流量和累积产沙模数存在临界降雨强度,6°坡面临界降雨强度为 2.0 mm/min 左右,10°坡面临界降雨强度为 3.0 mm/min 左右,15°坡面临界降雨强度≥3.0 mm/min,临界降雨强度随坡度的增加呈明显增大趋势。

2. 坡度对坡面产流产沙影响

1）降雨强度为 1.5 mm/min

不同坡度条件下,降雨强度为 1.5 mm/min 时,不同坡度下的坡面产流量和入渗率变化趋势基本一致,但坡度较大时产流量和入渗率的变化幅度较大[图 4-10（a）、图 4-10（b）]。坡度为 15°的坡面平均产流量（1.78 mm）显著大于坡度为 10°的平均产流量（1.69 mm，$p < 0.05$）,而坡度为 15°的入渗率（0.85 mm/min）显著小于坡度为 10°的入渗率（0.98 mm/min，$p < 0.05$）。不同坡度下坡面产沙模数和输沙率的大小关系和变化趋势基本一致,坡度较大时（15°）降雨初期的坡面产沙模数和输沙率均显著大于坡度较小时的产沙模数和输沙率。降雨初期,坡度为 15°时,坡面产沙模数和输沙率的最大值是坡度为 10°时的 1.93 倍和 2.01 倍。当降雨历时至 20 min 以后,不同坡度坡面产沙模数和输沙率基本无显著差异[$p > 0.05$,图 4-10（c）、图 4-10（d）]。

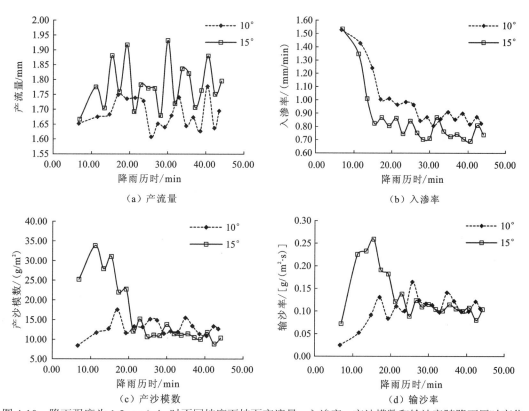

（a）产流量　　　　　　　　　　　　　　　（b）入渗率

（c）产沙模数　　　　　　　　　　　　　　（d）输沙率

图 4-10　降雨强度为 1.5 mm/min 时不同坡度下坡面产流量、入渗率、产沙模数和输沙率随降雨历时变化

由图 4-11 可知，降雨强度为 1.5 mm/min 时，坡面累积产流量和累积产沙模数均与坡度呈正相关。坡度由 10° 增加至 15°，累积产流量和累积产沙模数分别增加 1.34 倍和 1.96 倍。

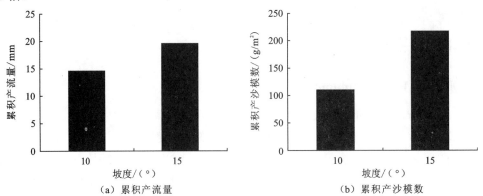

（a）累积产流量　　　　　　　（b）累积产沙模数

图 4-11　降雨强度为 1.5 mm/min 时坡面累积产流量和累积产沙模数随坡度变化

2）降雨强度为 2.0 mm/min

降雨强度为 2.0 mm/min 时，坡度为 15° 的坡面产流量显著大于另外两种坡度（$p < 0.05$），在降雨历时 15 min 后不同坡度坡面平均产流量差异较小（图 4-12）。不同坡度的坡面在入渗稳定后，入渗率无显著差异（$p > 0.05$），而坡面产沙模数和输沙率均显著不同

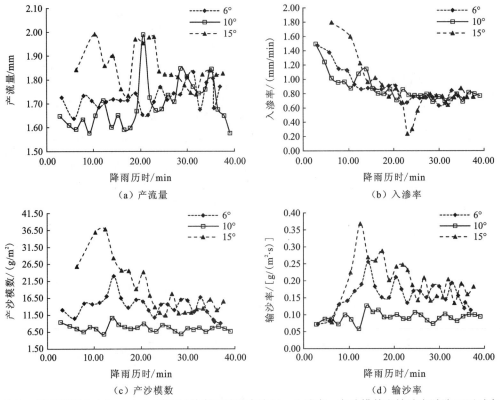

（a）产流量　　　　　　　（b）入渗率

（c）产沙模数　　　　　　　（d）输沙率

图 4-12　降雨强度为 2.0 mm/min 时不同坡度下坡面产流量、入渗率、产沙模数和输沙率随降雨历时变化

（$p<0.05$）。降雨初期，不同坡度坡面入渗率差异较明显，而降雨历时至 15 min 以后，不同坡度下坡面入渗率均趋于稳定。不同坡度下坡面产沙模数和输沙率随降雨历时的增加，均呈先增大后降低并逐渐趋于稳定的趋势，坡度越大，坡面产沙模数和输沙率越大，最大值出现的时间越早。坡度为 15° 时的坡面平均产沙模数（19.03 g/m²）和平均输沙率[0.20 g/（m²·s）]均大于 6°[14.10 g/m² 和 0.16 g/（m²·s）]及 10°[7.64 g/m² 和 0.09 g/（m²·s）]坡面。

相同降雨强度条件下，坡度为 10° 的坡面累积产流量大于 6° 及 15° 的坡面累积产流量，而 15° 的坡面累积产沙模数大于 6° 及 10° 的坡面累积产沙模数，即累积产流量随坡度增加呈先增大后减小趋势（图 4-13）。一般而言，坡度越大，坡面有效降雨面积越小，降雨量越小，但坡面薄层水流或径流的势能增加，导致侵蚀能力增大，累积产沙模数较大。坡度为 6° 和 10° 的坡面累积产流量和累积产沙模数关系相反，可能是由于 6° 的坡面较早形成了股流，使累积产沙模数大于 10° 坡面的累积产沙模数。

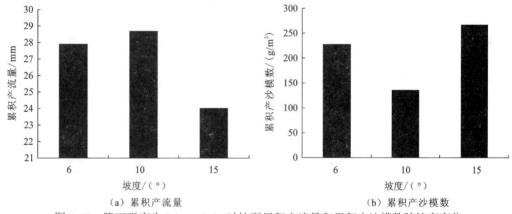

（a）累积产流量　　　　　　　　　　　　（b）累积产沙模数

图 4-13　降雨强度为 2.0 mm/min 时坡面累积产流量和累积产沙模数随坡度变化

3）降雨强度为 3.0 mm/min

降雨强度为 3.0 mm/min 时，坡度为 6° 的坡面平均产流量（1.76 mm）显著大于坡度为 10° 时的平均产流量（1.59 mm，$p<0.05$），随降雨历时的增加，两种坡度的坡面产流量呈先急剧增大后逐渐减小并趋于稳定的趋势，而不同坡度坡面入渗率随降雨历时增加无显著差异（图 4-14，$p>0.05$）。不同坡度坡面产沙模数和输沙率随降雨历时增加的变化具有显著差异（$p<0.05$），坡度较大时坡面产沙模数和输沙率随降雨历时增加先增大后降低的变化幅度远大于坡度较小时的变化幅度，坡度为 10° 时的平均产沙模数和平均输沙率是 6° 坡面的 7.04 和 8.10 倍。

由图 4-15 可知，降雨强度为 3.0 mm/min 时，10° 坡面累积产流量是 6° 坡面累积产流量的 1.09 倍，而 10° 坡面累积产沙模数远大于 6° 坡面累积产沙模数，是其 8.35 倍。除坡度增加导致侵蚀能力增大的原因外，坡面形成的细沟为坡面输沙提供了通道，成为坡面产沙模数显著增大的主要原因。

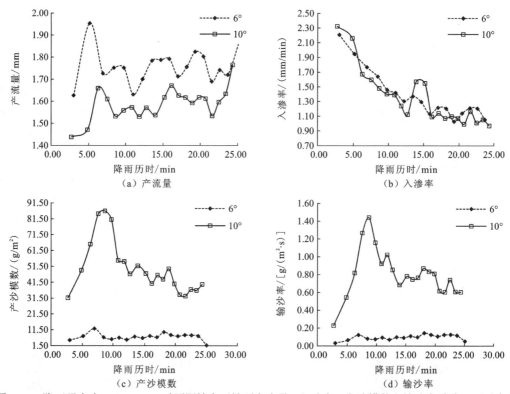

图 4-14　降雨强度为 3.0 mm/min 时不同坡度下坡面产流量、入渗率、产沙模数和输沙率随降雨历时变化

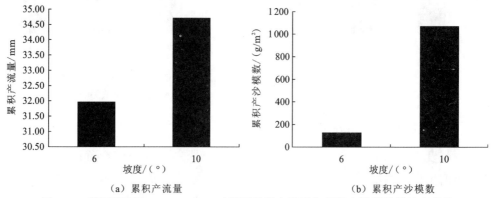

图 4-15　降雨强度为 3.0 mm/min 时坡面累积产流量和累积产沙模数随坡度变化

3. 土壤类型对坡面产流产沙影响

当坡度为 10° 时，相同降雨强度条件下，不同土壤坡面产流量差异较明显。降雨强度为 1.5 mm/min、2.5 mm/min 和 3.5 mm/min 时的紫色土平均产流量（1.81 mm、1.84 mm和 1.89 mm）大于红壤（1.69 mm、1.64 mm 和 1.78 mm）。而当坡度为 15°，降雨强度为1.5 mm/min 时，不同土壤坡面平均产流量无显著差异（$p > 0.05$）。随降雨历时增加，不同土壤坡面产流量总体呈增大趋势，当降雨强度较大时，紫色土的增加幅度略小于红壤（图 4-16）。

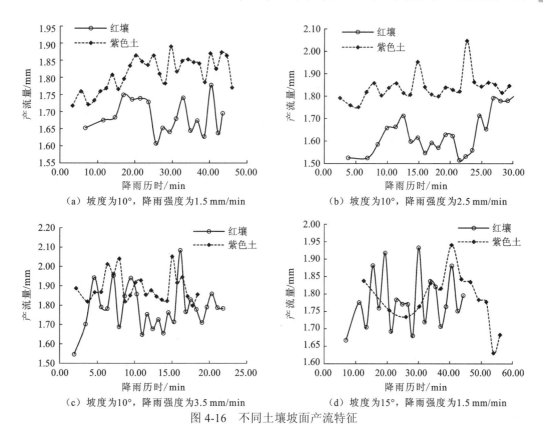

(a) 坡度为10°，降雨强度为1.5 mm/min　　　　(b) 坡度为10°，降雨强度为2.5 mm/min

(c) 坡度为10°，降雨强度为3.5 mm/min　　　　(d) 坡度为15°，降雨强度为1.5 mm/min

图 4-16　不同土壤坡面产流特征

坡度为 10° 时，不同土壤入渗率与坡面产流量相对应，产流量越大，入渗率越小（图 4-17）。当坡度为 15° 时，两种土壤产流量差异不明显，但是紫色土入渗率显著大于红壤。在不同坡度和降雨强度条件下，红壤和紫色土坡面入渗率均随降雨历时增加呈先减小，然后逐渐趋于稳定的趋势。坡度为 10° 时，不同降雨强度下的红壤入渗率始终显著大于紫色土（$p<0.05$），但随着降雨强度的增大，两种土壤之间的入渗率差异逐渐减小。当坡度为 15°，降雨强度为 1.5 mm/min 时，紫色土平均入渗率显著大于红壤，是红壤的 1.47 倍。

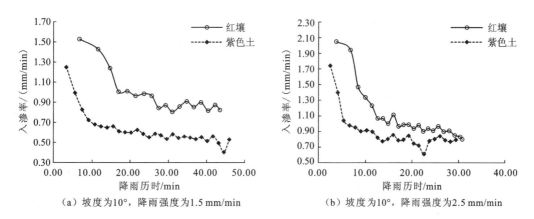

(a) 坡度为10°，降雨强度为1.5 mm/min　　　　(b) 坡度为10°，降雨强度为2.5 mm/min

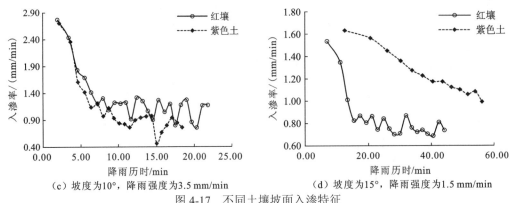

（c）坡度为10°，降雨强度为3.5 mm/min　　　　　（d）坡度为15°，降雨强度为1.5 mm/min

图 4-17　不同土壤坡面入渗特征

　　两种土壤坡面产沙模数的大小与产流量无明显关系。坡度为 10°，降雨强度为 1.5 mm/min 时，紫色土坡面开始产沙时间早于红壤，产沙模数也大于红壤，降雨历时至 8 min 时，紫色土坡面产沙模数达到峰值，而红壤产沙模数也逐渐增大，降雨至 10 min 左右，红壤坡面产沙模数开始大于紫色土，当降雨历时至 17 min 时，红壤坡面产沙模数达到峰值（图 4-18）。两种土壤坡面产沙模数随降雨历时的增加波动变化，但红壤坡面产沙模数显著大于紫色土。当降雨强度增加到 2.5 mm/min 时，两种土壤坡面产沙过程无明显差异，紫色土坡面开始产沙时间早于红壤，产沙模数达到峰值时间早于红壤，产沙模数峰值大于红壤，降雨历时至 20 min 左右，两种土壤坡面产沙模数趋于稳定，均在

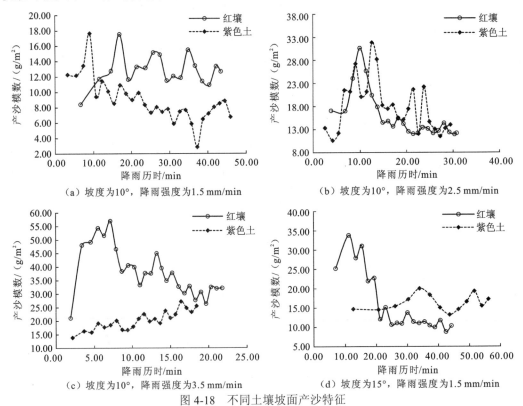

（a）坡度为10°，降雨强度为1.5 mm/min　　　　　（b）坡度为10°，降雨强度为2.5 mm/min

（c）坡度为10°，降雨强度为3.5 mm/min　　　　　（d）坡度为15°，降雨强度为1.5 mm/min

图 4-18　不同土壤坡面产沙特征

13 g/m² 左右。降雨强度为 3.5 mm/min 时，红壤坡面产沙模数显著大于紫色土，在整个降雨过程中，红壤坡面在 8 min 左右产沙模数达到极值，并逐渐趋于稳定，而紫色土产沙模数呈逐渐增大趋势。当坡度为 15°，降雨强度为 1.5 mm/min 时，降雨初期，红壤坡面产沙模数远大于紫色土，降雨 20 min 后逐渐趋于稳定。同时，紫色土坡面的平均产沙模数在降雨 20 min 后显著大于红壤。

不同土壤在相同降雨强度和坡度条件下的坡面输沙率的大小关系和产沙模数相似。在降雨强度或坡度较小时，两种土壤坡面输沙率无明显差异，而且在相同条件下，随着降雨历时的增加，两种土壤坡面输沙率逐渐趋于一致（图 4-19）。

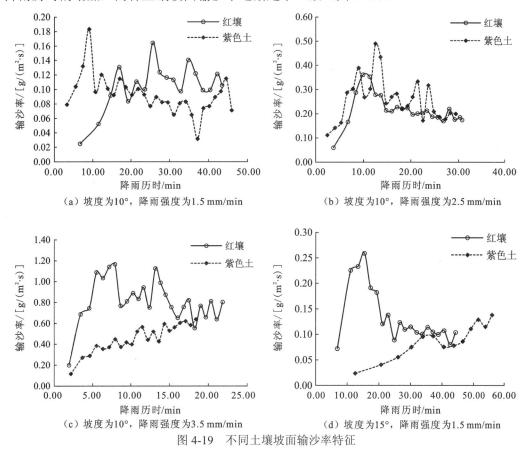

（a）坡度为 10°，降雨强度为 1.5 mm/min　　（b）坡度为 10°，降雨强度为 2.5 mm/min

（c）坡度为 10°，降雨强度为 3.5 mm/min　　（d）坡度为 15°，降雨强度为 1.5 mm/min

图 4-19　不同土壤坡面输沙率特征

在坡度为 10°，降雨强度为 1.5 mm/min 和 2.5 mm/min 时，紫色土坡面累积产流量和累积产沙模数大于红壤，降雨强度为 1.5 mm/min 时，紫色土坡面累积产流量和累积产沙模数分别是红壤的 2.25 倍和 1.61 倍，而降雨强度增加到 2.5 mm/min 时，紫色土坡面累积产流量和累积产沙模数分别是红壤的 1.24 倍和 1.01 倍，两种土壤累积产流量和累积产沙模数差异减小。当降雨强度增加到 3.5 mm/min，紫色土坡面累积产流量和累积产沙模数开始小于红壤，分别是红壤坡面的 0.82 倍和 0.35 倍（图 4-20）。坡度为 15°，降雨强度为 1.5 mm/min 时，紫色土坡面累积产流量和累积产沙模数分别是红壤坡面的 0.46 倍和 0.43 倍。可见，在降雨强度较大或坡度较大时，红壤坡面累积产流量和累积产沙模数显著大于紫色土。降雨强度和坡度较小时，红壤坡面入渗率大于紫色土，坡面产流量小于紫色土，因此累积产沙模数也小于紫色土坡面。随着降雨强度和坡度增大，坡面发生超渗产流，再加上红壤坡面土壤剥蚀的临界水流功率[0.008 3 N/(m·s)]小于紫色土坡面[0.062 0 N/(m·s)]（丁文峰，2010），即红壤可蚀性大于紫色土，导致红壤坡面累积产流量和累积产沙模数大于紫色土。

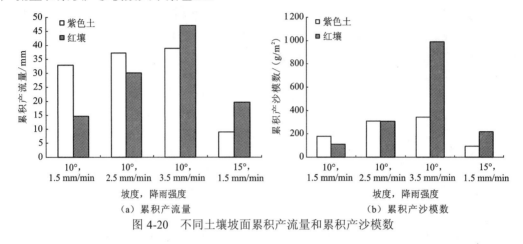

图 4-20 不同土壤坡面累积产流量和累积产沙模数

4. 影响因子贡献分析及预测

1）各因子贡献率分析

通过对不同土壤类型、坡度、降雨强度下坡面累积产流量进行方差分析，笔者发现坡度和降雨强度对坡面产流具有显著影响（表 4-5，$p<0.05$）。不同土壤坡面累积产流量无显著差异（$p>0.05$），但土壤类型与坡度、降雨强度的交互作用对产流有显著影响。笔者通过对各因子贡献率分析表明，降雨强度是影响坡面产流的最主要因素，贡献率可达49.30%，远大于坡度、土壤类型及各因子的交互作用。降雨强度是坡面产流最主要的驱动因素，坡度和土壤类型是主要的下垫面影响因素（付兴涛和张丽萍，2014；张利超 等，2014），虽然其在降雨过程中对坡面产流有一定影响，但其贡献率要远次于降雨强度。

表 4-5 基于方差分析的各因子对坡面产流影响的显著性及贡献率分析

因子	平方和	自由度	均方和	F 值	显著性	因子贡献率/%
土壤类型	22.15	1	22.15	0.95	0.34	0.02
坡度	240.87	2	120.43	5.15	0.02	3.69
降雨强度	2 736.14	6	456.02	19.50	0.00	49.30
土壤类型×坡度	418.02	1	418.02	17.87	0.00	7.50
土壤类型×降雨强度	353.78	2	176.89	7.56	0.00	5.83
坡度×降雨强度	139.64	5	27.93	1.19	0.35	0.43
误差	421.02	18	23.39	—	—	15.55
校正的总计	5 265.17	35	—	—	—	—

基于坡面累积产沙模数影响因子方差分析，坡度、降雨强度和土壤类型对坡面产沙均具有显著影响（表 4-6，$p<0.05$）。只有坡度与土壤类型的交互作用对产沙影响未达到显著水平（$p>0.05$）。通过对因子贡献率分析表明，降雨强度是影响坡面产沙的最主要因素，贡献率可达 57.58%，远大于坡度贡献率（4.28%）、土壤类型贡献率（2.05%）及各因子的交互作用贡献率。降雨强度是影响坡面产流产沙最主要驱动因素，这与前人研究一致。坡度和土壤类型是两个重要的影响下垫面的因素，坡度对坡面产沙的影响大于土壤类型，且两者交互作用对坡面产沙没有显著影响。

表 4-6　基于方差分析的各因子对坡面产沙影响的显著性及贡献率分析

因子	平方和	自由度	均方和	F 值	显著性	因子贡献率/%
土壤类型	158 792.44	1	158 792.44	16.73	0.00	2.05
坡度	331 208.42	2	165 604.21	17.45	0.00	4.28
降雨强度	4 256 918.39	6	709 486.40	74.76	0.00	57.58
土壤类型×坡度	18 488.68	1	18 488.68	1.95	0.18	0.12
土壤类型×降雨强度	311 875.95	2	155 937.97	16.43	0.00	4.02
坡度×降雨强度	1 137 349.23	5	227 469.85	23.97	0.00	14.94
误差	17 0818.13	18	9 489.90	—	—	4.55
校正的总计	7 293 829.72	35	—	—	—	—

2）产流产沙预测

由上述分析可知，坡度和降雨强度是影响坡面产流产沙的主要因素，为了定量描述坡面侵蚀量与降雨强度和坡度间的关系，将实测所得的数据利用 SPSS 22.0 软件进行回归分析，发现坡面相同降雨历时 45 min，累积产流量 D 和累积产沙模数 W 与坡度 S 和降雨强度 I 呈较好的非线性相关关系：

$$D=0.41S^{-0.51}I^{0.81}+15.89 \quad (R^2=0.66, p<0.05, n=36) \tag{4-11}$$

$$W=1.79S^{0.29}I^{0.91}-12.16 \quad (R^2=0.70, p<0.05, n=36) \tag{4-12}$$

由拟合函数系数可知，降雨强度对坡面产流产沙的贡献率大于坡度。基于建立的拟合函数关系，将预测值与实测值进行对比，结果如图 4-21。产流量较小时，模拟结果偏大，产流量较大时，利用拟合函数进行预测较准。对坡面产沙模数的预测，产沙模数越大，预测结果与实际值差距越大，且基本上预测值大于实际值，而在产沙模数较小时，预测效果较好。

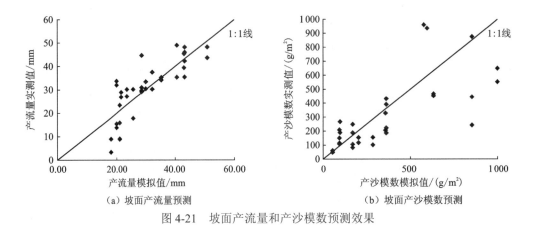

（a）坡面产流量预测　　　　　　　　　（b）坡面产沙模数预测

图 4-21　坡面产流量和产沙模数预测效果

4.2.2　坡面径流水动力特征

上游径流流量、径流黏滞系数和径流水温等参数都能直接决定径流流速，从而影响径流的水力学参数。坡面微地形变化、土壤类型和过水断面面积等径流流场通过对径流流速产生影响，从而影响到径流的水力学参数（梁志权 等，2015）。本小节通过分析不同降雨强度和坡度条件下坡面上、中、下断面（距坡顶 2 m、4 m 和 6 m）的流速变化特征及水动力学参数（弗劳德数、雷诺数和阻力系数），从而揭示坡度流量对坡面产流产沙的影响机制。

1. 流速

坡度为 6°，不同降雨强度条件下，坡面不同断面流速均随降雨历时的增加而增大，且坡面下部流速显著大于中部及上部流速（图 4-22，$p<0.05$）。在坡面上部，降雨强度为 2.0 mm/min，坡面平均流速在 0.07 m/s 左右，显著大于降雨强度为 3.0 mm/min 时的坡面平均流速（0.04 m/s），主要是由于降雨强度较大，对坡面破坏程度大，入渗率较大。降雨历时至 10 min，降雨强度为 3.0 mm/min 时的坡面流速逐渐趋于稳定，而降雨强度为 2.0 mm/min 时坡面在降雨 15 min 左右趋于稳定，但在 25 min 左右流速急剧增加，这可能是坡面已经形成股流，导致流速增大。在坡面中部和下部断面，坡面平均流速分别约为 0.10 m/s 和 0.13 m/s。在坡面中部和下部断面，随降雨历时的增加，降雨强度较小坡

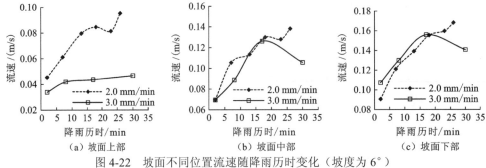

（a）坡面上部　　　　　　　　（b）坡面中部　　　　　　　　（c）坡面下部

图 4-22　坡面不同位置流速随降雨历时变化（坡度为 6°）

面流速不断增加，而降雨强度较大时坡面降雨 20 min 后流速呈降低趋势。降雨强度较大，对坡面产生破坏增加，可能形成跌坎，阻力增大，导致坡面流速小于较小降雨强度下的坡面流速。

10°坡面，在不同断面处，流速基本随降雨历时的增加而增大（图 4-23）。在相同降雨时间，不同降雨强度坡面下部平均流速（0.12 m/s）显著大于中部（0.09 m/s）及上部平均流速（0.07 m/s，$p<0.05$）。在坡面上部，流速与降雨强度呈正相关，最大降雨强度下的坡面平均流速是最小降雨强度的 1.38 倍。在坡面中部，最大降雨强度条件下的坡面流速呈先增大后降低趋势，但显著大于其他降雨强度下的坡面流速（$p<0.05$），而其他降雨强度条件下的坡面流速随降雨历时增加总体呈不断增加的趋势，到降雨结束，坡面流速增加了 1.3～1.5 倍。在坡面下部，随降雨历时增加，2.0 mm/min 降雨强度条件下的坡面流速增加幅度逐渐增大，降雨至 20 min 后，坡面流速开始大于较大降雨强度（3.0 mm/min 和 3.5 mm/min）下的坡面流速。

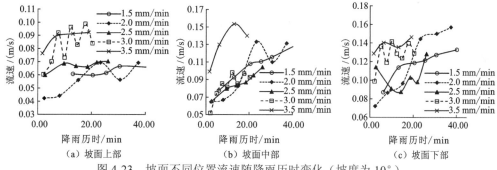

图 4-23　坡面不同位置流速随降雨历时变化（坡度为 10°）

15°坡面，不同降雨强度条件下，坡面下部平均流速显著大于中部及上部平均流速（$p<0.05$）。在坡面上部，流速与降雨强度呈正相关，降雨强度为 2.5 mm/min 时的平均流速（0.09 m/s）显著大于降雨强度较小时的平均流速，且随降雨历时的增加波动增大，并逐渐趋于稳定[图 4-24（a）]。在坡面中部，大降雨强度条件下的平均流速显著大于较小降雨强度下的平均流速（$p<0.05$），降雨强度为 2.5 mm/min 时，流速随降雨历时的增加变化幅度最大，而其他降雨强度条件下流速随时间无显著变化[图 4-24（b）]。在坡面下部，降雨初期流速与降雨强度呈正相关，但随着降雨历时的增加，在 20 min 左右，降雨强度为 2.0 mm/min 时的流速逐渐大于降雨强度为 2.5 mm/min 时的流速。

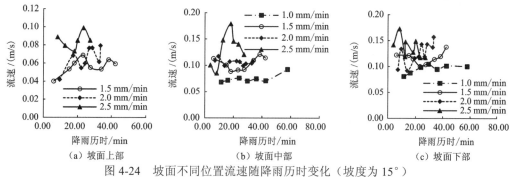

图 4-24　坡面不同位置流速随降雨历时变化（坡度为 15°）

不同降雨强度下，坡面下部的流速差异小于坡面中部和上部的流速差异。不同降雨强度条件下，坡面下部均有明显细沟发育，相同降雨强度条件下的细沟内平均流速显著大于坡面不同位置处的流速（$p<0.05$），细沟内径流流速是坡面径流流速的 1.5～1.7 倍。细沟内流速与降雨强度基本呈正相关，且降雨强度越大，随降雨历时的增加，流速的变化幅度越大（图 4-25）。

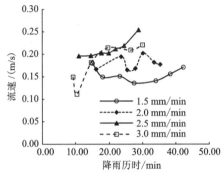

图 4-25　坡面细沟流速随降雨历时变化

在相同降雨强度，不同坡度条件下，坡面下部平均流速显著大于中部及上部平均流速（$p<0.05$），且随降雨历时增加坡面流速总体呈波动增大趋势。降雨强度为 1.5 mm/min，坡度为 10° 时，坡面上部随降雨历时增加，流速波动变化不明显，而 15° 坡面流速变化波动较大，总体呈增大趋势。在坡面中部和下部断面，相同坡度坡面随降雨历时增加流速显著增大，且变化趋势基本一致。降雨初期，坡度为 15° 坡面流速显著大于 10° 坡面流速，降雨 15 min 后，呈小于 10° 坡面流速趋势（图 4-26）。

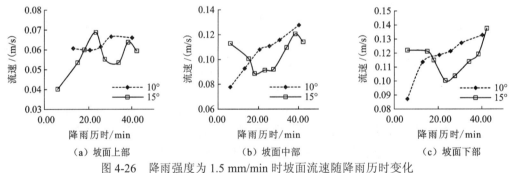

（a）坡面上部　　　　　　　（b）坡面中部　　　　　　　（c）坡面下部

图 4-26　降雨强度为 1.5 mm/min 时坡面流速随降雨历时变化

降雨强度为 2.0 mm/min 时，不同坡度坡面流速与降雨历时呈正相关。随降雨历时增加，坡面上部和中部断面流速均呈先增大后降低并趋于稳定的波动变化趋势，且坡度越小，流速越大。在坡面下部断面，不同坡度坡面流速均随降雨历时增加而波动增大，且流速与坡度呈负相关（图 4-27）。

当降雨强度为 2.5 mm/min 时，坡面流速与坡度呈正相关，且坡度越大，坡面流速的变化幅度越大。坡面上部及中部 15° 坡面不同断面处流速均呈先减小后增大的波动变化趋势，而 10° 坡面流速增加较为平稳（图 4-28）。当降雨强度为 3.0 mm/min 时，对比分析 6° 和 10° 坡面流速变化，发现在坡面上部断面，10° 坡面流速显著大于 6° 坡面流速

（$p<0.05$），而在坡面中部和下部，降雨 10 min 左右，6° 坡面流速大于 10° 坡面流速，说明降雨强度较大时，坡度对流速影响较小（图 4-29）。

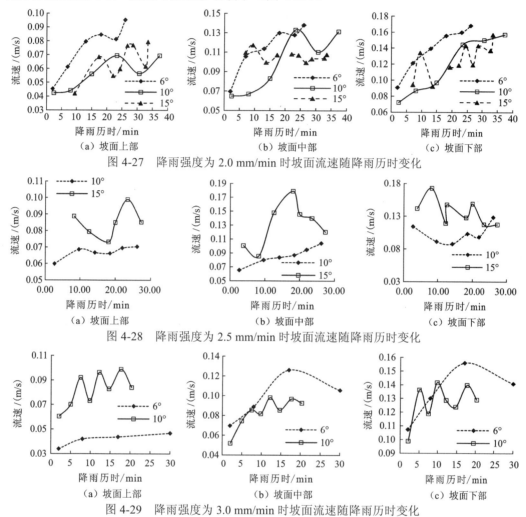

图 4-27　降雨强度为 2.0 mm/min 时坡面流速随降雨历时变化

图 4-28　降雨强度为 2.5 mm/min 时坡面流速随降雨历时变化

图 4-29　降雨强度为 3.0 mm/min 时坡面流速随降雨历时变化

降雨到坡面变为径流，是动能转化为势能的过程，径流由坡面上部到下部是势能转化为动能的过程。坡面流速随降雨历时变化主要是由于在坡面冲刷初期水流以薄层漫流的方式沿坡面向下流动，在此过程中水流入渗导致流量损失，流速较低。随着下垫面土壤趋于饱和，流量损失减小，流速逐渐升高。另外土槽坡面在开始阶段比较平整无跌坎形成，床面相对光滑，水流阻力较小，水流在重力和坡面阻力的作用下沿坡面加速流动，侵蚀方式以面蚀为主，含沙量很小，消耗能量较小，流速逐渐升到最高值。

当流速发展到一定程度后，坡面漫流开始汇聚，以股流的形式向下流动，当水流侵蚀切应力超过土壤抗蚀能力时，就会在坡面上冲刷出一系列跌坎，跌坎的出现一方面使得坡面流流程增加，沿程阻力增大；另一方面跌坎导致集中消能，增加了水流的局部水头损失，所以此时的流速开始出现下降的趋势。降雨强度和坡度越大，跌坎发育时间越早，发育程度也越大。随着跌坎的进一步发育，坡面上小跌坎逐渐贯通形成细沟，强烈的溯源侵蚀和沟壁坍塌使水流中的含沙量迅速增加，用于输送细沟中被侵蚀下来的泥沙所消耗的能量增加，流速进一步降低。到了水流冲刷的最后时段，细沟形态发育基本稳定，其沿坡面大多呈顺直状，沟宽发育基本停止，主要以水流下切侵蚀方式为主，这时侵蚀输沙基本达到平衡，水流阻力较为稳定，但偶然发生细沟沟壁坍塌会阻塞水流流道，从而导致水流流速呈现出波动平衡的特点。

坡面流速受产流量和入渗量的影响，降雨初期，坡面产流量较小，导致径流流速也较小，随着降雨历时的增加，流速随产流量增大而增加，当坡面产流和入渗达到稳定后，坡面径流流速也逐渐趋于稳定。坡面下部的汇流面积大于上部，汇流量较大，较大的径流量对坡面的破坏作用会使坡面产生细小的纹路，再加上坡面下部径流的动能增加，因此流速会显著大于中部及上部流速。

2. 雷诺数

雷诺数、弗劳德数及阻力系数这三项水力学系数都是基于细沟内股流的平均流速的指标。雷诺数作为表征流体流动情况的量纲为一参数，当其较小时，径流流动较为稳定，表现为层流；反之，当雷诺数较大时，细沟中径流变得不稳定，流速的变化开始发展和加大，最终形成了紊流。当雷诺数大于 4 000 时为紊流、小于 2 000 为层流、处于 2 000～4 000 为中间的过渡状态。

试验条件下，细沟内股流雷诺数的变化范围是 3 715～4 831，在同一坡度下，随着降雨强度的增加，雷诺数也随之增加。在坡度为 6°，降雨强度从 2.0 mm/min 增加到 3.0 mm/min 的情况下，雷诺数的增长率是 16.07%；在坡度为 10° 和 15° 条件下，降雨强度从 2.0 mm/min 增加到 2.5 mm/min 和 2.5 mm/min 增加到 3.0 mm/min，雷诺数增长率分别是 8.49%、7.85% 和 10.29%、6.60%（表 4-7）。通过分析数据我们能够发现细沟内股流的雷诺数都是处于过渡阶段或者是紊流阶段，这是因为细沟平均流速的计算是取自细沟内最大流速乘以一定的系数得到的，而随着细沟的发展，其流速的变化呈现抛物线形式，峰值往往处于细沟发育阶段，所以在细沟发育阶段时的雷诺数是最大的，然后随时间推移慢慢减小，这也印证了细沟内的径流由发育阶段时呈紊流状态，后期逐渐呈较为稳定的层流状态。

表 4-7　不同降雨强度和坡度条件下红壤坡面径流的水力学参数

坡度/°	降雨强度/（mm/min）	坡面径流的水力学系数		
		雷诺数 Re	弗劳德数 Fr	阻力系数 f
6	3.0	4 312	0.76	3.97
	2.0	3 715	0.68	4.89
10	3.0	4 658	1.01	3.87
	2.5	4 319	0.93	4.13
	2.0	3 981	0.88	4.77
15	3.0	4 831	1.77	3.79
	2.5	4 532	1.72	3.86
	2.0	4 109	1.66	4.10

在同一降雨强度下，随着红壤坡度在 6°～15° 逐渐增加，其对应的雷诺数也逐渐增大。在降雨强度为 2.0 mm/min，坡度从 6° 增加到 10° 和从 10° 增加到 15° 的情况下，雷诺数的增长率分别是 7.16% 和 3.22%；在 3.0 mm/min 条件下的增长率分别是 8.02% 和 3.71%（表 4-7）。通过数据分析我们能够发现细沟内股流的雷诺数多数处于紊流状态，少数处于过渡阶段，因为测算值是处于细沟发育阶段雷诺数的抛物线峰值，随着坡度的增加，细沟内股流的流场倾斜度也在加大，径流的惯性力作用随之加大，所以雷诺数是随着坡度的增加而增加。

3. 弗劳德数

弗劳德数与雷诺数一样，是判别径流流态的重要水力学参数之一，其表征的是径流在细沟内的缓急状态，也是径流惯性力和重力的比值。当弗劳德数>1 时，细沟内股流的状态是急流；反之，当其≤1 时，细沟内股流的状态是缓流。在本书试验条件下，弗劳德数的范围是 0.68～1.77。在坡度为 6° 的条件下，降雨强度从 2.0 mm/min 增加到 3.0 mm/min 时，弗劳德数也随之增加，其增长率为 11.76%；对于坡度分别为 10° 和 15°，降雨强度从 2.0 mm/min 增加到 2.5 mm/min 和从 2.5 mm/min 增加到 3.0 mm/min 的情况下，弗劳德数也随着降雨强度的增长而增长，其增长率分别是：5.68%、8.60% 和 3.61%、2.91%（表 4-7）。

相同降雨强度下，随着红壤坡度从 6°～15° 逐渐增加，其对应的弗劳德数也逐渐增大。在降雨强度为 2.0 mm/min，坡度从 6° 增加到 10° 和从 10° 增加到 15° 的情况下，弗劳德数的增长率分别是 29.41% 和 88.64%；在 3.0 mm/min 条件下的增长率分别是 32.89% 和 75.25%（表 4-7）。上述结果说明降雨强度和坡度都会影响红壤坡面细沟内股流的弗劳德数，坡度越大，红壤坡面的弗劳德数也越大，但是弗劳德数对坡度的敏感度要大于其对降雨强度的敏感度。

4. 阻力系数

不同于另外三个水力学系数，阻力系数是用于表征细沟内股流克服来自表层土体的阻力所耗能量大小的系数，具体指的是达西-韦斯巴赫（Darcy-Weisbach）阻力系数，当它越大的时候，细沟内股流能用于剥离边坡和搬运泥沙的能量也就越小，故而减少了细沟侵蚀的程度。径流自身阻力、坡面细沟形态特征、降雨阻力及土壤颗粒的组成排列是坡面径流阻力的主要来源。

试验条件下，阻力系数的变化范围是 3.79～4.89，笔者通过观察数据发现在同一坡度下，随着降雨强度增加，坡面细沟的阻力系数随之递减，在坡度为 6°，降雨强度从 2.0 mm/min 增加到 3.0 mm/min 的情况下，阻力系数的减小率是 18.81%；在坡度为 10° 和 15°，降雨强度从 2.0 mm/min 增加到 2.5 mm/min 和从 2.5 mm/min 增加到 3.0 mm/min 的情况下，阻力系数减小率分别是 13.42%、6.30% 和 5.85%、1.81%（表 4-7）。

降雨强度和阻力系数呈负相关，说明随着降雨强度的增大，细沟内股流用来克服红壤表土的阻力所消耗的能量就越小，这是因为随着降雨强度的增大，细沟内股流的平均流速随之增大，细沟内股流所携带的能量越大，对于细沟的侵蚀力度也就越大，细沟内股流所遭受的阻力也就越小。相同降雨强度下，随着红壤坡度从 6°至 15°逐渐增加，坡面细沟的阻力系数随之递减，在降雨强度为 2.0 mm/min，坡度从 6°增加到 10°和从 10°增加到 15°的情况下，阻力系数的减小率分别是 2.45%和 14.05%；在 3.0 mm/min 条件下的减小率分别是 2.52%和 2.07%（表 4-7）。随着降雨强度的增加，阻力系数随着坡度增加的减小率整体增大，说明降雨强度对阻力系数的敏感度大于坡度。

结合上述分析，我们可以发现降雨强度和坡度对于径流平均流速、雷诺数、弗劳德数及阻力系数都具有不同程度的影响，其中，降雨强度对于径流平均流速这项水力学指标最为敏感，而坡度对于弗劳德数这项水力学参数指标最为敏感。径流平均流速、雷诺数和弗劳德数这三项指标都是随着降雨强度的增大而不同程度的增大，而阻力系数则是随着降雨强度的增大呈现出递减的趋势。

4.2.3 壤中流产流产沙影响因素

壤中流是坡面径流的重要组成部分，土壤有分层结构，且下层土壤的下渗能力小于上层土壤时，下渗水流在界面上受阻积蓄，形成饱和带和侧向水力坡度，从而产生壤中流。壤中流是红壤坡面径流的重要组成部分，其产生的径流量可达地表径流的 2 倍（谢颂华 等，2015）。红壤坡面壤中流的产生是由于红壤饱和导水率较大，水分移动较快，但进入下层非饱和区，导水率急剧下降，从而形成临时相对不透水层，这和紫色土壤中流的形成有着根本的不同。紫色土由于土壤浅薄，其底部存在页岩不透水层，这种岩土二元剖面结构极易使雨水蓄满，下渗形成壤中流。不透水层的存在是不同土壤壤中流发育的一个重要条件。

1. 降雨强度对壤中流产流产沙影响

1）坡度为 6°

当降雨强度为 2.0 mm/min 时，壤中流的产流量、产沙模数观测时间较短，其产流量变化趋势与 3.0 mm/min 相似，随降雨历时增加总体呈增大趋势[图 4-30（a）]。但两种降雨强度下的壤中流产沙模数具有显著差异。降雨强度为 2.0 mm/min 时，壤中流产沙模数是 3.0 mm/min 降雨强度的 4～5 倍，这与观测时间较短有关。降雨强度为 3.0 mm/min 时，壤中流产沙模数在降雨前期波动较大，中期无明显变化规律，后期呈增大趋势。

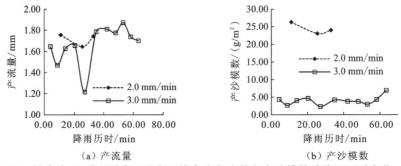

（a）产流量　　　　　　　　（b）产沙模数

图 4-30　坡度为 6°时不同降雨强度下壤中流产流量和产沙模数随降雨历时变化

2）坡度为 10°

当降雨强度大于等于 3.0 mm/min 时，随降雨历时的增加，壤中流产流量呈先增加后减小的趋势。降雨强度小于 3.0 mm/min 时，在降雨历时达到 20 min 以后，产流量呈显著增大趋势（$p<0.05$），且降雨强度越大，产流量增加幅度越大[图 4-31（a）]。壤中流产沙模数与降雨强度的关系较为复杂，波动起伏较大，整体随降雨历时增加呈下降趋势[图 4-31（b）]。

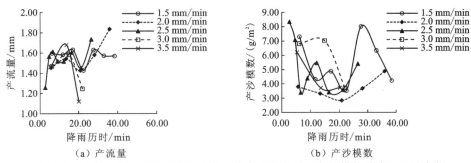

（a）产流量　　　　　　　　　　　　　（b）产沙模数

图 4-31　坡度为 10°时不同降雨强度下壤中流产流量和产沙模数随降雨历时变化

3）坡度为 15°

不同降雨强度下壤中流平均产流量无显著差异（$p>0.05$），降雨强度较大时（>2.0 mm/min）的壤中流产流量小于较小降雨强度时的壤中流产流量。随降雨历时的增加，产流量变化幅度较大，在降雨前期，不同降雨强度壤中流的产流量起伏较大，而在降雨后期产流量逐渐趋于平稳[图 4-32（a）]。在整个降雨过程中，降雨强度为 1.0 mm/min 时的壤中流产沙模数最大，不同降雨强度下壤中流产沙模数随降雨历时的增加呈逐渐降低的趋势，这主要是坡面细沟发育及坡面产流量增大导致壤中流产沙模数降低。不同降雨强度下壤中流平均产沙模数大小关系为：11.22 g/m²（1.0 mm/min）>4.27 g/m²（3.0 mm/min）>2.82 g/m²（2.5 mm/min）>2.57 g/m²（1.5 mm/min）>2.25 g/m²（2.0 mm/min）。由此可见，在坡度为 15°时，降雨强度越小或越大，壤中流的产沙模数越大，降雨强度最小时壤中流的产沙模数最大，且随降雨历时的增加，不同降雨强度下的产沙模数均呈逐渐降低趋势[图 4-32（b）]。

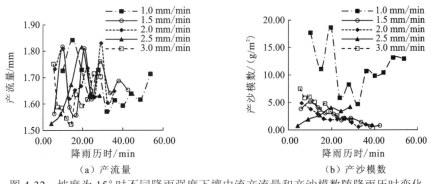

（a）产流量　　　　　　　　　　　　　（b）产沙模数

图 4-32　坡度为 15°时不同降雨强度下壤中流产流量和产沙模数随降雨历时变化

在降雨过程中，由于土壤的入渗性，雨水在土壤表层或分层土层内的界面上形成侧向流动的水流，其是径流的组成部分。壤中流主要发生在不同层次土壤或有机质的不连续界面上，影响因素有土壤的物理特性、层次和厚度等。降雨过程和降雨量对壤中流产流量影响较大，但降雨强度不能很好地反映降雨过程。由上述分析可知，壤中流产流量与降雨强度的关系较为复杂，并不是随降雨强度的增加而显著增大或减小。谢颂华等（2015）发现，降雨过程和降雨量对壤中流产流量影响较大，而平均降雨强度不能很好地反映降雨过程，因此壤中流产流量与降雨强度关系不明显。受壤中流产流量的影响，产沙模数和输沙率与降雨强度也没有明显关系，但是当坡度为 15°，降雨强度最小时，壤中流的产沙模数和输沙率显著大于其他降雨强度。这主要是坡度和降雨强度较大时，降雨对坡面结构破坏，导致坡面产流量和入渗量占的比例较大。

2. 坡度对壤中流产流产沙影响

1）降雨强度为 1.5 mm/min

坡度是影响坡面壤中流产流的主要因素，不同降雨强度下壤中流产流产沙规律与坡度关系差异较大。由图 4-33 可知，降雨强度为 1.5 mm/min 时，15° 坡面的壤中流产流量显著大于 10° 坡面的壤中流产流量，在降雨初期，坡度较大时壤中流变化幅度较大，随着降雨历时增加逐渐趋于稳定。不同坡度壤中流产沙开始时间滞后于产流时间，随降雨历时增加，总体呈先增大后降低的趋势。坡度为 15° 坡面的壤中流产沙模数峰值出现在约第 10 min，而 10° 坡面产沙模数峰值出现在 20 min，且产沙模数显著大于坡度较大时的产沙模数。

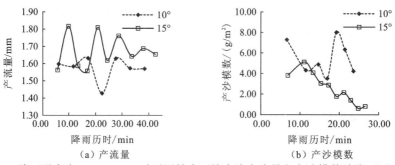

(a) 产流量   (b) 产沙模数

图 4-33　降雨强度为 1.5 mm/min 时不同坡度下壤中流产流量和产沙模数随降雨历时变化

2）降雨强度为 2.0 mm/min

在降雨强度为 2.0 mm/min 的条件下（图 4-34），坡度较大（15°）或较小（6°）时壤中流产流量较大，但坡度较小时产流开始时间滞后于较大坡度下的产流开始时间。不同坡度壤中流产沙模数差异显著，坡度为 6° 时，壤中流产沙模数是 10° 和 15° 坡面的 5～6 倍，而较大坡度壤中流产沙模数差异不明显。随降雨历时的增加，不同坡度产沙模数变化幅度均较小。

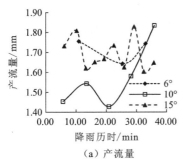
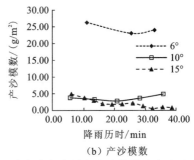

（a）产流量　　　　　　　　　　　（b）产沙模数

图 4-34　降雨强度为 2.0 mm/min 时不同坡度下壤中流产流量和产沙模数随降雨历时变化

3）降雨强度为 2.5 mm/min

降雨强度为 2.5 mm/min 时，壤中流产流量与坡度呈正相关，10° 的坡面壤中流产流时间早于较大坡度坡面的壤中流产流时间（图 4-35）。随降雨历时的增加，坡度较大时，产流量呈先增大后降低的趋势；坡度较小时，起伏较大，总体呈逐渐增大趋势。不同坡度坡面壤中流产沙模数随降雨历时增加变化趋势不同，但在降雨末期，变化趋势逐渐趋于一致。在降雨初期，壤中流的产沙模数在坡度较小坡面呈显著降低趋势，而坡度较大时，呈缓慢增大趋势。在降雨至 18 min 左右时，不同坡度坡面壤中流产沙模数及变化趋势趋于一致。

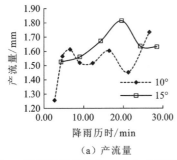
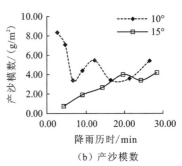

（a）产流量　　　　　　　　　　　（b）产沙模数

图 4-35　降雨强度为 2.5 mm/min 时不同坡度下壤中流产流量和产沙模数随降雨历时变化

3. 土壤类型对壤中流产流产沙影响

在不同降雨强度和坡度条件下，紫色土的壤中流平均产流量均显著大于红壤（图 4-36）。坡度为 10°，随降雨强度的增加，不同土壤壤中流的产流量基本呈无明显增大的趋势。当坡度为 15° 时，在降雨前期紫色土产流量较大，而红壤的变化幅度较大；到降雨后期红壤产流量逐渐趋于稳定，并逐渐降低，而紫色土的产流量逐渐增加，变化幅度也增大。

不同坡度和流量条件下，紫色土和红壤坡面壤中流产沙开始时间基本相同，产沙模数随降雨历时增加总体均呈下降趋势（图 4-37）。坡度为 10° 时，红壤与紫色土壤中流产沙模数与降雨强度有关。降雨强度为 2.5 mm/min 时，紫色土壤中流平均产沙模数显著大

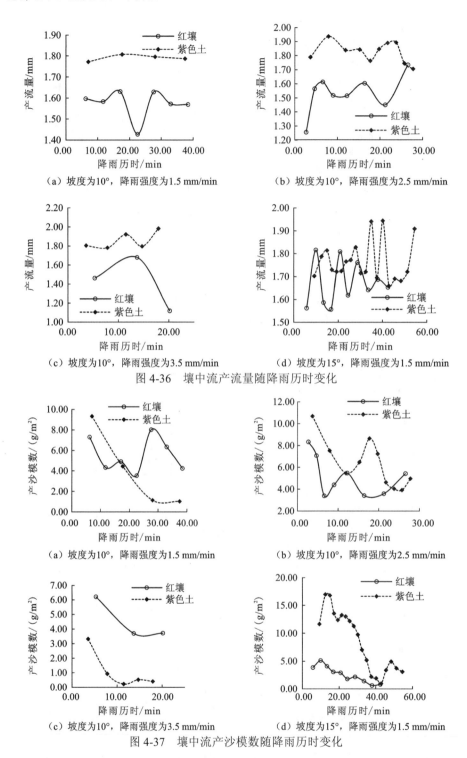

（a）坡度为10°，降雨强度为1.5 mm/min （b）坡度为10°，降雨强度为2.5 mm/min

（c）坡度为10°，降雨强度为3.5 mm/min （d）坡度为15°，降雨强度为1.5 mm/min

图 4-36　壤中流产流量随降雨历时变化

（a）坡度为10°，降雨强度为1.5 mm/min （b）坡度为10°，降雨强度为2.5 mm/min

（c）坡度为10°，降雨强度为3.5 mm/min （d）坡度为15°，降雨强度为1.5 mm/min

图 4-37　壤中流产沙模数随降雨历时变化

于红壤壤中流平均产沙模数；而当降雨强度较大时（3.5 mm/min），红壤壤中流平均产沙模数显著大于紫色土壤中流平均产沙模数；降雨强度为 1.5 mm/min 时，降雨前期与后期两种土壤产沙模数大小关系相反。在 15° 坡面上，降雨强度为 1.5 mm/min 时，两种土壤壤中流产沙模数随降雨历时的增加，均呈先增大后降低并逐渐趋于稳定的趋势，紫色土壤中流产沙模数的峰值远大于红壤，在降雨至 40 min 后，两种土壤产沙模数趋于一致，之后紫色土产沙模数出现第二个峰值。

4. 各影响因子贡献分析

基于不同土壤类型、坡度、降雨强度下壤中流累积产流量方差分析，我们发现仅坡度对壤中流产流量具有显著影响（表 4-8，$p<0.05$）。降雨强度和土壤类型，以及各因素间的交互作用对壤中流产流的影响未达到显著水平（$p>0.05$）。各因子的贡献率中，坡度的贡献率最大（18.86%），其次是坡度和降雨强度的交互作用（12.64%）及降雨强度（11.06%）。

表 4-8　基于方差分析的各因子对壤中流产流影响的显著性及贡献率分析

因子	平方和	自由度	均方和	F 值	显著性	因子贡献率/%
土壤类型	61.31	1	61.31	3.97	0.06	5.45
坡度	189.59	2	94.80	6.14	0.01	18.86
降雨强度	185.70	6	30.95	2.01	0.12	11.06
土壤类型×坡度	21.78	1	21.78	1.41	0.25	0.75
土壤类型×降雨强度	16.94	2	8.47	0.55	0.59	1.65
坡度×降雨强度	168.13	4	42.03	2.72	0.06	12.64
误差	262.27	17	15.43	—	—	60.48
校正的总计	841.85	33	—	—	—	

与坡面产流不同，虽然降雨强度是坡面产流量最主要驱动因素，但降雨转化为壤中流的过程受下垫面的影响较大，坡度越小，降雨越容易积蓄和入渗，壤中流产流量越多。土壤类型是影响土壤入渗的重要下垫面因素，其贡献率小于坡度，主要是因为红壤和紫色土对降雨转化为壤中流的影响作用较小。

基于壤中流产沙模数影响因子方差分析，坡度、降雨强度和土壤类型对壤中流产沙均具有显著影响（表 4-9，$p<0.05$）。坡度与土壤类型的交互作用对壤中流产沙模数的影响也达到显著水平（$p>0.05$）。因子贡献率分析表明，各因素对壤中流产沙的贡献差距较小，坡度是影响壤中流产沙的最主要因素，贡献率为 22.86%，其次是土壤类型与坡度的交互作用（16.56%）、土壤类型（15.04%）和降雨强度（13.46%）。

降雨强度是影响降雨转化为壤中流的主要驱动因素，而坡度和土壤类型是影响下垫面入渗率及土壤抗侵蚀能力的因素。紫色土和红壤壤中流产沙模数具有显著差异，主要由于两种土壤抗侵蚀能力显著不同，而且在不同坡度条件下差异更加明显。

表 4-9　基于方差分析的各因子对壤中流产沙影响的显著性及贡献率分析

因子	平方和	自由度	均方和	F 值	显著性	因子贡献率/%
土壤类型	5 149.55	1	5 149.55	20.47	0.00	15.04
坡度	7 949.34	2	3 974.67	15.80	0.00	22.86
降雨强度	5 895.02	6	982.50	3.91	0.01	13.46
土壤类型×坡度	5 645.06	1	5 645.06	22.44	0.00	16.56
土壤类型×降雨强度	1 148.44	2	574.22	2.28	0.13	1.98
坡度×降雨强度	915.53	4	228.88	0.91	0.48	0.28
误差	4 276.83	17	251.58	—	—	25.49
校正的总计	32 573.04	33	—	—	—	—

4.2.4　坡面降雨产流产沙分配机制

1. 产流

由图 4-38 可知，不同坡度和降雨强度条件下，坡面产流量占总降雨量的比例均小于 60%，说明在降雨过程中，有超过 40% 的降雨转化为土壤水和壤中流，其余降水通过土槽底层孔隙渗漏流失。坡度为 15° 时，坡面产流量占总降雨量的比例随降雨强度的增加变化最为明显。降雨强度较小仅为 1.0 mm/min 时，坡面产流量占总降雨量的比例为 15% 左右；降雨强度为 1.5 mm/min 时，比例增加了 1 倍，达到 30% 左右；之后随降雨强度增大，比例逐渐增加，在降雨强度为 3.0 mm/min 时，达到最大值［图 4-38（a）］。在 10° 坡面，不同降雨强度下，坡面产流量占总降雨量的比例在降雨强度为 2.0 mm/min 和 3.5 mm/min 时，显著大于 15° 坡面，在其他降雨强度条件下，比例无显著差异，降雨强度由 1.5 mm/min 增加到 2.0 mm/min 时，比例增加了 20% 左右。坡度为 6° 时，在观测的三种降雨强度下，坡面产流量占总降雨量的比例差异较小，均在 40% 以上。坡度较小时，坡面产流量占总降雨量的比例与降雨强度关系不明显，但坡度较大时坡面产流比例与降

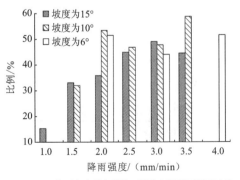

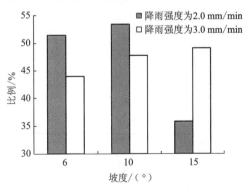

（a）坡面产流量占总降雨量比例随降雨强度变化　　　（b）坡面产流量占总降雨量比例随坡度变化

图 4-38　坡面产流量占总降雨量比例随降雨强度及坡度变化

雨强度基本呈正相关，这主要是因为在降雨强度较小时，坡面基本是蓄满产流，降雨入渗比例较大，所以坡面产流相对较小，而在降雨强度较大时，坡面发生超渗产流，导致坡面产流量增大。

在相同的降雨强度条件下，坡面产流量占总降雨量的比例随坡度的变化与降雨强度有关 [图 4-38（b）]。降雨强度为 2.0 mm/min 时，在 6° 和 10° 坡面，比例均大于 50%，而在 15° 坡面比例仅为 35%，这主要是坡度越大，径流侵蚀动力越大，导致降雨转化为壤中流和渗漏的比例越大。降雨强度增加到 3.0 mm/min 后，产流量占总降雨量的比例随坡度增加而增大，但不同坡度下差异不明显，说明降雨强度增加到一定程度后，坡度的影响有限。

不同坡度与降雨强度条件下，壤中流产流量占总降雨量的比例与坡面产流相反，即坡面产流量占的比例越大，壤中流产流量越小。由图 4-39 可知，不同条件下，壤中流产流量占总降雨量的比例均小于 20%。不同坡度的坡面壤中流产流量占总降雨量的比例与降雨强度总体呈负相关，坡度为 15° 时，降雨强度为 2.5 mm/min 坡面壤中流产流量占总降雨量的比例达到最小，为 10% 左右；10° 坡面在降雨强度为 3.5 mm/min 时，坡面壤中流产流量占总降雨量的比例达到最小值，为 5% 左右；而在 6° 坡面，降雨强度为 4 mm/min 的坡面壤中流产流量占总降雨量的比例最小，为 3% 左右。可见，坡度越大，壤中流产流量占总降雨量的比例最小值越大。由于土壤入渗能力有限，随着降雨强度增大，发生超渗产流，入渗量不再随着降雨强度的增加而增大，因此壤中流产流量占总降雨量的比例随着降雨强度的增加呈显著减小趋势。

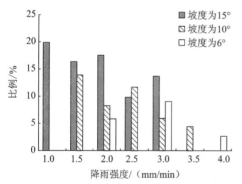
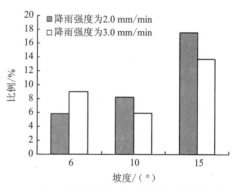

（a）壤中流产流量占总降雨量比例随降雨强度变化　　（b）壤中流产流量占总降雨量比例随坡度变化

图 4-39　壤中流产流量占总降雨量比例随降雨强度及坡度变化

降雨强度相同时，随坡度增加，壤中流产流量占总降雨量的比例总体呈增大趋势。降雨强度为 2.0 mm/min 和 3.0 mm/min 时，壤中流产流量占总降雨量的比例均在坡度为 15° 时最大，分别为 18% 和 14%。当降雨强度相同时，坡度越大，有效降雨面积越小，总降雨量减小，壤中流水力坡度增大，径流速度增大，导致壤中流产流量增加，占总降雨量的比例也有所增大。

2. 产沙

在降雨过程中，输移泥沙主要来自坡面和壤中流。由图 4-40 可知，坡面产沙量远大于壤中流产沙量。不同坡度条件下，壤中流产沙量占总产沙量的比例随降雨强度增加总体呈减小趋势，相反，坡面产沙量占总产沙量的比例有所增加。坡度为 6°和 10°时，壤中流产沙量占总产沙量的比例均小于 20.00%；降雨强度大于 3 mm/min 后，在 10°坡面壤中流产沙量占总产沙量的比例（1.66%和 1.20%）远小于 1.5 mm/min 降雨强度时的比例（16.67%）。坡度为 15°时，壤中流产沙量占总产沙量的比例降到 10.00%以下，随降雨强度的增加，比例基本呈下降趋势，但不同降雨强度间差异较小。

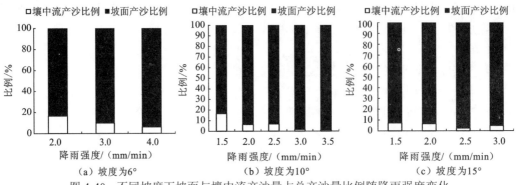

图 4-40　不同坡度下坡面与壤中流产沙量占总产沙量比例随降雨强度变化

降雨强度为 2.0 mm/min 时，坡度从 6°增加到 15°时，壤中流产沙量占总产沙量比例从 16.64%减小到 6.42%和 6.70%；降雨强度为 3.0 mm/min 时，坡度从 6°增加到 15°时，壤中流产沙量占总产沙量比例从 10.00%减小到 1.66%和 4.79%。从图 4-41 可见，不同降雨强度下，壤中流和坡面产沙量占总产沙量比例随坡度增加的变化趋势基本相同，即坡度越大，壤中流产沙量占比越小，坡面产沙量占比越大。

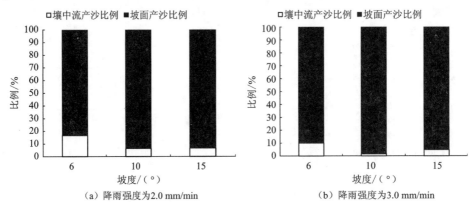

图 4-41　不同降雨强度下坡面与壤中流产沙量占总产沙量比例随坡度变化

壤中流产沙量占坡面产沙量的比例均小于 20%，随降雨强度增加其变化趋势基本相同。坡度为 6°时，壤中流产沙量占坡面产沙量的比例显著大于坡度为 10°和 15°时的比例（图 4-42）。通过分析可知，降雨量大于土壤入渗能力时，随着降雨强度的增大，壤中流产流量不会发生显著增大，导致壤中流产沙量也无显著增加；而坡面径流会随降雨强度增加而增大，导致产沙量显著增大。因此，随降雨强度增加，壤中流产沙量占坡面产沙量的比例是显著降低的。

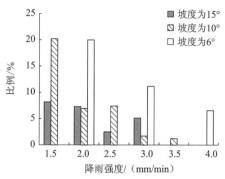
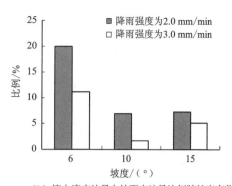

（a）壤中流产沙量占坡面产沙量比例降雨强度变化　　　（b）壤中流产沙量占坡面产沙量比例随坡度变化

图 4-42　壤中流产沙量与坡面产沙量比例随降雨强度及坡度变化

4.3　坡面细沟发育过程与特征

4.3.1　多目立体摄影测量技术

近景立体摄影测量是基于对近距离目标物体摄取的立体像进行摄影测量的技术。其最早出现于 1840 年，由法国陆军上校劳赛达特发明并应用于地形图绘制。劳赛达特本人也因在该领域开创性的研究，被称为"摄影测量之父"。

近年来，随着现代数码相机和相关摄影测量软件的飞速发展，近景立体摄影测量技术已成为相当成熟的高精度空间信息和三维模型的重要获取手段。为了准确观测坡面细沟发育过程，即坡面微地形时空演变，本试验中我们研发了一套多目立体摄影测量系统，用于高精度采集细沟发育形态特征，为定量化研究细沟发育提供数据基础。

1. 多目立体摄影测量设备

本试验中使用的立体摄影测量系统是由长江科学院水土保持研究所研发的，它是基于多目立体摄影测量系统 CKC-01，包括多目相机组、立体定标尺和拼接软件三个部分。

本系统多目相机组由同朝向的 4 台佳能 S100 相机等间距（按照小区宽度调整）安装在固定杆上，如图 4-43 所示。佳能 S100 相机像素为 1 210 万，最高分辨率为 4 000×3 000，实际焦距为 5.2～6.0 mm。

图 4-43　CKC-01 多目相机组

本系统立体定标尺是一块 60 cm 大三角板两直角边及其延长尺,并安装气泡水平仪,它们是确定 X、Y、Z 轴的方向和量度建模的基准,CKC-01 立体定标尺如图 4-44 左下角所示。

图 4-44　CKC-01 立体定标尺

本系统拼接软件使用 Agisoft PhotoScan Professional,其是一款利用多视图三维重建技术,基于影像自动生成高质量三维模型的软件(CKC-01 拼接软件工作界面和坡面模型如图 4-45 所示)。它能对任意照片通过高精度控制点生成真实坐标的带精细色彩纹理三维模型。

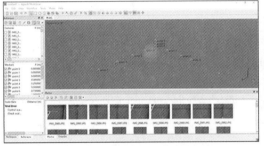

（a）CKC-01拼接软件工作界面　　　　　　　（b）坡面模型

图 4-45　CKC-01 拼接软件工作界面和坡面模型

2. 多目立体摄影测量技术流程

本流程主要分为如下五大部分（图 4-46）。

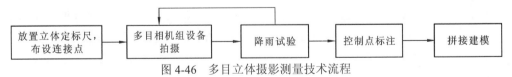

图 4-46　多目立体摄影测量技术流程

（1）放置立体定标尺,布设连接点。在坡面顶部左角放置立体定标尺,并根据气泡水平仪调整其纵向居中、横向水平,最后压实放稳,防止试验过程中移动。在坡面边缘布设足够多的监测点为后期拼接处理提供连接点。

（2）多目相机组设备拍摄。多目立体摄影的工作原理是将多目相机组设备放置于同一水平线,垂直向下拍摄土壤坡面,与坡面垂直距离和相邻照片间隔距离都根据摄像机的分辨率来定。本试验中坡面宽为 1 m,最终选定垂直高度为 1 m、每组拍摄相邻距离为 0.3 m。工作路径则是按照由坡上到坡下的顺序对坡面进行拍摄,本试验中每一时段坡面单次共拍摄 40 张照片,每个坡面拍摄两次用于后期拼接。

（3）降雨试验。开展降雨试验，接取表面径流和壤中流，采用烘干法测定坡面径流的产流量及产沙模数。等固定时间后停止降雨，重复（2）多目相机组设备拍摄，循环这两个操作直到整个试验结束。

（4）控制点标注。收集整理试验照片后，将其按拍摄场次分组导入到 Agisoft PhotoScan Professional 软件中，并分别对立体定标尺上控制点和布设的连接点在影像上进行坐标标注，为建模提供重要的空间信息参考。

（5）拼接建模。利用 Agisoft PhotoScan Professional 软件，按照摄影测量标准流程进行对齐照片、建立密集点云、生成网格、生成纹理等拼接建模操作，最终生成高精度纹理的三维模型，并导出高分辨率高精度的 DEM 图和 DOM。

4.3.2　细沟发育过程

1. 不同降雨强度

降雨强度是影响坡面细沟发育的主要因素，以坡度为 15° 的坡面为例，随降雨历时增加，不同降雨强度条件的坡面均有细沟发育，且降雨强度越大，细沟发育程度越剧烈（图 4-47）。为了探究降雨强度和坡度对红壤坡面细沟侵蚀的影响，沈海鸥（2015）用细沟密度、细沟复杂度、细沟宽深比、细沟倾斜度和细沟割裂度 5 项指标来表征坡面细沟形态特征。细沟割裂度作为客观表征红壤坡面上细沟的破碎程度和侵蚀强度的量纲为一参数，是参照地面割裂度进行定义的，是指在单位研究区域内坡面细沟的平面面积总和。细沟宽深比作为细沟宽度与其对应深度的比值，是一个量纲为一参数，它可以客观反映不同试验环境下细沟沟槽形状的变化情况。细沟复杂度能够直接反映细沟网的丰富度。

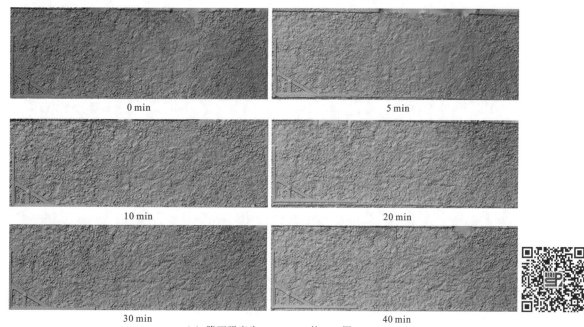

（a）降雨强度为2.0 mm/min的DEM图

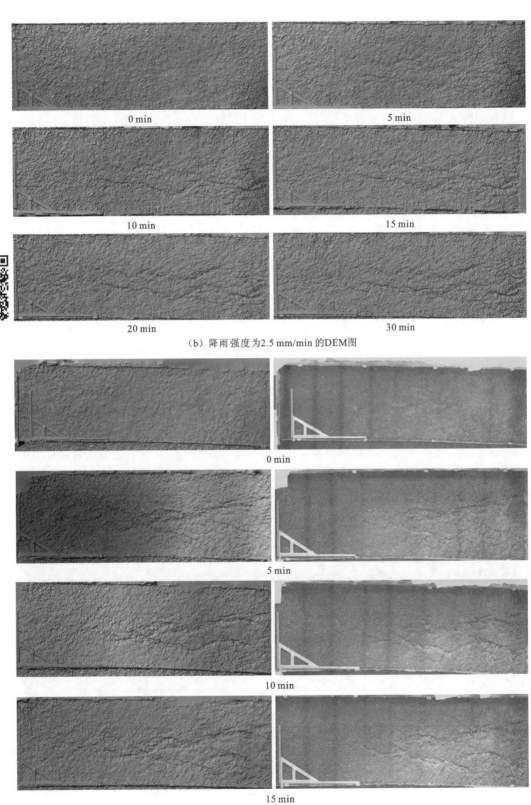

（b）降雨强度为2.5 mm/min 的DEM图

25 min

（c）降雨强度为3.0 mm/min的DEM图和DOM

图 4-47　坡度为 15° 时不同降雨强度条件下固定时段坡面 DEM 图和 DOM

2. 不同坡度

从降雨强度为 3.0 mm/min，坡度为 6°、10° 和 15°，降雨至 0 min、5 min、10 min、15 min 和 25 min 时坡面的 DEM 图可以看出，相同降雨强度，坡度越大，细沟发育越明显（图 4-48）。与上一节相同，利用细沟密度、细沟复杂度、细沟宽深比和细沟割裂度来量化相同降雨强度不同坡度条件下，坡面的细沟发育特征。细沟密度、细沟割裂度和细沟复杂度在同一降雨强度下随坡度的变化幅度不同，但均随坡度增大呈增大趋势，而细沟宽深比随坡度的变化与之相反。

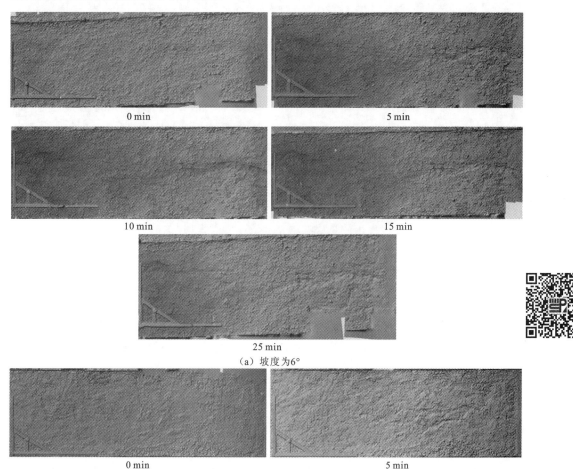

0 min   5 min

10 min   15 min

25 min

（a）坡度为 6°

0 min   5 min

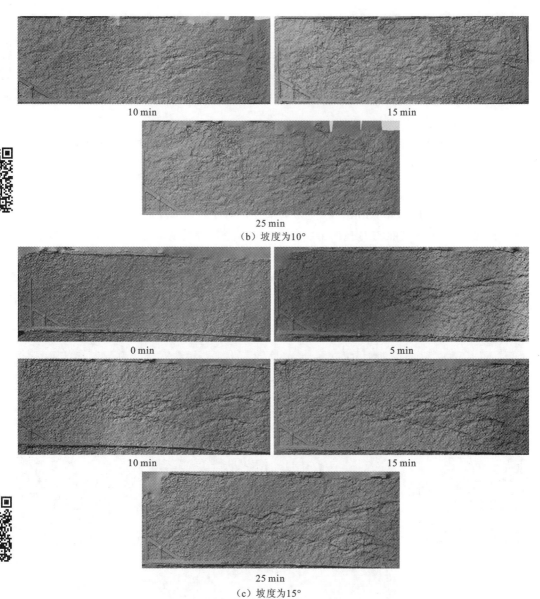

10 min   15 min

25 min
（b）坡度为10°

0 min   5 min

10 min   15 min

25 min
（c）坡度为15°

图 4-48 降雨强度为 3.0 mm/min 时不同坡度固定时段下的 DEM 图

4.3.3 细沟形态特征

1. 不同降雨强度

在本书中，笔者提取不同降雨时段的坡面细沟密度、细沟复杂度、细沟宽深比和细沟割裂度数据。笔者通过对比分析相同坡度下红壤坡面细沟形态特征指标随降雨强度的变化，发现在模拟降雨试验中，细沟密度、细沟割裂度和细沟复杂度在同一坡度下随降雨强度的变化趋势较为一致，都是随着降雨强度的增大而增大，而细沟宽深比的变化与之相反（表 4-10）。坡度为 6°、10° 和 15°，降雨强度从 2.0 mm/min 增加到 3.0 mm/min 时，细沟密度分别增加 43.28%、45.45% 和 62.65%，细沟割裂度分别增加 50.00%、75.00% 和 100.00%，细沟复杂度增长率分别为 31.40%、34.41% 和 30.84%，细沟宽深比的减小率分别是 17.20%、37.66% 和 36.08%。

表 4-10　不同降雨强度和坡度条件下红壤坡面细沟形态特征指标

坡度/(°)	降雨强度 /(mm/min)	坡面细沟形态特征指标			
		细沟密度 ρ	细沟割裂度 μ	细沟复杂度 c	细沟宽深比 R_{WD}
6	3.0	0.96±0.08	0.06±0.02	1.13±0.08	2.31±0.23
	2.0	0.67±0.10	0.04±0.01	0.86±0.07	2.79±0.11
10	3.0	1.12±0.17	0.07±0.00	1.25±0.01	1.49±0.05
	2.5	0.92±0.09	0.05±0.01	1.09±0.07	2.01±0.13
	2.0	0.77±0.14	0.04±0.00	0.93±0.08	2.39±0.01
15	3.0	1.35±0.15	0.08±0.02	1.40±0.02	1.01±0.09
	2.5	1.01±0.13	0.06±0.01	1.21±0.08	1.33±0.11
	2.0	0.83±0.06	0.04±0.01	1.07±0.01	1.58±0.08

　　一般来说，随着降雨强度的增加，坡面的产流率也在增大，大部分的表面径流都经过细沟，导致细沟内径流的流量增大，径流的侵蚀能力增强，增大细沟的溯源侵蚀能力，向上扩大侵蚀，细沟内股流对细沟边壁的侵蚀也逐渐加强，更早地产生跌坎和细沟，进一步加剧了细沟侵蚀的速度，所以细沟密度、细沟割裂度和细沟复杂度逐渐增大。造成细沟宽深比逐渐减小的原因是在细沟发育的过程中，同时发生着沟壁坍塌侵蚀和细沟溯源侵蚀，其中：沟壁坍塌侵蚀是细沟内股流的冲刷搬运作用，导致细沟的沟壁随细沟发育逐渐向外扩张；细沟溯源侵蚀是细沟源头由于细沟内股流的下切作用力而不断向上发育的侵蚀作用，而细沟宽深比的递减说明相同坡度下降雨强度的变化会导致细沟发育的溯源侵蚀强度增强的幅度大于沟壁坍塌的增强幅度。

　　降雨强度对细沟密度、细沟割裂度、细沟复杂度和细沟宽深比都有不同程度的影响，这四项指标分别从不同的角度对细沟侵蚀和细沟形态进行了评价。通过侵蚀速率与细沟形态指标的相关分析（表 4-11），坡面侵蚀速率 S_t 和细沟侵蚀速率 S_r 呈现了极显著的正相关，其相关系数达到了 0.946，说明细沟侵蚀在红壤坡面侵蚀中占有重要地位，即细沟侵蚀的强弱可以反映坡面侵蚀的强弱。研究结果也显示坡面侵蚀速率 S_t 与细沟密度、细沟割裂度和细沟复杂度都呈现了极显著的正相关，与细沟宽深比呈现极显著的负相关。各项指标之间的相关关系中，细沟割裂度与其他三项指标的相关性最高，其他依次呈现着不同程度的相关性。因此在用细沟形态指标表征细沟侵蚀速率和细沟形态特征时，可将细沟割裂度 μ 作为最佳指标。

表 4-11 侵蚀速率与细沟形态指标的相关分析

	坡面侵蚀速率 S_t	细沟侵蚀速率 S_r	细沟密度 ρ	细沟割裂度 μ	细沟复杂度 c	细沟宽深比 R_{WD}
坡面侵蚀速率 S_t	1.000					
细沟侵蚀速率 S_r	0.946	1.000				
细沟密度 ρ	0.749	0.881	1.000			
细沟割裂度 μ	0.764	0.829	0.907	1.000		
细沟复杂度 c	0.846	0.918	0.820	0.885	1.000	
细沟宽深比 R_{WD}	-0.733	-0.884	-0.839	-0.768	-0.900	1.000

注：表中有效值皆满足 $p<0.05$；$n=9$。

2. 不同坡度

1）细沟密度

在相同的前期处理和试验条件下，降雨强度为 2.0 mm/min，坡度从 6° 增加到 10° 和从 10° 增加到 15° 的情况下，细沟密度随之增加，其增长率分别是 14.93% 和 7.79%；在降雨强度为 2.5 mm/min 和 3.0 mm/min，坡度从 10° 增加到 15° 时，细沟密度增长率分别是 9.78% 和 20.54%（表 4-12）。随着坡度的增加，细沟内股流的平均流速也呈现增长趋势，流速的增长会加大对上游的溯源侵蚀强度，细沟密度自然也随之增加，其次坡度的增加会减小坡面产流初始时期的径流汇流时间，径流越早汇流，越早对坡面产生冲刷，相同降雨时长下对应的坡面细沟冲刷时间越长，其细沟密度也就越大。

表 4-12 不同降雨强度和坡度条件下红壤坡面细沟形态特征指标

降雨强度 /（mm/min）	坡度/（°）	坡面细沟形态特征指标			
		细沟密度 ρ	细沟割裂度 μ	细沟复杂度 c	细沟宽深比 R_{WD}
2.0	6	0.67±0.10	0.04±0.01	0.86±0.07	2.79±0.23
	10	0.77±0.14	0.04±0.00	0.93±0.08	2.39±0.05
	15	0.83±0.06	0.04±0.01	1.07±0.01	1.58±0.09
2.5	10	0.92±0.09	0.05±0.01	1.09±0.07	2.01±0.13
	15	1.01±0.13	0.06±0.01	1.21±0.08	1.33±0.11
3.0	6	0.96±0.08	0.06±0.02	1.13±0.08	2.31±0.11
	10	1.12±0.17	0.07±0.01	1.25±0.01	1.49±0.01
	15	1.35±0.15	0.08±0.02	1.40±0.02	1.01±0.08

注：表中数据的形式为平均值±校准差。

比较降雨强度和坡度对细沟密度产生的影响，从增长率方面来看，降雨强度由 2.5 mm/min 增加到 3.0 mm/min 时的增长率明显大于降雨强度由 2.0 mm/min 增加到 2.5 mm/min 时的增长率，而随着坡度增大的细沟密度增长率跨度更大，所以相对于降雨强度，坡度对细沟密度的影响更大。

2）细沟割裂度

在本书试验条件下，细沟割裂度的变化范围是 0.04～0.08，相同降雨强度下，细沟割裂度随坡度的增大都呈现出不同程度的增大。在降雨强度为 2.0 mm/min 时，不同坡度下的细沟割裂度均在 0.04 左右；当降雨强度为 2.5 mm/min，坡度从 10°增加到 15°时，细沟割裂度增加 20.00%；当降雨强度为 3.0 mm/min，坡度从 6°增加到 10°和从 10°增加到 15°时，细沟割裂度分别增加了 16.67%和 14.29%（表 4-12）。作为客观表征红壤坡面上细沟的破碎程度和侵蚀强度的量纲为一参数，细沟割裂度的增加说明区域内细沟所占面积比增大，即细沟的侵蚀强度更加剧烈，这与之前细沟侵蚀量的增加规律相同，原因是在坡度增加的情况下，坡面径流的侵蚀能力得到提高，细沟内股流对细沟边壁的侵蚀也逐渐加强，导致最终细沟的面积增大，细沟割裂度随之增加。与降雨强度变化下的细沟割裂度增幅相比，细沟割裂度对降雨强度的变化更为敏感。随着坡度的增加，坡面细沟割裂度的增幅明显加大，说明降雨强度和红壤坡度都会影响细沟割裂度，即相同降雨量的条件下，降雨强度和坡度都会影响细沟的发育，降雨强度的加大会直接加大细沟割裂度的增加率，而坡度的增加会进一步加剧细沟的形成过程，使细沟割裂度更大。

3）细沟复杂度

细沟复杂度是用于反映细沟网的丰富度，在本书试验条件下，细沟复杂度的范围是 0.86～1.40，随着坡度的增加，细沟复杂度随之增加。在降雨强度为 2.0 mm/min，坡度从 6°增加到 10°和从 10°增加到 15°的情况下，细沟复杂度随之增加，其增长率分别是 8.14%和 15.05%；在降雨强度为 2.5 mm/min 和 3.0 mm/min，坡度从 10°增加到 15°条件下的增长率分别是 11.01%和 12.00%（表 4-12）。笔者结合数据发现，细沟复杂度在一定降雨强度下，随着坡度的增加，其随坡度增加的增加率也在不断增加，说明在坡度区间为 6°～15°，某一降雨强度下的细沟网丰富度随坡度变化的增幅加快。与降雨强度变化下的细沟复杂度相比，细沟复杂度对坡度变化更为敏感。

4）细沟宽深比

细沟宽深比反映的是不同试验环境下坡面细沟沟槽形状的变化情况，在本书试验中，它的变化范围是 1.01～2.79（表 4-12）。同一降雨强度下，随坡度增加，其对应的细沟宽深比逐渐降低。在降雨强度为 2.0 mm/min，坡度从 6°增加到 10°和从 10°增加到 15°的情况下，细沟宽深比的减小率分别是 14.34%和 33.89%；在降雨强度为 2.5 mm/min 和 3.0 mm/min，坡度从 10°增加到 15°条件下细沟宽深比的减小率分别是 33.83%和 32.21%。造成细沟宽深比逐渐减小的原因除上述细沟发育的溯源侵蚀强度增强的幅度大于沟壁坍塌的增强幅度外，还有坡度的增加也改变了径流和坡面表层土壤的受力状态，红壤坡度区间在 6°～15°时，坡度越大，细沟内股流对细沟底部土槽的冲刷能力也随之增强，致使细沟的深度进一步加大，而宽深比进一步减小。与降雨强度变化下的细沟宽深比相比，细沟宽深比对坡度变化更为敏感。

4.3.4 细沟发育临界条件

对于某一坡度的地块，一次暴雨中细沟总是在一定的坡长处发生。这是由于细沟侵蚀的发生需要一定的坡长来汇集径流，这一坡长称为细沟发育的临界坡长。通过降雨模拟试验研究不同坡度和降雨强度条件下，坡面细沟发育的临界坡长，进而在临界坡长处通过各种措施控制暴雨下细沟的发生将极大地降低坡面侵蚀量。

坡度为 6°，降雨强度为 2.0 mm/min、3.0 mm/min 和 4.0 mm/min 时，红壤坡面均有细沟发育，但细沟的发育及跌坎的发育非常缓慢。坡度为 10°，降雨强度为 1.5 mm/min 和坡度为 15°，降雨强度为 1.0 mm/min 时，红壤和紫色土坡面在降雨过程中细沟发育及跌坎的发育非常缓慢，临界坡长无显著差异，均大于 5 m。坡度或降雨强度较小时，细沟发育均不明显。

坡度为 10°，降雨强度大于 1.5 mm/min 时，细沟发育的临界坡长随降雨强度的增加显著减小；当降雨强度达到最大（3.5 mm/min）时，红壤坡面临界坡长为 3.55 m，紫色土坡面临界坡长为 3.60 m，两种土壤坡面细沟发育的临界坡长无显著差异。

坡度为 15°，除降雨强度为 2.5 mm/min、3.0 mm/min，红壤坡面临界坡长基本与降雨强度呈负相关（图 4-49）。这主要是由于降雨强度越大，发生细沟侵蚀所需要的汇流面积越小，因此临界坡长也越短。从图 4-49 中也可以明显看出，相同降雨强度条件下，坡度为 15° 时细沟发育的临界坡长明显小于坡度为 10° 的临界坡长（不包括降雨强度为 3.0 mm/min 时的临界坡长），且降雨强度为 2.0 mm/min 时差异最大（1.28 m）。坡度越大，径流到坡面下部时的动能越大，对表层土壤的破坏作用越大，因此相同降雨强度条件下，坡面相同位置更容易产生细沟，细沟发育所需的汇流面积减小，导致临界坡长减小。

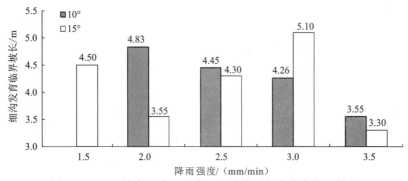

图 4-49　不同坡度和降雨强度下红壤坡面细沟发育临界坡长

4.4　小　结

（1）不同坡度的红壤坡面降雨强度越大，坡面产流量、产沙模数、入渗率的变化幅度和变异系数越大。坡面产流量和入渗率与降雨强度总体呈正相关，而产沙模数和输沙率与降雨强度关系受坡度影响较大，即在 6° 和 15° 坡面分别呈负相关和正相关，在 10° 坡面呈先增大后减小趋势，存在明显拐点。同样，不同降雨强度下坡面的产流量、产沙模数与坡度关系区别较大，1.5 mm/min 和 3.0 mm/min 降雨强度下，产流量、产沙模数与坡度呈正相关；而在 2.0 mm/min 的降雨强度下，产沙模数随坡度的变化存在拐点。不同降雨强度和坡度条件下，随降雨历时的增加，坡面产流量、产沙模数呈先增加后降低的波动变化，最后逐渐趋于稳定，降雨强度和坡度越大，坡面产沙模数峰值越大；而入渗率均呈逐渐降低并趋于稳定的趋势，坡度越小，坡面稳定入渗率越大。不同土壤类型坡面产流产沙受降雨强度和坡度的影响较大，在 10° 坡面不同降雨强度下，紫色土产流量大于红壤，但产沙模数与之相反，随降雨强度的增大，两种土壤产流产沙的差异减小；坡度为 15°，降雨强度较小情况下，红壤坡面产流量、产沙模数显著大于紫色土。基于多因素方差分析，降雨强度和坡度是影响坡面产流产沙的主要因素，其中，降雨强度对坡面产流产沙的贡献率分别达 49.30% 和 57.58%，远大于坡度、土壤类型及各因子的交互作用。基于非线性最优拟合方法，可利用坡度和降雨强度对坡面产流量及产沙模数进行预测，且在坡面产流量较大和产沙模数较小时，预测效果较好。

（2）在红壤坡面不同位置，坡面流速总体随降雨历时的增加而增大，且坡面下部流速显著大于中部及上部。不同降雨强度条件下，细沟内流速与降雨强度呈正相关，坡度为 15° 时，细沟内平均径流流速是坡面的 1.5～1.7 倍。降雨强度和坡度较小时，红壤坡面流速显著小于紫色土，但红壤坡面流速的增加幅度大于紫色土。降雨强度和坡度较大时，两种土壤坡面流速差异不明显。降雨强度和坡度对于径流平均流速、雷诺数、弗劳德数及阻力系数都具有不同程度的影响，其中，降雨强度对于径流平均流速这项水力学指标最为敏感，而坡度对于弗劳德数这项水力学指标最为敏感。径流平均流速、雷诺数和弗劳德数这三项指标都是随着降雨强度的增大而不同程度的增大，而阻力系数则是随着降雨强度的增大呈现出递减的趋势。

（3）壤中流是坡面径流的重要组成部分，壤中流产流量与降雨强度关系不明显，起伏波动较大，但与坡度呈显著正相关。壤中流产沙模数与降雨强度和坡度均呈负相关，在降雨后期更加明显。不同坡度和流量条件下，紫色土的壤中流平均产流量均显著大于红壤的壤中流产沙模数。而产沙模数与坡度和降雨强度有关，降雨强度与坡度较小时，紫色土坡面壤中流产沙模数大于红壤的壤中流产沙模数；降雨强度与坡度较大时，其关系相反。基于各因子贡献率分析，坡度是影响壤中流产流量和产沙模数最主要因素，贡献率分别为 18.86% 和 22.86%；降雨强度与坡度的交互作用对壤中流产流量的贡献率为 12.64%；土壤类型及其与坡度的交互作用对壤中流产沙模数贡献仅次于坡度，贡献率分别为 15.04% 和 16.56%。

（4）坡面表层产流产沙是坡面水土流失的主要途径。不同坡度和降雨强度条件下，坡面产流量占总降雨量的比例均小于 60%，坡面产流所占比例越大，壤中流产流量占比越小。10° 和 15° 坡面，坡面产流量占比随降雨强度增加呈增大趋势，降雨强度达到 2.0 mm/min 后，趋于稳定。坡面产流量占比随坡度变化与降雨强度有关，降雨强度为 3.0 mm/min 时，坡面产流量占比与坡度呈正相关；而降雨强度为 2.0 mm/min，坡度为 15° 时占比最小。

壤中流产流量占总降雨量的比例均小于 20%，与降雨强度呈负相关，与坡度呈正相关。坡面产沙量远大于壤中流产沙量。壤中流产沙量比例随降雨强度和坡度的增加总体呈减小趋势，坡面产沙量占比与之相反。

（5）为了准确观测坡面细沟发育过程，即坡面微地形时空演变，长江科学院水土保持研究所研发了一套多目立体摄影测量系统，用于高精度采集细沟发育形态特征。细沟密度、细沟割裂度和细沟复杂度随着降雨强度和坡度的增大而增大，而细沟宽深比的变化与之相反。细沟割裂度可作为表征细沟侵蚀速率和细沟形态特征的最佳细沟形态指标。坡度或降雨强度较小时，红壤和紫色土坡面在降雨过程中细沟发育及跌坎的发育非常缓慢，临界坡长无显著差异，均大于 5 m。坡面临界坡长和降雨强度与坡度总体呈负相关。坡度为 10°，降雨强度大于 1.5 mm/min 时，细沟发育的临界坡长随降雨强度的增加显著减小，降雨强度达到 3.5 mm/min 时，红壤与紫色土坡面临界坡长无显著差异，10° 和 15° 的红壤坡面细沟发育临界坡长分别为 3.55 m 和 3.30 m。

第 5 章

南方坡耕地典型措施
水土保持效益原位试验

5.1 试 验 设 计

针对南方红壤区农业活动和发展模式的特点，以坡面小区为单元，研究不同处理措施的坡耕地产流产沙特征，探讨坡耕地侵蚀产沙机制，建立南方红壤丘陵区坡耕地不同处理措施下侵蚀产流产沙预报模型，为指导南方红壤丘陵区坡耕地水土流失防治，合理利用坡耕地资源提供科学依据和技术支持。

5.1.1 试验区概况

试验在江西水土保持生态科技园内进行。科技园地处江西省九江市德安县燕沟小流域（115°23′~115°53′E，29°10′~29°35′N），属亚热带季风气候，多年平均降雨量在 1 395.6 mm 以上，平均海拔 30~90 m。土壤为第四纪红壤，土层深 0.5~1.5 m，植被属亚热带常绿阔叶林。科技园区位于我国红壤中心区域，属全国土壤侵蚀二级类型区区划中的南方红壤区，是南方红壤丘陵区的典型代表。

5.1.2 试验方法

试验区选择在山坡的中下部，坡面土层厚度为 1.5 m 左右，土壤 pH 为 5.0，有机质质量分数为 1.55%，全氮值为 0.08%，全磷值为 0.07%，全钾值为 1.7%，C/N 值为 7.5，速效养分低，具有酸、黏、板、瘦等不良特性。

同一坡面上共布设了 15 个标准小区和 3 个渗漏小区。15 个标准小区水平投影面积为 100 m²，坡度均为 12°，小区周边设置围坝，围坝高出地表 30 cm，埋深 45 cm，用混凝土砖块砌成。每个小区下面筑有矩形集水槽，承接小区径流及泥沙，并引入径流池。径流池根据当地可能发生的最大暴雨和径流量设计成 A、B、C 三池，每个池均按 1.0 m×1.0 m×1.2 m 方柱形构筑。A、B 两池在墙壁两侧 0.74 m 处装有五分法 60°"V"形三角分流堰，其中 A 池 4 份排出，内侧 1 份流入 B 池；B 池与 A 池一样，4 份排出，1份流入 C 池。每个池都进行率定，池壁均安装有搪瓷水尺，能直接读数，计算地表径流量。除对照小区外，每个小区栽植柑橘 12 株。

3 个渗漏小区水平投影面积为 75 m²，坡度为 14°，小区周围及底部采用 20 cm 厚的钢筋混凝土浇筑，坡脚修筑挡土墙，形成一个封闭排水式土壤入渗装置。每个小区自上而下总共设置四个出水口，最上部为地表径流出水口，安装 QYJL-006 便携式地表坡面径流及泥沙自动测量仪，监测产流产沙过程，用塑胶管连接到地表径流池，其他三个出口分别承接地下 30 cm、60 cm 的壤中流和 105 cm 的地下径流，分别用塑胶管连接到各自地下径流池（地表径流池设计与标准小区相同）。A 池、壤中流和地下径流池均配置自记水位计，能全天动态记录径流过程。

18 个小区共分为五个类型，即植物措施小区（1、2、3、5、6、7）、耕作措施小区

（8、9）、工程措施小区（11、12、14、15）及渗漏小区（16、17、18）、对照小区（4、10、13）。各试验小区设计及处理情况如下。

第 1 小区：全园覆盖百喜草，植被结构为果树—草；第 2 小区：带状覆盖百喜草，带状间隔 1.10 m，植被结构为果树—草；第 3 小区：带状覆盖百喜草，间种黄豆或萝卜，每年夏季（4 月 12 日～8 月 10 日）种黄豆，冬季（8 月 12 日～次年 3 月 12 日）种萝卜，植被结构为果树—草—作物；第 4 小区：全园裸露，以供对照；第 5 小区：全园覆盖宽叶雀稗，植被结构为果树—草；第 6 小区：带状覆盖狗牙根，带状间隔 1.10 m，植被结构为果树—草；第 7 小区：全园覆盖狗牙根，植被结构为果树—草；第 8 小区：横坡耕作，套种黄豆和萝卜，每年夏季（4 月 12 日～8 月 10 日）种黄豆，冬季（8 月 12 日～次年 3 月 12 日）种萝卜，植被结构为果树—作物；第 9 小区：顺坡耕作，套种黄豆和萝卜，每年夏季（4 月 12 日～8 月 10 日）种黄豆，冬季（8 月 12 日～次年 3 月 12 日）种萝卜，植被结构为果树—作物；第 10 小区：净耕柑橘，及时清除地面杂草，植被结构为果树；第 11 小区：前埂后沟水平梯田，梯区平面尺寸为 6 m×5 m，埂坎高 0.3 m，顶宽 0.3 m，排水沟位于梯面内侧，高 0.3 m，宽 0.2 m。梯壁植百喜草，梯面植被结构为果树；第 12 小区：梯壁植草水平梯田，梯壁植百喜草，梯面植被结构为果树；第 13 小区：梯壁裸露水平梯田，柑橘清耕，及时清除梯面和梯壁杂草，梯壁不植草，梯面植被结构为果树；第 14 小区：内斜式梯田，梯面内斜，内斜坡度为 5°，梯壁植百喜草，梯面植被结构为果树；第 15 小区：外斜式梯田，梯面外斜，外斜坡度为 5°，梯壁植百喜草，梯面植被结构为果树；第 16 小区：覆盖百喜草，覆盖度为 100%；第 17 小区：敷盖百喜草，将百喜草刈割后敷盖于地表，敷盖度 100%，厚度约 15 cm；第 18 小区：裸露对照。

此外，在小区边上设置一个 16 m×12 m 的气象观测站，并实现气象数据全自动监测。小区管理均按《水土保持试验规范》（SL 419—2007）标准进行，观测项目主要包括：降雨、产流、侵蚀产沙。降雨：主要通过气象数据全自动监测系统获取，包括降雨量、降雨历时和降雨强度等指标。产流：15 个标准小区通过径流池测量产流，3 个渗漏小区通过自记水位计获取地表径流、壤中流和地下径流的变化过程。侵蚀产沙：18 个小区每次产流过后，将径流池水分充分搅拌均匀，分上、中、下三层取样混合，再从中取出 1 000 cm^3 浑水样，室内烘干求得泥沙含量，将其乘以池水量即可得出此次降雨的土壤侵蚀量。

5.2　降雨特征分析

降雨是水土流失的源动力，与坡面径流及产沙有密切关系。降雨量、降雨强度、历时、雨型、时空分布及降雨侵蚀力等各方面的特征因子都会影响径流及产沙。

5.2.1　降雨时间分布特征

以 2010 年为例，研究区共降雨 150 次，总降雨量 1 433.0 mm，降雨总历时 828.38 h。

全年最大降雨量、最长降雨历时、最大降雨强度分别为 129.3 mm、37.96 h、20.96 mm/h。

据当地长期观测资料（表 5-1），频率小于 25%为丰水年，大于 75%为枯水年，介于两者之间的为平水年。查得 2010 年为平水年，说明该年度降雨在研究区具有典型代表性。

表 5-1　研究区不同频率下年降雨量

指标	频率/%					
	10	20	25	50	75	90
年降雨量/mm	2 111.0	1 960.2	1 809.5	1 658.7	1 440.9	1 256.6

1. 降雨季度分配特征

该区域降雨以夏季最多，冬季最少，季度降雨特征详见表 5-2。以季节日均值来分析降雨特征，其特征值排序为：日均降雨量，夏季>春季>秋季>冬季；降雨历时，夏季>春季>冬季>秋季；日均降雨强度，夏季>秋季>春季>冬季。因此，从表 5-2 可总结该区域季节降雨特征为：春季绵绵细雨、历时长，降雨强度小；夏季多雨，不仅降雨历时长，而且降雨强度大，秋、冬两季雨水较少，这与多年观测结果吻合，具有该地区的代表性。

表 5-2　研究区季度降雨特征表

指标	季节				观测期指标值
	春季	夏季	秋季	冬季	
天数/d	90	91	92	92	365
降雨量/mm	339.8	838.3	149.1	105.8	1 433.0
季降雨量占总降雨量百分比/%	23.7	58.5	10.4	7.4	100.0
日均降雨量/mm	3.8	9.2	1.6	1.2	4.0
降雨历时/h	313.07	351.75	65.32	98.25	828.39
季降雨历时占总降雨历时百分比/%	37.8	42.5	7.9	11.9	100.0*
日均降雨历时/h	3.48	3.87	0.71	1.07	2.30
日均降雨强度/（mm/h）	1.09	2.38	2.28	1.08	1.70

注：* "100.0" 可能不等于各相关数值之和，因为有些数据进行过舍入修约。

2. 降雨月分配特征

降雨的月分配有三种方式，即均匀分配型（温带降雨的特点）、单峰式分配型（热带降雨的特点）和双峰式分配型（亚热带降雨的特点）。研究区内降雨为双峰式分配型。1～4 月份，降雨量逐月增大，到 4 月份达到最大值，5 月份副热带高压控制本区，降雨量比 4 月份明显下降，随着热带天气系统的影响，6 月份比 5 月份降雨量增多，但 7、8 月份急剧下降，9、10 月份以后降雨量虽略有增多，但一直徘徊在 20～50 mm。

从各月降雨量来看（图 5-1，表 5-3），4、5、6 三月降雨量远远大于其他各月降雨量，约占总降雨量的 58.6%，各月降雨量变异系数为 1.12，说明观测期内各月降雨分布极不均匀。从降雨强度来看，7 月平均降雨强度远大于其他各月平均降雨强度。

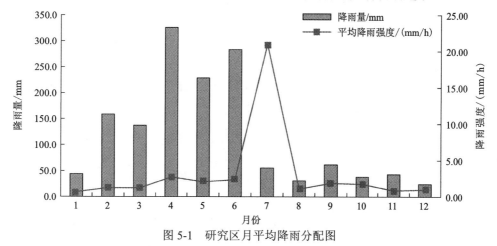

图 5-1　研究区月平均降雨分配图

表 5-3　研究区月平均降雨特征分配表

指标	月份												全年
	1	2	3	4	5	6	7	8	9	10	11	12	
降雨场次/场	6	13	17	23	27	19	1	11	15	6	9	3	150
月降雨场次占全年总场次百分比/%	4.0	8.7	11.3	15.3	18.0	12.7	0.7	7.3	10.0	4.0	6.0	2.0	100.0
降雨量/mm	43.9	158.8	137.1	326.1	228.8	283.4	55.9	31.3	61.9	38.4	43.3	24.1	1 433.0
月降雨量占年降雨量百分比/%	3.1	11.1	9.6	22.8	16.0	19.8	3.9	2.2	4.3	2.7	3.0	1.7	100.0[*]
降雨历时/h	65.4	132.3	115.4	119.6	111.1	121.1	2.7	29.4	33.2	22.1	51.1	25.0	828.4
月降雨历时占年降雨历时百分比/%	7.9	16.0	13.9	14.4	13.4	14.6	0.3	3.6	4.0	2.7	6.2	3.0	100.0
平均降雨强度/（mm/h）	0.67	1.20	1.19	2.73	2.06	2.34	20.96	1.06	1.86	1.74	0.85	0.96	1.73

注：*"100.0" 可能不等于各相关数值之和，因为有些数据进行过舍入修约。

5.2.2　降雨等级分配特征

一次降雨过程的降雨强度是变化的，因此可以用一次降雨过程单位时间的降雨量来描述降雨强度，这就是通常所说的平均降雨强度；也可以用均匀雨段单位时间的降雨量来描述降雨强度，这就是时段降雨强度。因此，一场降雨有多个不同的时段降雨强度，还可以用最大时段降雨强度来描述一场雨的降雨强度。

根据水文学划分降雨等级标准（王礼先和朱金兆，2005），将 2010 年研究区降雨资料整编如表 5-4，并以此建立不同雨型月份堆栈图。

表 5-4　2010 年研究区降雨特征表

雨型	1月 场次	1月 降雨量/mm	2月 场次	2月 降雨量/mm	3月 场次	3月 降雨量/mm	4月 场次	4月 降雨量/mm	5月 场次	5月 降雨量/mm	6月 场次	6月 降雨量/mm	7月 场次	7月 降雨量/mm	8月 场次	8月 降雨量/mm	9月 场次	9月 降雨量/mm	10月 场次	10月 降雨量/mm	11月 场次	11月 降雨量/mm	12月 场次	12月 降雨量/mm	合计 场次	合计 占总量1/%	合计 降雨量/mm	合计 占总量2/%
小雨	1	0.2	1	1.8	2	2.0	6	6.6	7	7.2	7	5.8	—	—	3	1.5	4	2.0	3	1.6	3	2.1	1	0.2	38	25.3	31.0	2.2
中雨	5	43.7	7	22.8	11	34.6	4	15.3	9	19.4	6	6.0	—	—	4	8.2	5	13.3	2	7.0	4	23.7	2	23.9	59	39.3	217.9	15.2
大雨	—	—	5	134.2	2	22.7	6	58.8	4	48.0	3	74.0	—	—	2	13.5	2	1.7	—	—	2	17.5	—	—	26	17.3	370.4	25.8
暴雨	—	—	—	—	2	77.8	6	127.9	7	154.2	2	163.7	—	—	1	3.9	1	8.1	1	29.8	—	—	—	—	20	13.3	565.4	39.5
大暴雨、特大暴雨	—	—	—	—	—	—	1	117.5	—	—	1	33.9	1	55.9	1	4.2	3	36.8	—	—	—	—	—	—	7	4.7	248.3	17.3
合计	6	43.9	13	158.8	17	137.1	23	326.1	27	228.8	19	283.4	1	55.9	11	31.3	15	61.9	6	38.4	9	43.3	3	24.1	150	100.0	1 433.0	100.0

注：1 各类雨型降雨场次占总雨场次的百分比；2 各类雨型降雨量占总降雨量的百分比；3 "100.0"可能不等于各相关数值之和，因为有些数据进行过舍入修约。

图 5-2 和表 5-4 显示, 不同雨型分布具有一定规律性。小雨全年各月份 (7 月份除外) 均有分布, 各月份之间小雨场次占总降雨场次百分比差异不明显。小雨虽然场次较多, 但其降雨量却最少: 全年共有 38 场, 小雨场次仅次于中雨场次, 降雨量占全年总降雨量的 2.2%。中雨场次最多, 全年各月份 (7 月份除外) 均有分布, 但年际之间各月份分配情况起伏不定, 一般非汛期降雨以中雨和大雨为主。中雨的降雨量占全年降雨量比例较小, 但其在非汛期的降雨量占非汛期总降雨量的比重却较大, 仅次于大雨, 全年共有 59 场 (非汛期 31 场), 其降雨量占全年总降雨量的 15.2%, 非汛期的降雨量占非汛期总降雨量的 34.9%。大雨全年共有 26 场, 其降雨量占全年总降雨量的 25.8%, 非汛期的降雨量占非汛期总降雨量的 39.1%。而暴雨、大暴雨及特大暴雨集中分布在汛期: 全年汛期暴雨、大暴雨及特大暴雨共 24 场 (全年 27 场), 降雨量 706.1 mm, 占汛期总降雨量的 70.8%, 占全年总降雨量的 49.3%。由此得出, 汛期 (4~9 月) 不仅降雨量集中, 而且降雨强度大, 属暴雨多发期。

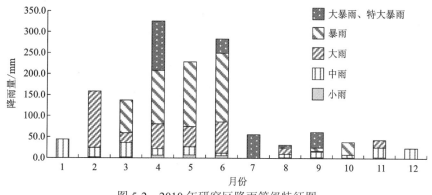

图 5-2 2010 年研究区降雨等级特征图

5.2.3 侵蚀性降雨特征

并不是所有的降雨都能引起水土流失, 只有降雨量或降雨强度达到一定的临界水平时才开始产生土壤侵蚀。因此, 在土壤侵蚀研究中引入了侵蚀性降雨的概念。所谓侵蚀性降雨是指能够引起土壤流失的降雨。谢云等 (2000) 在研究侵蚀性降雨时, 引入了侵蚀性降雨的临界降雨量标准、侵蚀性降雨的一般降雨量标准和侵蚀性降雨的瞬时雨率标准等概念。

侵蚀性降雨的临界降雨量标准是指引起土壤流失的临界降雨量值, 它是以所有产生土壤侵蚀的降雨为分析对象; 侵蚀性降雨的一般降雨量标准是指那些不包括轻微侵蚀在内的侵蚀性降雨的降雨量标准; 侵蚀性降雨的瞬时雨率标准是指引起土壤侵蚀的临界瞬时雨率, 如 10 min 最大降雨量、30 min 最大降雨量等指标。

侵蚀性降雨标准主要是用来评估某一地区可能引起土壤侵蚀的降雨, 以侵蚀性降雨的临界标准作为指标更为实用。考虑到因受降雨雨型、降雨时空和过程变化的影响, 根据一次降雨的降雨量 (降雨强度) 来准确划分侵蚀性降雨与非侵蚀性降雨本身很困难,所以研究中采用概率和统计分析的方法划分出引起红壤坡地土壤流失的单场降雨降雨量（降雨强度）标准。

目前采用的统计分析方法主要有两种。

（1）采用80%经验频率的分析方法，求得较为普遍而又准确的侵蚀性降雨的基本降雨量（降雨强度）标准值，所采用的经验频率公式如下：

$$P_R = \frac{m}{n+1} \times 100\% \tag{5-1}$$

式中：P_R为经验频率值，%；m为某一降雨量（降雨强度）的序列号；n为序列的总样本数。

具体操作方法是：以在此之前至少24 h没有降雨并且在第4小区（裸露对照区）发生轻微及以上等级侵蚀降雨作为统计分析样本，总计得到41个样本。将样本值（单场降雨降雨量或降雨强度）按从大到小的顺序排列，然后用80%经验频率分析方法计算公式求得相应降雨量（降雨强度）的经验频率值，并在频率格纸上绘出频率曲线，从曲线上查得频率值为80%时的降雨量（降雨强度），即为侵蚀性降雨基本降雨量（降雨强度）标准值。

（2）以引起土壤流失的所有降雨为统计分析样本，按降雨量降序排列，并将大于某一降雨量产生的土壤侵蚀量逐个累加，得到N个土壤侵蚀量（Q）和总侵蚀量（q），然后求出大于某一降雨量的侵蚀累计百分比（P_Q），点绘P_e-P_Q关系曲线。

$$P_Q = \frac{Q}{q} \times 100\% \tag{5-2}$$

用这种方法，求得关系式为

$$P_Q = (105.57 - 0.868\ 1P_e)/100 \tag{5-3}$$

式中：P_Q为侵蚀累计百分比，%；P_e为侵蚀性降雨降雨量标准值，mm。

侵蚀性降雨是指能够产生土壤流失的降雨。为了求得红壤坡地降雨侵蚀力的定量数值，首先必须分析和确定这一区域侵蚀性降雨的降雨量和降雨强度标准，以便搜集资料，开展研究工作。

根据上述方法，使用80%经验频率的分析方法求得红壤坡地侵蚀性降雨的基本降雨量标准值为11.7 mm，基本降雨强度标准是1.03 mm/h。

使用经验公式：$P_Q = (105.57 - 0.868\ 1P_e)/100$，令$P_Q = 98\%$，则$P_e = 8.7$ mm；$P_Q = 95\%$，则$P_e = 12.1$ mm。因此，当土壤侵蚀累计百分比为98%时，侵蚀性降雨降雨量的标准值为8.7 mm。同时说明≥8.7 mm降雨量所引起的土壤流失量占总流失量的98%。因此本书研究中采用的侵蚀性降雨降雨量标准值为11.7 mm，符合这一标准的侵蚀量占总流失量的98%以上。

根据侵蚀性降雨标准，表5-5和图5-3显示，研究区全年降雨中有37场降雨属于侵蚀性降雨，占降雨总场次的24.7%，侵蚀性降雨总量1 157.7 mm，占总降雨量的80.8%。其中6、7月份侵蚀性降雨降雨量占当月降雨量比例最高，达95.1%及100.0%，侵蚀性降雨比例最低的11月份，仅为32.8%。侵蚀性降雨的年内分布规律与降雨年内分布规律相似，主要集中在4~7月份，4~7月份的侵蚀性降雨降雨量占总侵蚀性降雨降雨量的68.4%。

表 5-5　研究区侵蚀性降雨各月分配特征

指标	月份												全年
	1	2	3	4	5	6	7	8	9	10	11	12	
降雨场次/场	6	13	17	23	27	19	1	11	15	6	9	3	150
降雨量/mm	43.9	158.8	137.1	326.1	228.8	283.4	55.9	31.3	61.9	38.4	43.3	24.1	1 433.0
侵蚀性降雨场次/场	2	5	3	9	6	5	1	1	2	1	1	1	37
占当月降雨场次/%	33.3	38.5	17.6	39.1	22.2	26.3	100.0	9.1	13.3	16.7	11.1	33.3	24.7
侵蚀性降雨降雨量/mm	33.2	134.2	95.3	287.8	179.1	269.5	55.9	11.8	30.8	29.8	14.2	16.1	1 157.7
占当月降雨量/%	75.6	84.5	69.5	88.3	78.3	95.1	100.0	37.7	49.8	77.6	32.8	66.8	80.8

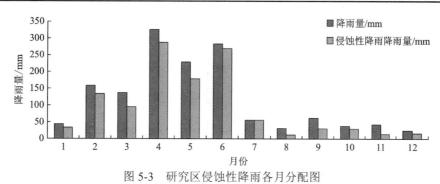

图 5-3　研究区侵蚀性降雨各月分配图

5.2.4　降雨动能特征

本研究采用的为余新晓（1990）在北亚热带季风区红壤坡地上经降雨滴谱资料建立的经验公式，经验证可推广至整个红壤坡地。

$$e = 24.151 + 8.64 \lg i \qquad (5\text{-}4)$$

$$E_n = \sum eP \qquad (5\text{-}5)$$

式中：e 为一次降雨过程中，某一时段的降雨动能，J/m^2；i 为某一时段的降雨强度，mm/min；E_n 为一次降雨的总动能，J/m^2；P 为某一时段的降雨量，mm。

利用 2010 年 150 场降雨记录，通过上述经验方程分别计算出各场降雨的总动能，并读取对应的降雨量（表 5-6 和图 5-4）。观测期间，1 433.0 mm 的降雨带来了 20 525.7 J/m^2 的动能，其中最大单场降雨动能出现在 2010 年 4 月 18 日，8.58 h 内共降雨 117.5 mm，产生动能 2 249.6 J/m^2，占当月（2010 年 4 月）降雨总动能的 44.4%。4~6 月降雨动能最大，达 12 567.3 J/m^2，占全年降雨总动能的 61.2%。最大月降雨动能为 4 月份，达 5 072.2 J/m^2，最小月降雨动能为 1 月份，仅 206.6 J/m^2。

表5-6　研究区降雨动能月分配特征

指标	月份												全年
	1	2	3	4	5	6	7	8	9	10	11	12	
降雨场次/场	6	13	17	23	27	19	1	11	15	6	9	3	150
降雨量/mm	43.9	158.8	137.1	326.1	228.8	283.4	55.9	31.3	61.9	38.4	43.3	24.1	1 433.0
占总降雨量/%	3.1	11.1	9.6	22.8	16.0	19.8	3.9	2.2	4.3	2.7	3.0	1.7	100.0
降雨动能/（J/m²）	206.6	2 000.9	1 775.3	5 072.2	3 418.4	4 076.7	1 266.9	492.9	1 031.0	525.1	423.2	236.5	20 525.7
占降雨总动能/%	1.0	9.7	8.6	24.7	16.7	19.9	6.2	2.4	5.0	2.6	2.1	1.2	100.0

注："占总降雨量/%"具体为当月降雨量占全年总降雨量的百分比；"占降雨总动能/%"具体为当月降雨动能占全年降雨总动能的百分比。

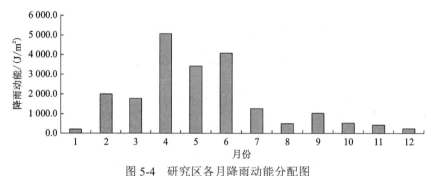

图5-4　研究区各月降雨动能分配图

由于实际操作中很难获取降雨的动态过程，本书拟通过降雨总动能与次降雨量、月降雨量分别进行回归分析，建立降雨总动能简易计算公式，以便估算降雨总动能。

（1）次降雨总动能回归分析。

通过回归分析，笔者发现次降雨总动能 E_{nc} 与次降雨量 P_c 的幂函数和线性函数关系均达到极显著水平，决定系数分别达 0.9733、0.9381，因此均可作为计算次降雨总动能的简易公式。

$$E_{nc} = 7.8153P_c^{1.189} \tag{5-6}$$

$$E_{nc} = 15.79P_c - 13.747 \tag{5-7}$$

式中：E_{nc} 为次降雨总动能，J/m²；P_c 为次降雨量，mm。

（2）月降雨总动能回归分析。

同理，通过回归分析，笔者发现月降雨总动能 E_{nm} 与月降雨量 P_m 的幂函数和线性函数关系均达到极显著水平，决定系数分别达 0.8847、0.9772，因此均可作为计算月降雨总动能的简易公式。

$$E_{nm} = 7.42P_m^{1.1245} \tag{5-8}$$

$$E_{nm} = 15.155P_m - 99.344 \tag{5-9}$$

式中：E_{nm} 为月降雨总动能，J/m²；P_m 为月降雨量，mm。

5.2.5　降雨侵蚀力特征

降雨侵蚀力是降雨引起土壤侵蚀的潜在能力。降雨侵蚀力因子是评价这种潜在能力的一个动力指标。根据前人的经验，本书选择 $\sum E_{nc} \cdot I_n$ 作为南方红壤丘陵区降雨侵蚀力的评价指标。

降雨侵蚀力计算公式：

$$R = \sum E_{nc} \cdot I_n \tag{5-10}$$

式中：I_n 表示一次降雨 n 时段中最大降雨强度。

考虑到国内外在确定 R 的最佳计算组合时，主要是通过比较各种降雨参数与土壤流失相关系数的大小，并确定相关系数最大的为降雨侵蚀力指标 R 值的最佳计算组合，以此为原则，本书中分别从自计雨量纸上查得一次降雨的 10 min、20 min、30 min、45 min、60 min 和 90 min 最大降雨强度即 I_{10}、I_{20}、I_{30}、I_{45}、I_{60}、I_{90}，计算其与 $\sum E_{nc}$ 组成的复合参数，并求得产沙量与 I_n、$\sum E_{nc} \cdot I_n$ 的相关系数，以选择计算 R 时应采用的最佳 I_n 及最佳 $\sum E_{nc} \cdot I_n$。

据上述研究方法，计算产沙量与 I_{10}、I_{20}、I_{30}、I_{45}、I_{60}、I_{90} 的相关系数、产沙量与时段最大降雨强度 I_n 及 $\sum E_{nc}$ 组成的复合参数的相关系数，结果如表 5-7 所示。

表 5-7　产沙量与 I_n、$\sum E_{nc} \cdot I_n$ 相关分析结果

指标	I_{10}	I_{20}	I_{30}	I_{45}	I_{60}	I_{90}	$\sum E_{nc} \cdot I_{10}$	$\sum E_{nc} \cdot I_{20}$	$\sum E_{nc} \cdot I_{30}$	$\sum E_{nc} \cdot I_{45}$	$\sum E_{nc} \cdot I_{60}$	$\sum E_{nc} \cdot I_{90}$
相关系数	0.868	0.891	0.898	0.907	0.914	0.574	0.924	0.929	0.918	0.920	0.923	0.793
显著性	0.000	0.000	0.000	0.000	0.000	0.000	0.000	0.000	0.000	0.000	0.000	0.000
样本数	41	41	41	41	41	41	41	41	41	41	41	41

从表 5-7 反映的相关系数来看，各时段最大降雨强度与 $\sum E_{nc}$ 构成的复合参数与产沙量均在 0.01 水平下相关性显著，产沙量除与 $\sum E_{nc} \cdot I_{90}$ 相关性相对较差外，与其他组合之间变幅很小，最大差值仅 0.011，最小差值 0.001。据一些学者的研究结果（何绍浪 等，2018），$R = \sum E_{nc} \cdot I_{30}$ 和 $R = \sum E_{nc} \cdot I_{60}$ 两种计算形式的 R 值与土壤流失量的相关系数分别为 0.88 和 0.84，相差 0.04；王万忠（1983）认为 $R = \sum E_{nc} \cdot I_{10}$ 是黄土地区 R 值最佳计算组合，但 $R = \sum E_{nc} \cdot I_{30}$ 也是合适的，两种计算形式所得 R 值与土壤流失量的相关系数分别为 0.913 和 0.858，相差 0.055。因此，若以 R 值与土壤流失量的相关系数作为 R 值组合的选择依据，则表 5-7 中除 90 min 时段最大降雨强度与 $\sum E_{nc}$ 构成的复合函数外，其他都可以作为 R 的计算组合，这显然是不合适的。Wischmeier 等（1958）在选择 $\sum E_{nc} \cdot I_{30}$ 作为最佳计算组合时进一步研究发现，用于计算 R 值的最大 30 min 降雨强度与土壤流失量之间的相关性在最大 5 min、15 min、30 min 和 60 min 降雨强度中是最大的。因此我们认为，当各最大时段降雨强度与 $\sum E_{nc}$ 组成的复合参数与土壤流失量之间的相关系数

都达到极显著水平、且很接近的情况下，在选择降雨侵蚀力因子 R 值的计算组合时，还应考虑最大时段降雨强度与土壤流失的相关程度，以相关系数最大的最大时段降雨强度作为 R 值的计算参数。根据这样的原则不难选择出试验区降雨侵蚀力因子的最佳计算组合为以 I_{60} 为计算参数，即

$$R = \sum E_{nc} \cdot I_{60} \tag{5-11}$$

式中：I_{60} 为该场降雨的 60 min 最大降雨强度，mm/min。

$\sum E_{nc} \cdot I_{60}$ 算法要求有完整的自记降雨过程线，这对于一些没有自记降雨设备的观测点来说，无法计算 R 值；而且在读取各降雨最大时段降雨强度等参数时也很繁琐。因此，本书试图通过回归分析寻找 R 值的简便算法。

以各月平均降雨量为自变量（x，$x>0$），以 $\sum E_{nc} \cdot I_{60}$ 所得 R 值为因变量（y），笔者通过回归分析发现，线性函数虽达极显著水平，但拟合效果一般，决定系数仅为 0.720 7，所拟合的线性函数为

$$R = 4.220\,2P_m - 50.018 \tag{5-12}$$

究其原因，该回归分析的数据 R 值及降雨量均含有一些未产生水土流失的降雨，这些降雨主要是由于降雨量很小或降雨强度很小，使得具有的降雨动能太小，不足以产生侵蚀。

剔除未造成水土流失的降雨，笔者重新进行回归分析发现，R 值与月降雨量拟合的二项式呈极显著水平，决定系数达 0.986 3，所拟合的二项式为

$$R = 0.012\,8P_m^2 + 0.582\,5P_m + 8.832\,1 \tag{5-13}$$

通过以上分析，更印证了侵蚀性降雨标准的必要性和准确性。为便于无此降雨资料地区估算降雨侵蚀力，采用 $R = 4.220\,2P_m - 50.018$ 作为 R 值的简便算式。

应用 $\sum E_{nc} \cdot I_{60}$ 求得 2010 年降雨侵蚀力共计 5 431.69 J·mm/（min·m²），造成水土流失的降雨侵蚀力（称之为有效降雨侵蚀力）共计 5 411.70 J·mm/（min·m²），R 值时间分配详见表 5-8 和图 5-5。

表 5-8　R 值时间分配表

指标	月份												全年
	1	2	3	4	5	6	7	8	9	10	11	12	
R/[（J·mm）/（min·m²）]	15.41	255.56	306.23	1 512.06	841.16	1 200.37	971.25	56.22	186.68	54.53	21.72	10.50	5 431.69
百分比/%	0.3	4.7	5.6	27.8	15.5	22.1	17.9	1.0	3.4	1.0	0.4	0.2	100.0
有效 R 值/[（J·mm）/（min·m²）]	15.41	253.79	305.99	1 511.95	839.37	1 200.19	971.25	42.28	186.58	54.43	19.96	10.50	5 411.70
百分比/%	0.3	4.7	5.7	27.9	15.5	22.2	17.9	0.8	3.4	1.0	0.4	0.2	100.0

注：表中"100.0"可能不等于各相关数值之和，因为某些数值进行过舍入修约。

从表 5-8 和图 5-5 中可以得出，R 值随降雨量的变化而变化，与降雨量的变化趋势是一致的，说明降雨量是反映 R 值的重要指标。R 值在时间分配上极不均匀，汛期 4～7 月降雨侵蚀力远大于其他各月，占总降雨侵蚀力的 83.3%。因此，防治南方红壤丘陵区水土流失的关键时期在汛期。

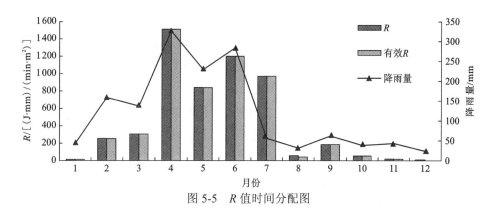

图 5-5　R 值时间分配图

在此基础上，将产生水土流失的降雨称为有效降雨，其侵蚀力称之为有效侵蚀力。笔者通过分析，发现全年有效降雨 99 场，占降雨场数的 66%，有效降雨量 1 364.8 mm，占总降雨量的 95.2%，有效 R 值 5 411.70 J· mm/（min·m^2），占总 R 值的 99.6%，有效 R 值与 R 值有着相同的时间分布规律。

5.3　不同措施产流特征

降雨是导致土壤颗粒分离的主要因素，而地表径流（也称产流）则是造成土壤颗粒输移，形成土壤水蚀的主要因素。通过分析不同水土保持措施的产流效应，筛选南方红壤丘陵区最优蓄水减流措施。

5.3.1　水土保持措施小区产流特征

1. 年产流特征

通过对 15 个试验小区全年产流数据进行整理，结果如图 5-6 所示。从图 5-6 中可以看出，各小区年产流量之间存在显著差异。年产流量最大的是第 4 小区，产流量达

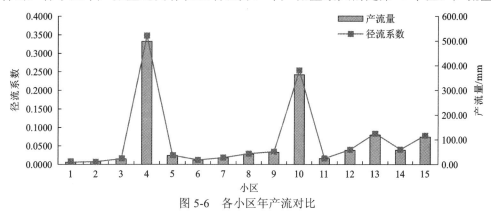

图 5-6　各小区年产流对比

498.837 mm，径流系数达 0.348 1；其次是第 10 小区，产流量达 363.524 mm，径流系数达 0.253 7。年产流量最小的是第 1 小区，产流量仅为 9.223 mm，径流系数仅为 0.006 4；其次是第 2 小区，产流量仅为 10.949 mm，径流系数仅为 0.007 6。年产流量最大的第 4 小区是年产流量最小的第 1 小区的 54 倍。第 4、10 小区分别为全园裸露区和柑橘清耕区，地表裸露，受雨滴打击，土壤表层结构遭到破坏，团聚体分散填充在土壤表面孔隙，压实形成地表结皮，阻碍水分下渗，从而导致产流量远大于有水土保持措施的小区。

根据水土保持措施不同，将 15 个小区划分为三大类：第一类为植物措施，包括第 1、2、3、5、6、7 六个小区；第二类为耕作措施，包括第 8、9 两个小区；第三类为工程措施，包括第 11、12、13、14、15 五个小区。此外第 4、10 作为对照小区。

通过对表 5-9、图 5-7 的分析，我们可以看出，与对照小区相比，水土保持措施具有显著的蓄水减流效益，第 4、10 小区产流量是植物措施产流量的 24.5 倍和 17.8 倍，是耕作措施产流量的 11.0 倍和 8.0 倍，是工程措施产流量的 6.7 倍和 4.9 倍。水土保持措施之间产流量虽存在一定差异，但相差最大也仅为 53.66 mm。植物措施年产流量最小，径流系数仅为 0.0140；其次是耕作措施，径流系数仅为 0.0318；工程措施年产流量相对最大，径流系数仅为 0.0517。相对来说，植物措施蓄水减流效益最好。

表 5-9　不同水土保持措施类型年产流对比表

措施	小区	产流量/mm	径流系数
植物措施	1	9.223	0.006 4
	2	10.949	0.007 6
	3	22.197	0.015 5
	5	35.771	0.025 0
	6	17.594	0.012 3
	7	26.625	0.018 6
	平均	20.393	0.014 0
全园裸露（对照）	4	498.837	0.348 1
耕作措施	8	41.891	0.029 2
	9	49.141	0.034 3
	平均	45.516	0.0318
柑橘清耕（对照）	10	363.524	0.253 7
工程措施	11	23.419	0.016 3
	12	57.403	0.040 1
	13	119.549	0.083 4
	14	58.058	0.040 5
	15	111.858	0.078 1
	平均	74.057	0.0517

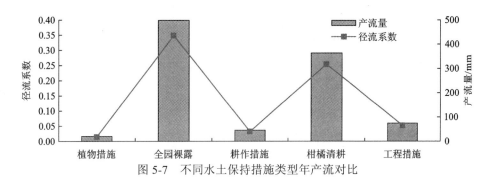

图 5-7　不同水土保持措施类型年产流对比

植物措施类小区中，第 1 小区百喜草全园覆盖产流量最小，全年仅为 9.223 mm，第 5 小区宽叶雀稗全园覆盖产流量最大，全年为 35.771 mm，是第 1 小区的 3.9 倍，说明植物措施中百喜草全园覆盖蓄水减流效益最好。不同草种之间，百喜草小区产流量最小，平均产流量仅为 14.123 mm，其次为狗牙根小区，平均产流量为 22.110 mm，宽叶雀稗小区平均产流量最大，全年为 35.771 mm，说明百喜草小区减流效益最好。同一草种不同处理方式之间，百喜草全园覆盖年产流量最小。

耕作措施类小区中，第 8 小区横坡间种产流量最小，全年为 41.891 mm，蓄水减流效益优于第 9 小区纵坡间种。

工程措施类小区中，第 11 小区水平梯田（前埂后沟）产流量最小，全年仅有 23.419 mm，其次是第 12 小区梯壁植草水平梯田和第 14 小区内斜式梯田，第 13 小区梯壁裸露水平梯田和第 15 小区外斜式梯田产流量最大，分别为 119.549 mm 和 111.858 mm，是第 11 小区的 5.1 倍和 4.8 倍，说明前埂后沟的水平梯田在梯田类工程措施中蓄水减流效益最好。

为了进一步确定各类水土保持措施年产流量是否存在差异性或差异性是否显著，对年产流量进行单因素方差分析，结果如表 5-10。

表 5-10　不同水土保持措施年产流量方差分析结果

措施	平方和	df	均方	F	显著性
组间	266 491.768	3	88 830.589	60.026	0.000
组内	16 278.658	11	1 479.878		
总数	282 770.426	14			

注：df 为自由度；F 为检验的统计量。

表 5-10 结果显示组间存在极显著差异，在此基础上，笔者对各类水土保持措施进行多重比较，查找差异来源。

表 5-11 结果显示，各类水土保持措施与对照组均存在极显著差异，植物措施与工程措施存在显著差异，耕作措施与植物措施、工程措施差异不显著。

表 5-11　不同水土保持措施年产流量多重比较结果

措施		均值差（I-J）	标准误	显著性	95%置信区间	
					下限	上限
植物措施	耕作措施	-25.121 666 7	31.409 956 2	0.441	-94.254 514	44.011 181
	工程措施	-53.664 666 7	23.294 247 0	0.042	-104.934 959	-2.394 375
	对照	-410.786 666 7	31.409 956 2	0.000	-479.919 514	-341.653 819
耕作措施	植物措施	25.121 666 7	31.409 956 2	0.441	-44.011 181	94.254 514
	工程措施	-28.543 000 0	32.185 627 5	0.394	-99.383 088	42.297 088
	对照	-385.665 000 0	38.469 182 8	0.000	-470.335 100	-300.994 900
工程措施	植物措施	53.664 666 7	23.294 247 0	0.042	2.394 375	104.934 959
	耕作措施	28.543 000 0	32.185 627 5	0.394	-42.297 088	99.383 088
	对照	-357.122 000 0	32.185 627 5	0.000	-427.962 088	-286.281 912
对照	植物措施	410.786 666 7	31.409 956 2	0.000	341.653 819	479.919 514
	耕作措施	385.665 000 0	38.469 182 8	0.000	300.994 900	470.335 100
	工程措施	357.122 000 0	32.185 627 5	0.000	286.281 912	427.962 088

2. 月产流特征

按月整理各小区产流数据，结果如表 5-12 和图 5-8 所示。各小区产流量随时间变化趋势均与降雨量的变化趋势相一致，降雨量增大，产流量相应增大，在降雨集中的 4～6 月，其降雨量占全年的 58.5%，各小区 4～6 月产流量占全年雨量比例分别为 64.9%、60.7%、61.2%、81.4%、74.5%、58.7%、59.6%、60.2%、60.6%、81.4%、58.5%、73.4%、77.1%、75.6% 和 77.9%，均在 58.0% 以上。

表 5-12　各小区月产流特征

小区	指标	月份												全年
		1	2	3	4	5	6	7	8	9	10	11	12	
1	产流量/mm	0.529	0.622	0.717	2.260	2.061	1.673	0.428	0.000	0.120	0.353	0.298	0.162	9.223
	径流系数	0.012	0.004	0.005	0.007	0.009	0.006	0.008	0.000	0.002	0.009	0.007	0.007	0.006
	占全年百分比/%	5.7	6.7	7.8	24.5	22.3	18.1	4.6	0.0	1.3	3.8	3.2	1.8	100.0
2	产流量/mm	0.325	0.913	0.911	2.275	1.857	2.509	0.555	0.213	0.742	0.233	0.100	0.315	10.949
	径流系数	0.007	0.006	0.007	0.007	0.008	0.009	0.010	0.007	0.012	0.006	0.002	0.013	0.008
	占全年百分比/%	3.0	8.3	8.3	20.8	17.0	22.9	5.1	1.9	6.8	2.1	0.9	2.9	100.0
3	产流量/mm	0.884	1.896	2.299	5.458	3.782	4.353	0.918	0.324	1.479	0.405	0.202	0.197	22.197
	径流系数	0.020	0.012	0.017	0.017	0.017	0.015	0.016	0.010	0.024	0.011	0.005	0.008	0.015
	占全年百分比/%	4.0	8.5	10.4	24.6	17.0	19.6	4.1	1.5	6.7	1.8	0.9	0.9	100.0
4	产流量/mm	0.677	8.027	22.624	140.088	78.850	187.239	33.555	0.295	16.847	7.996	1.059	1.579	498.837
	径流系数	0.015	0.051	0.165	0.430	0.345	0.661	0.600	0.009	0.272	0.208	0.024	0.066	0.348
	占全年百分比/%	0.1	1.6	4.5	28.1	15.8	37.5	6.7	0.1	3.4	1.6	0.2	0.3	100.0

续表

小区	指标	月份												全年
		1	2	3	4	5	6	7	8	9	10	11	12	
5	产流量/mm	0.470	1.916	4.065	17.712	4.984	3.976	1.358	0.167	0.725	0.038	0.034	0.327	35.771
	径流系数	0.011	0.012	0.030	0.054	0.022	0.014	0.024	0.005	0.012	0.001	0.001	0.014	0.025
	占全年百分比/%	1.3	5.4	11.4	49.5	13.9	11.1	3.8	0.5	2.0	0.1	0.1	0.9	100.0
6	产流量/mm	0.690	1.365	1.409	3.900	3.209	3.214	1.181	0.233	1.209	0.312	0.359	0.513	17.594
	径流系数	0.016	0.009	0.010	0.012	0.014	0.011	0.021	0.007	0.020	0.008	0.008	0.021	0.012
	占全年百分比/%	3.9	7.8	8.0	22.2	18.2	18.3	6.7	1.3	6.9	1.8	2.0	2.9	100.0
7	产流量/mm	0.828	2.315	3.129	7.305	4.421	4.161	0.934	0.339	1.508	0.527	0.530	0.630	26.625
	径流系数	0.019	0.015	0.023	0.022	0.019	0.015	0.017	0.011	0.024	0.014	0.012	0.026	0.019
	占全年百分比/%	3.1	8.7	11.8	27.4	16.6	15.6	3.5	1.3	5.7	2.0	2.0	2.4	100.0
8	产流量/mm	0.430	2.450	3.569	7.101	6.944	11.122	5.557	0.370	2.013	0.901	0.560	0.873	41.891
	径流系数	0.010	0.015	0.026	0.022	0.030	0.039	0.099	0.012	0.033	0.023	0.013	0.036	0.029
	占全年百分比/%	1.0	5.8	8.5	17.0	16.6	26.6	13.3	0.9	4.8	2.2	1.3	2.1	100.0
9	产流量/mm	0.665	3.513	4.787	9.002	6.791	13.987	5.569	0.315	2.113	1.006	0.648	0.745	49.141
	径流系数	0.015	0.022	0.035	0.028	0.030	0.049	0.100	0.010	0.034	0.026	0.015	0.031	0.034
	占全年百分比/%	1.4	7.1	9.7	18.3	13.8	28.5	11.3	0.6	4.3	2.0	1.3	1.5	100.0
10	产流量/mm	0.763	9.058	24.512	138.713	58.117	99.013	24.520	0.357	4.134	2.266	0.794	1.277	363.524
	径流系数	0.017	0.057	0.179	0.425	0.254	0.349	0.439	0.011	0.067	0.059	0.018	0.053	0.254
	占全年百分比/%	0.2	2.5	6.7	38.2	16.0	27.2	6.7	0.1	1.1	0.6	0.2	0.4	100.0
11	产流量/mm	0.732	2.104	2.172	5.280	4.265	4.158	1.199	0.289	1.717	0.640	0.362	0.501	23.419
	径流系数	0.017	0.013	0.016	0.016	0.019	0.015	0.021	0.009	0.028	0.017	0.008	0.021	0.016
	占全年百分比/%	3.1	9.0	9.3	22.5	18.2	17.8	5.1	1.2	7.3	2.7	1.5	2.1	100.0
12	产流量/mm	0.852	2.769	3.398	24.383	8.472	9.267	3.881	0.350	1.972	0.702	0.597	0.760	57.403
	径流系数	0.019	0.017	0.025	0.075	0.037	0.033	0.069	0.011	0.032	0.018	0.014	0.032	0.040
	占全年百分比/%	1.5	4.8	5.9	42.5	14.8	16.1	6.8	0.6	3.4	1.2	1.0	1.3	100.0
13	产流量/mm	0.675	3.024	6.765	50.148	16.426	25.649	12.828	0.260	2.012	0.727	0.408	0.627	119.549
	径流系数	0.015	0.019	0.049	0.154	0.072	0.091	0.229	0.008	0.033	0.019	0.009	0.026	0.083
	占全年百分比/%	0.6	2.5	5.7	41.9	13.7	21.5	10.7	0.2	1.7	0.6	0.3	0.5	100.0
14	产流量/mm	0.819	2.558	3.507	23.547	8.897	11.431	3.692	0.301	1.612	0.632	0.473	0.591	58.058
	径流系数	0.019	0.016	0.026	0.072	0.039	0.040	0.066	0.010	0.026	0.016	0.011	0.025	0.041
	占全年百分比/%	1.4	4.4	6.0	40.6	15.3	19.7	6.4	0.5	2.8	1.1	0.8	1.0	100.0
15	产流量/mm	0.824	2.724	4.229	41.861	18.843	26.501	13.348	0.290	1.744	0.662	0.290	0.543	111.858
	径流系数	0.019	0.017	0.031	0.128	0.082	0.094	0.239	0.009	0.028	0.017	0.007	0.023	0.078
	占全年百分比/%	0.7	2.4	3.8	37.4	16.8	23.7	11.9	0.3	1.6	0.6	0.3	0.5	100.0

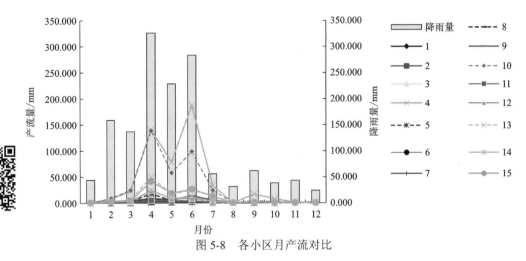

图 5-8　各小区月产流对比

　　各小区之间对比，降雨量较小的月份，如 1 月、2 月、11 月、12 月，产流量也很小，各小区之间差异不明显，随降雨量增大，如 4 月、5 月、6 月，产流量也随之增大，各小区之间差异显著，主要体现在第 4、10 小区产流量远比其他小区大，这与年产流特征一致，因为地表裸露，土壤入渗率低，所以降雨来不及下渗，以地表产流的方式流失。其他水土保持措施小区通过增加地面覆盖或改变微地形，保护地表土壤结构，促进土壤水分入渗，从而达到蓄水减流的效果。

　　为了进一步确定各小区月产流量是否存在差异性或差异性是否显著，对月产流系数进行单因素方差分析，结果如表 5-13 所示。

表 5-13　各小区月产流系数方差分析结果

措施	平方和	df	均方	F	显著性
组间	0.701	14	0.050	8.238	0.000
组内	1.003	165	0.006		
总数	1.704	179			

　　表 5-13 结果显示各小区间存在极显著差异，在此基础上，笔者对各小区进行多重比较，查找差异来源。

　　表 5-14 结果显示，各类水土保持措施小区与对照组第 4、10 小区均存在极显著差异，且对照组第 4、10 小区之间也存在显著差异，但各类水土保持措施小区之间差异不显著。

表 5-14　各小区月产流量多重比较显著性值

	1	2	3	4	5	6	7	8	9	10	11	12	13	14	15
1		0.961	0.802	0.000	0.746	0.830	0.712	0.459	0.404	0.000	0.746	0.423	0.091	0.449	0.107
2	0.961		0.839	0.000	0.783	0.868	0.748	0.489	0.432	0.000	0.783	0.452	0.101	0.478	0.118
3	0.802	0.839		0.000	0.942	0.971	0.906	0.624	0.560	0.000	0.942	0.582	0.150	0.613	0.173

续表

小区	1	2	3	4	5	6	7	8	9	10	11	12	13	14	15
4	0.000	0.000	0.000		0.000	0.000	0.000	0.000	0.000	0.017	0.000	0.000	0.000	0.000	0.000
5	0.746	0.783	0.942	0.000		0.914	0.964	0.676	0.609	0.000	0.999	0.633	0.171	0.664	0.197
6	0.830	0.868	0.971	0.000	0.914		0.878	0.599	0.536	0.000	0.913	0.558	0.140	0.587	0.162
7	0.712	0.748	0.906	0.000	0.964	0.878		0.710	0.642	0.000	0.964	0.665	0.186	0.698	0.213
8	0.459	0.489	0.624	0.000	0.676	0.599	0.710		0.926	0.000	0.677	0.952	0.340	0.987	0.382
9	0.404	0.432	0.560	0.000	0.609	0.536	0.642	0.926		0.000	0.610	0.974	0.389	0.939	0.435
10	0.000	0.000	0.000	0.017	0.000	0.000	0.000	0.000	0.000		0.000	0.000	0.002	0.000	0.001
11	0.746	0.783	0.942	0.000	0.999	0.913	0.964	0.677	0.610	0.000		0.633	0.171	0.665	0.198
12	0.423	0.452	0.582	0.000	0.633	0.558	0.665	0.952	0.974	0.000	0.633		0.371	0.965	0.416
13	0.091	0.101	0.150	0.000	0.171	0.140	0.186	0.340	0.389	0.002	0.171	0.371		0.348	0.936
14	0.449	0.478	0.613	0.000	0.664	0.587	0.698	0.987	0.939	0.000	0.665	0.965	0.348		0.391
15	0.107	0.118	0.173	0.000	0.197	0.162	0.213	0.382	0.435	0.001	0.198	0.416	0.936	0.391	

在此基础上，将各小区按不同水土保持措施重新整理，结果如表 5-15 所示。

表 5-15　不同水土保持措施类型产流特征

措施	小区	指标	月份												全年
			1	2	3	4	5	6	7	8	9	10	11	12	
植物措施	1	产流量/mm	0.529	0.622	0.717	2.260	2.061	1.673	0.428	0.000	0.120	0.353	0.298	0.162	9.223
		径流系数	0.012	0.004	0.005	0.007	0.009	0.006	0.008	0.000	0.002	0.009	0.007	0.007	0.006
	2	产流量/mm	0.325	0.913	0.911	2.275	1.857	2.509	0.555	0.213	0.742	0.233	0.100	0.315	10.948
		径流系数	0.007	0.006	0.007	0.007	0.008	0.009	0.010	0.007	0.012	0.006	0.002	0.013	0.008
	3	产流量/mm	0.884	1.896	2.299	5.458	3.782	4.353	0.918	0.324	1.479	0.405	0.202	0.197	22.197
		径流系数	0.020	0.012	0.017	0.017	0.017	0.015	0.016	0.010	0.024	0.011	0.005	0.008	0.015
	5	产流量/mm	0.470	1.916	4.065	17.712	4.984	3.976	1.358	0.167	0.725	0.038	0.034	0.327	35.772
		径流系数	0.011	0.012	0.030	0.054	0.022	0.014	0.024	0.005	0.012	0.001	0.001	0.014	0.025
	6	产流量/mm	0.690	1.365	1.409	3.900	3.209	3.214	1.181	0.233	1.209	0.312	0.359	0.513	17.594
		径流系数	0.016	0.009	0.010	0.012	0.014	0.011	0.021	0.007	0.020	0.008	0.008	0.021	0.012
	7	产流量/mm	0.828	2.315	3.129	7.305	4.421	4.161	0.934	0.339	1.508	0.527	0.530	0.630	26.627
		径流系数	0.019	0.015	0.023	0.022	0.019	0.015	0.017	0.011	0.024	0.014	0.012	0.026	0.019
	平均	产流量/mm	0.621	1.505	2.088	6.485	3.386	3.314	0.896	0.213	0.964	0.311	0.254	0.357	20.394
		径流系数	0.014	0.010	0.015	0.020	0.015	0.012	0.016	0.007	0.016	0.008	0.006	0.015	0.014

措施	小区	指标	1	2	3	4	5	6	7	8	9	10	11	12	全年
								月份							
全园裸露（对照）	4	产流量/mm	0.677	8.027	22.624	140.088	78.850	187.239	33.555	0.295	16.847	7.996	1.059	1.579	498.836
		径流系数	0.015	0.051	0.165	0.430	0.345	0.661	0.600	0.009	0.272	0.208	0.024	0.066	0.348
耕作措施	8	产流量/mm	0.430	2.450	3.569	7.101	6.944	11.122	5.557	0.370	2.013	0.901	0.560	0.873	41.890
		径流系数	0.010	0.015	0.026	0.022	0.030	0.039	0.099	0.012	0.033	0.023	0.013	0.036	0.029
	9	产流量/mm	0.665	3.513	4.787	9.002	6.791	13.987	5.569	0.315	2.113	1.006	0.648	0.745	49.141
		径流系数	0.015	0.022	0.035	0.028	0.030	0.049	0.100	0.010	0.034	0.026	0.015	0.031	0.034
	平均	产流量/mm	0.548	2.982	4.178	8.052	6.867	12.553	5.563	0.343	2.063	0.954	0.604	0.809	45.516
		径流系数	0.013	0.019	0.031	0.025	0.030	0.044	0.100	0.011	0.034	0.025	0.014	0.034	0.032
柑橘清耕（对照）	10	产流量/mm	0.763	9.058	24.512	138.713	58.117	99.013	24.520	0.357	4.134	2.266	0.794	1.277	363.524
		径流系数	0.017	0.057	0.179	0.425	0.254	0.349	0.439	0.011	0.067	0.059	0.018	0.053	0.254
工程措施	11	产流量/mm	0.732	2.104	2.172	5.280	4.265	4.158	1.199	0.289	1.717	0.640	0.362	0.501	23.419
		径流系数	0.017	0.013	0.016	0.016	0.019	0.015	0.021	0.009	0.028	0.017	0.008	0.021	0.016
	12	产流量/mm	0.852	2.769	3.398	24.383	8.472	9.267	3.881	0.350	1.972	0.702	0.597	0.760	57.403
		径流系数	0.019	0.017	0.025	0.075	0.037	0.033	0.069	0.011	0.032	0.018	0.014	0.032	0.040
	13	产流量/mm	0.675	3.024	6.765	50.148	16.426	25.649	12.828	0.260	2.012	0.727	0.408	0.627	119.549
		径流系数	0.015	0.019	0.049	0.154	0.072	0.091	0.229	0.008	0.033	0.019	0.009	0.026	0.083
	14	产流量/mm	0.819	2.558	3.507	23.547	8.897	11.431	3.692	0.301	1.612	0.632	0.473	0.591	58.060
		径流系数	0.019	0.016	0.026	0.072	0.039	0.040	0.066	0.010	0.026	0.016	0.011	0.025	0.041
	15	产流量/mm	0.824	2.724	4.229	41.861	18.843	26.501	13.348	0.290	1.744	0.662	0.290	0.543	111.859
		径流系数	0.019	0.017	0.031	0.128	0.082	0.094	0.239	0.009	0.028	0.017	0.007	0.023	0.078
	平均	产流量/mm	0.780	2.636	4.014	29.044	11.381	15.401	6.990	0.298	1.811	0.673	0.426	0.604	74.058
		径流系数	0.018	0.016	0.029	0.089	0.050	0.055	0.125	0.009	0.029	0.017	0.010	0.025	0.052

　　表 5-15、图 5-9 结果显示，各类水土保持措施随降雨量增大，其差异明显，在降雨集中的 4~6 月，各类水土保持措施产流量差异显著，其中第 4 小区（全园裸露小区）产流量最大，其次是第 10 小区柑橘清耕，产流量明显大于其他水土保持措施小区。不同水土保持措施之间，工程措施产流量最大，植物措施产流量最小。

　　为了进一步确定各类水土保持措施月产流量是否存在差异性或差异性是否显著，对月产流系数进行单因素方差分析，结果如表 5-16。

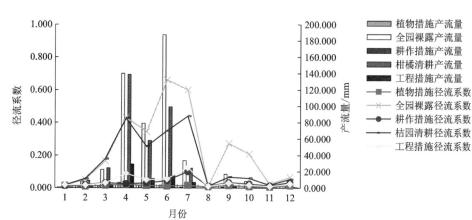

图 5-9　不同水土保持措施月产流对比图

表 5-16　不同水土保持措施月产流系数方差分析结果

措施	平方和	df	均方	F	显著性
组间	0.648	3	0.216	35.950	0.000
组内	1.057	176	0.006		
总数	1.704	179			

表 5-16 结果显示组间存在极显著差异，在此基础上，笔者对各类水土保持措施进行多重比较，查找差异来源。

表 5-17 结果显示，各类水土保持措施小区与对照小区均存在极显著差异，但各类水土保持措施小区之间差异不显著，这与前面结论是一致的。

表 5-17　不同水土保持措施类型月产流系数多重比较

措施		均值差（I-J）	标准误	显著性	95%置信区间	
					下限	上限
植物措施	耕作措施	-0.018 705 644	0.018 263 419	0.307	-0.054 749 130	0.017 337 842
	工程措施	-0.026 718 935	0.013 544 514	0.050	-0.053 449 500	$1.163\,03\times10^{-5}$
	对照	-0.186 260 034	0.018 263 419	0.000	-0.222 303 520	-0.150 216 550
耕作措施	植物措施	0.018 705 644	0.018 263 419	0.307	-0.017 337 840	0.054 749 130
	工程措施	-0.008 013 290	0.018 714 436	0.669	-0.044 946 870	0.028 920 293
	对照	-0.167 554 390	0.022 368 029	0.000	-0.211 698 470	-0.123 410 310
工程措施	植物措施	0.026 718 935	0.013 544 514	0.050	-1.163×10^{-5}	0.053 449 500
	耕作措施	0.008 013 290	0.018 714 436	0.669	-0.028 920 290	0.044 946 874
	对照	-0.159 541 099	0.018 714 436	0.000	-0.196 474 680	-0.122 607 520
对照	植物措施	0.186 260 034	0.018 263 419	0.000	0.150 216 5480	0.222 303 520
	耕作措施	0.167 554 390	0.022 368 029	0.000	0.123 410 315	0.211 698 465
	工程措施	0.159 541 099	0.018 714 436	0.000	0.122 607 516	0.196 474 682

如图 5-10 所示，植物措施类小区中，第 1 小区百喜草全园覆盖各月产流量均最小，第 5 小区宽叶雀稗全园覆盖在降雨较为集中的 3～7 月各月产流量均最大,说明植物措施中百喜草全园覆盖蓄水减流效益最好。不同草种之间，百喜草小区产流量最小，其次为狗牙根小区，宽叶雀稗小区产流量最大，说明百喜草小区减流效益最好。同一草种不同处理之间，百喜草全园覆盖各月产流量基本最小。

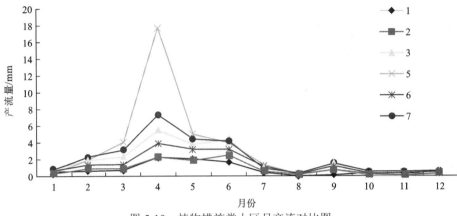

图 5-10　植物措施类小区月产流对比图

在此基础上，笔者进行方差计算分析，结果显示小区间存在显著性差异（表 5-18）。

表 5-18　不同植物措施小区月产流系数方差分析结果

措施	平方和	df	均方	F	显著性
组间	0.001	5	0.000	5.061	0.001
组内	0.003	66	0.000		
总数	0.004	71			

笔者为寻找差异来源，进行多重比较，结果显示第 1 小区除与第 2 小区差异不显著外，与其他小区均存在显著性差异，第 3、5、6、7 小区之间差异不显著（表 5-19）。

表 5-19　不同植物措施小区月产流系数多重比较显著性值

	1	2	3	5	6	7
1		0.606	0.009	0.001	0.024	0.000
2	0.606		0.033	0.004	0.078	0.001
3	0.009	0.033		0.439	0.700	0.210
5	0.001	0.004	0.439		0.248	0.627
6	0.024	0.078	0.700	0.248		0.103
7	0.000	0.001	0.210	0.627	0.103	

耕作措施类小区中，第 8 小区横坡间种各月产流量基本最小，蓄水减流效益优于第 9 小区纵坡间种，耕作措施类小区月产流对比如图 5-11 所示。

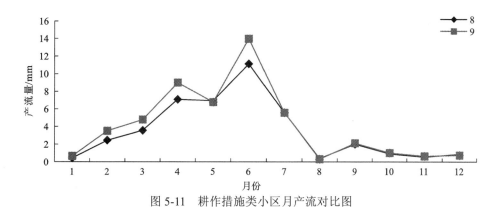

图 5-11   耕作措施类小区月产流对比图

在此基础上，笔者进行方差计算分析，结果显示小区间差异不显著（表 5-20）。

表 5-20   不同耕作措施小区月产流系数方差分析结果

措施	平方和	df	均方	F	显著性
组间	0.000	1	0.000	0.094	0.762
组内	0.012	22	0.001		
总数	0.012	23			

如图 5-12 所示，工程措施类小区中，第 11 小区水平梯田（前埂后沟）各月产流量最小；其次是第 12 小区梯壁植草水平梯田和 14 小区内斜式梯田，其各月产流量相当；第 13 小区梯壁裸露水平梯田和第 15 小区外斜式梯田产流量最大，尤其是第 13 小区，说明前埂后沟的水平梯田在梯田类工程措施中蓄水减流效益最好。

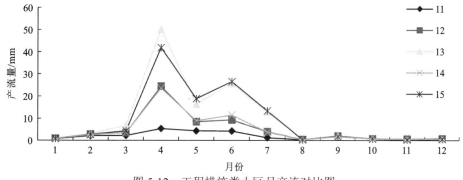

图 5-12   工程措施类小区月产流对比图

在此基础上，笔者进行方差计算分析，结果显示各小区间差异不显著（表 5-21）。

表 5-21   不同耕作措施小区月产流系数方差分析结果

措施	平方和	df	均方	F	显著性
组间	0.017	4	0.004	2.095	0.094
组内	0.113	55	0.002		
总数	0.130	59			

3. 次降雨产流特征

为进一步研究不同措施产流机理,选取 2010 年不同雨型的次降雨对比分析蓄水减流效益。由于在小雨时一般不发生产流,即使有产流,其产流量也非常小,难以比较各小区的产流效益,所以本书选取中雨及中雨以上雨型共 7 场降雨(其中中雨 2 场、大雨 1 场、暴雨 2 场及大暴雨和特大暴雨 2 场),具体见表 5-22 和表 5-23。

从表 5-22 和表 5-23 中可以看出,次降雨条件下,随降雨量增大,各小区产流量呈总体增大的趋势,如 2010 年 4 月 18 日一场特大暴雨,降雨量达 129.5 mm,降雨强度达 10.87 mm/h,各小区产流量均表现为最大值。随降雨量增大,除对照组第 4、10 小区的产流量呈增大趋势外,其他小区产流量变化趋势不明显。

如图 5-13 显示,随降雨强度增大,各小区产流量变化趋势均不明显,如 2010 年 5 月 23 日一场大雨,降雨量仅有 9.6 mm,降雨强度仅为 1.32 mm/h,虽然其在其他小区产流量中不算大的,但产流系数却是相对较大的。

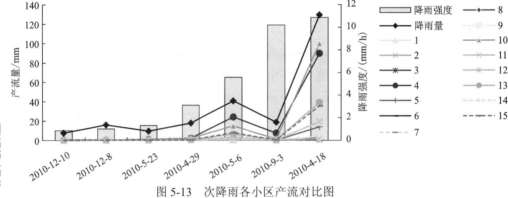

图 5-13 次降雨各小区产流对比图

究其原因,产流是降雨与下垫面因素综合影响的结果,如某一小区前期含水量较高时,一场小雨或中雨,产流量可能就比土壤干旱时大雨甚至暴雨产生的径流大。

同一场降雨,对照处理组第 4、10 小区产流量与水土保持措施小区差异非常明显,对照处理小区远大于水土措施小区,如 2010 年 4 月 18 日一场特大暴雨,降雨量达 129.5 mm,降雨强度达 10.87 mm/h,第 4、10 小区产流量和产流系数分别达 89.779 mm、99.891 mm 和 0.693、0.771,是第 1 小区百喜草全园覆盖下产流量的 106 倍、118 倍,充分印证了水土保持措施蓄水减流的效益。

同一场降雨不同水土保持措施类型之间,植物措施产流量最小,耕作措施次之,工程措施产流量最大。在植物措施小区中,第 1 小区百喜草全园覆盖、第 2 小区百喜草带状覆盖产流量最小,减流效益最好。在耕作措施小区中,横坡间种减流效益优于顺坡间种。在工程措施小区中,第 11 小区水平梯田(前埂后沟)产流量最小,其次是第 12 小区梯壁植草水平梯田和 14 小区内斜式梯田,第 13 小区梯壁裸露水平梯田和第 15 小区外斜式梯田产流量最大,说明前埂后沟的水平梯田在梯田类工程措施中蓄水减流效益最好。

表 5-22　次降雨各小区产流量

雨型	日期	历时/min	降雨量/mm	降雨强度/(mm/h)	产流量/mm														
					1	2	3	4	5	6	7	8	9	10	11	12	13	14	15
中雨	2010-12-10	530	7.8	0.88	0.089	0.167	0.000	0.828	0.163	0.211	0.255	0.308	0.267	0.479	0.192	0.272	0.272	0.207	0.187
	2010-12-8	940	16.1	1.03	0.073	0.148	0.197	0.751	0.164	0.302	0.375	0.565	0.478	0.798	0.309	0.488	0.355	0.383	0.356
大雨	2010-5-23	435	9.6	1.32	0.193	0.185	0.263	1.081	0.190	0.248	0.265	0.413	0.347	0.675	0.246	0.307	0.323	0.306	0.295
暴雨	2010-4-29	345	17.9	3.11	0.252	0.196	0.481	2.243	0.299	0.327	0.463	0.563	0.563	2.132	0.427	0.471	0.607	0.522	0.471
	2010-5-6	438	40.7	5.58	0.457	0.309	0.724	24.116	1.804	0.630	0.961	1.318	1.368	14.965	0.740	3.370	6.535	2.328	7.959
大暴雨、特大暴雨	2010-9-3	110	18.7	10.20	0.002	0.212	0.484	7.546	0.196	0.308	0.384	0.508	0.578	1.342	0.479	0.478	0.555	0.459	0.448
	2010-4-18	715	129.5	10.87	0.848	0.766	1.680	89.779	13.870	1.255	3.211	2.833	4.077	99.891	1.825	19.302	39.096	18.380	35.578

表 5-23　次降雨各小区产流系数

雨型	日期	历时/min	降雨量/mm	降雨强度/(mm/h)	产流系数														
					1	2	3	4	5	6	7	8	9	10	11	12	13	14	15
中雨	2010-12-10	530	7.8	0.88	0.011	0.021	0.000	0.106	0.021	0.027	0.033	0.040	0.034	0.061	0.025	0.035	0.035	0.027	0.024
	2010-12-8	940	16.1	1.03	0.005	0.009	0.012	0.047	0.010	0.019	0.023	0.035	0.030	0.050	0.019	0.030	0.022	0.024	0.022
大雨	2010-5-23	435	9.6	1.32	0.020	0.019	0.027	0.113	0.020	0.026	0.028	0.043	0.036	0.070	0.026	0.032	0.034	0.032	0.031
暴雨	2010-4-29	345	17.9	3.11	0.014	0.011	0.027	0.125	0.017	0.018	0.026	0.031	0.031	0.119	0.024	0.026	0.034	0.029	0.026
	2010-5-6	438	40.7	5.58	0.011	0.008	0.018	0.593	0.044	0.015	0.024	0.032	0.034	0.368	0.018	0.083	0.161	0.057	0.196
大暴雨、特大暴雨	2010-9-3	110	18.7	10.20	0.000	0.011	0.026	0.404	0.010	0.016	0.021	0.027	0.031	0.072	0.026	0.026	0.030	0.025	0.024
	2010-4-18	715	129.5	10.87	0.007	0.006	0.013	0.693	0.107	0.010	0.025	0.022	0.031	0.771	0.014	0.149	0.302	0.142	0.275

5.3.2 渗漏小区径流调控机制

本节以渗漏小区为例，研究地表径流、壤中流和地下径流的特征及分配关系，探讨不同地被物径流调控机制。

1. 地表径流

地表径流是赋予地理性的稳定的水文数字，反映流域植被、土壤、气候和其他一些综合水文特征，是衡量植被保持水土、涵养水分、减少洪峰等效益的一个基本指标（周国逸 等，1995）。地表径流的形成是坡面供水与下渗的矛盾产物，是降水与下垫面因素综合作用的结果。

1）月地表径流特征

整理 2010 年渗漏小区不同处理方式各月地表径流数据，结果如表 5-24 所示。

表 5-24　渗漏小区不同处理方式各月地表径流特征

月份	处理方式	2010 年	
		地表径流量/mm	地表径流系数
1	A	0.00	0.000
	B	0.49	0.011
	C	0.92	0.021
2	A	2.11	0.013
	B	3.56	0.022
	C	27.59	0.174
3	A	0.49	0.004
	B	1.79	0.013
	C	47.12	0.344
4	A	4.48	0.014
	B	6.61	0.020
	C	134.21	0.412
5	A	3.31	0.014
	B	4.11	0.018
	C	70.03	0.306
6	A	5.28	0.019
	B	6.38	0.023
	C	96.37	0.340

月份	处理方式	2010 年	
		地表径流量/mm	地表径流系数
7	A	0.66	0.012
	B	0.90	0.016
	C	25.88	0.463
8	A	0.01	0.000
	B	0.03	0.001
	C	0.06	0.002
9	A	0.79	0.013
	B	0.89	0.014
	C	17.02	0.275
10	A	0.37	0.010
	B	0.39	0.010
	C	5.81	0.151
11	A	0.43	0.010
	B	0.58	0.013
	C	3.13	0.072
12	A	0.23	0.009
	B	0.32	0.013
	C	3.98	0.165
合计	A	18.16	0.013
	B	26.05	0.015
	C	432.12	0.302

注：A—百喜草覆盖；B—百喜草敷盖；C—裸露对照。

　　图 5-14、表 5-24 显示，各处理方式的地表径流变化趋势与降雨升降变化相符，随降雨量的增加（或减少），各处理方式的地表径流量也相应增加（或减少），降雨较为集中的汛期（4～9 月），地表径流量是全年最大的。图 5-14、表 5-24 也显示，裸露对照处理的地表径流量对降雨变化尤其敏感，变化幅度非常大，然而相对于裸露对照处理，百喜草覆盖和百喜草敷盖处理的地表径流量对降雨变化要迟钝得多，变化幅度也小得多，这也充分体现了裸露地表的水土流失系统缓冲性能差，而有水土保持措施（覆盖和敷盖）的地块的水土流失系统缓冲性能强。

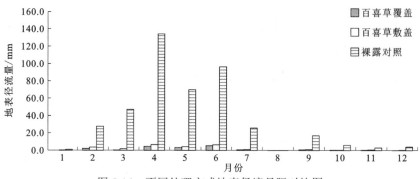

图 5-14　不同处理方式地表径流月际对比图

图 5-14、表 5-24 显示，不同处理方式地表径流量差异非常明显，裸露对照处理地表径流量各月份均远大于百喜草覆盖和百喜草敷盖处理，尤其是降雨较为集中的汛期更为明显。百喜草覆盖与百喜草敷盖处理之间的地表径流量差异不明显，在降雨量较大的情况下（如 4 月、5 月、6 月），百喜草覆盖处理地表径流量稍小于百喜草敷盖处理，其他月份相当。2010 年百喜草覆盖、百喜草敷盖和裸露对照处理的地表径流系数分别为0.013、0.015 和 0.302，因此水土保持措施（覆盖和敷盖）相对裸露对照处理减水率分别为 95.7%、95.0%。

上述分析说明水土保持措施（覆盖与敷盖）相对裸露地表具有明显的削洪减峰、防洪减灾效益。活体百喜草种植防洪减灾效益更佳，这是因为百喜草覆盖处理中百喜草地上部分的叶、匍匐茎具有减小雨滴的击溅、减缓地表径流的产生和延长汇流时间等作用；百喜草根系发达，且新陈代谢快，腐烂的根系能增加土壤有机质含量和提高土壤的孔隙度，改善土壤的团聚体结构，从而提高土壤的下渗量和持水量，达到减少地表径流的目的。百喜草敷盖处理的敷盖材料能增加地表层的粗糙度，减缓水流速度，使降水缓慢渗透到土壤中，提高土壤的下渗率，变地表径流为地下径流，从而减少地表径流量。裸露对照处理因地表裸露，雨滴击打使土壤表层团聚体遭到破坏，分散的颗粒填充了土壤表面的孔隙，压实形成地表结皮，严重阻碍水分下渗，从而导致地表径流量远大于百喜草覆盖和百喜草敷盖处理下的地表径流量。

为了进一步确定不同处理方式地表径流是否存在差异性或差异性是否显著，为优选水土保持措施提供指导，笔者对观测期间三种处理方式的地表径流系数做单因素方差分析，结果如表 5-25 所示。

表 5-25　不同处理方式地表径流系数方差分析结果

措施	平方和	df	均方	F	显著性
组间	0.370	2	0.185	23.899	0.000
组内	0.255	33	0.008		
总数	0.625	35			

表 5-25 结果显示不同处理方式间差异显著，为进一步查找差异来源，笔者进行了多重比较，结果如表 5-26 所示。

表 5-26　不同处理方式地表径流系数多重比较

（I）处理	（J）处理	均值差（I-J）	标准误	显著性	95%置信区间	
					下限	上限
A	B	-0.004 67	0.035 901	0.897	-0.077 71	0.068 38
	C	-0.217 25	0.035 901	0.000	-0.290 29	-0.144 21
B	A	0.004 67	0.035 901	0.897	-0.068 38	0.077 71
	C	-0.212 58	0.035 901	0.000	-0.285 63	-0.139 54
C	A	0.217 25	0.035 901	0.000	0.144 208	0.290 292
	B	0.212 58	0.035 901	0.000	0.139 541	0.285 625

注：A—百喜草覆盖；B—百喜草敷盖；C—裸露对照。

表 5-26 显示，裸露对照处理与百喜草覆盖、百喜草敷盖处理的差异均达极显著水平，而百喜草覆盖与百喜草敷盖处理之间的差异不显著，说明水土保持措施（覆盖和敷盖）具有明显的蓄水减流效益。

2）次降雨地表径流特征

为进一步研究不同处理方式地表径流产生机理,笔者选取 2010 年不同雨型的单场降雨数据对比分析论证百喜草覆盖、百喜草敷盖和裸露对照处理的产流效益,结果如表 5-27 所示。

表 5-27　次降雨各处理方式地表径流特征

雨型	日期	历时/min	降雨量/mm	降雨强度/（mm/h）	地表径流量/mm			地表径流系数		
					A	B	C	A	B	C
中雨	2010-12-10	530	7.8	0.88	0.1	0.1	1.8	0.008	0.008	0.232
	2010-12-8	940	16.1	1.03	0.2	0.3	2.2	0.010	0.016	0.134
大雨	2010-5-23	435	9.6	1.32	0.0	0.0	1.7	0.000	0.000	0.182
暴雨	2010-4-21	1 506	70.4	2.80	1.5	3.2	41.0	0.021	0.045	0.582
	2010-4-29	345	17.9	3.11	0.0	0.0	3.6	0.000	0.015	0.200
	2010-5-6	438	40.7	5.58	0.5	0.6	22.1	0.012	0.015	0.544
大暴雨、特大暴雨	2010-9-3	110	18.7	10.20	0.4	0.4	7.1	0.022	0.022	0.380
	2010-4-18	715	129.5	10.87	2.1	2.5	71.7	0.017	0.019	0.554

注：A—百喜草覆盖；B—百喜草敷盖；C—裸露对照处理。

从表 5-27 中可以看出，随降雨强度与降雨量的增加，三种处理方式的地表径流系数总体上呈增加的趋势，尤其在暴雨及大暴雨、特大暴雨下的增加更为明显。2010 年 12 月 8 日的一场中雨（降雨量 16.1 mm），百喜草覆盖、百喜草敷盖和裸露对照三种处理方式地表径流系数分别为 0.010、0.016、0.134；2010 年 4 月 21 日的一场暴雨（降雨量 70.4 mm），三种处理方式的地表径流系数分别为 0.021、0.045、0.582。表 5-27 中也出现小雨型的地表径流系数比大雨型大，如 2010 年 12 月 10 日的一场中雨（降雨量 7.8 mm），三种处理方式的地表径流系数分别为 0.008、0.008、0.232，2010 年 4 月 29 日的一场暴雨（降雨量 17.9 mm），三种处理方式的地表径流系数分别为 0.000、0.015、0.200，其原因主要是各处理方式的产流除与本场降雨（降雨量、降雨强度、历时）有关，还与降雨前期条件（如土壤初始含水量）密切相关。

表 5-27 也显示，水土保持措施（覆盖与敷盖）的地表径流系数始终较裸露对照处理方式小，且保持在较低水平，减水率在 90% 以上；百喜草敷盖处理地表径流系数较百喜草覆盖处理稍大，而裸露对照处理地表径流系数一直保持较高水平。

2. 壤中流和地下径流

地下径流指水分以地下水形式流动，而壤中流指水分在浅层土壤内的运动，包括水分在土壤内的垂直下渗和水平侧流。对任何一场降雨，至少有一部分水分将沿着土壤内的孔隙入渗到土壤内部形成土壤水，土壤水在土壤内的流动形成壤中流，部分形成地下径流，地下径流和壤中流统称为基流。基流的作用首先是通过改变土壤内的水分含量，影响土壤水分的分布，从而影响径流分配；其次是形成洪水过程和枯季流量，在某些情况下，基流甚至可以形成洪峰。由于剧烈的非线性和滞后现象，土壤水在土壤中重新分配、损耗、蒸发、渗漏，即使在均一的、非湿胀的土壤中，过程也非常复杂（裴铁 等，1998）。

为便于论述，本书将地表以下的渗漏和径流统称为地下径流。根据自记水位计数据，笔者整理 2010 年不同处理方式各月地下径流数据，结果如表 5-28 所示。

表 5-28　渗漏小区不同处理方式各月地下径流特征表

月份	处理方式	2010 年	
		地下径流量/mm	地下径流系数
1	A	11.2	0.256
	B	13.1	0.298
	C	3.1	0.071
2	A	129.2	0.814
	B	117.5	0.740
	C	85.5	0.538
3	A	142.7	1.041
	B	142.2	1.037
	C	104.8	0.764
4	A	210.8	0.647
	B	267.1	0.819
	C	132.8	0.407

续表

月份	处理方式	2010 年	
		地下径流量/mm	地下径流系数
5	A	224.6	0.981
	B	191.5	0.837
	C	131.2	0.573
6	A	201.3	0.710
	B	184.8	0.652
	C	117.2	0.414
7	A	41.0	0.734
	B	54.5	0.974
	C	27.3	0.488
8	A	0.0	0.000
	B	0.1	0.004
	C	0.0	0.000
9	A	0.3	0.006
	B	10.1	0.163
	C	0.0	0.000
10	A	0.4	0.011
	B	19.1	0.497
	C	0.0	0.000
11	A	0.1	0.003
	B	7.7	0.177
	C	0.0	0.000
12	A	0.3	0.012
	B	17.1	0.710
	C	0.0	0.000
合计	A	961.9	0.671
	B	1 024.8	0.715
	C	601.9	0.420

注：A—百喜草覆盖；B—百喜草敷盖；C—裸露对照。

与地表径流相比，各处理方式的地下径流均较大，2010 年百喜草覆盖、百喜草敷盖和裸露对照处理的年均地下径流系数分别为 0.671、0.715 和 0.420，均大于地表径流系数 0.013、0.015 和 0.302，尤其是百喜草覆盖和百喜草敷盖处理的地下径流系数远大于地表径流系数。

表 5-28 和图 5-15 显示，各处理方式的地下径流量月际分布特征与降雨月际分布特征也较为一致，即随降雨量增加（或减少）也相应增加（或减少），比如降雨较多的 4～6 月，相应的地下径流量也很大。2010 年百喜草覆盖、百喜草敷盖和裸露对照处理的地下径流系数分别为 0.671、0.715 和 0.420，地下径流量分别为 961.9 mm、1 024.8 mm 和 601.9 mm。

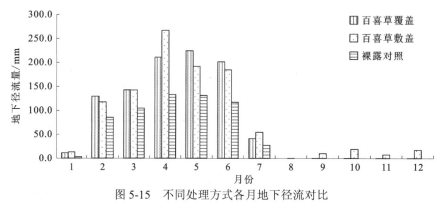

图 5-15　不同处理方式各月地下径流对比

表 5-28 和图 5-15 也显示，各处理方式地下径流特征存在较大差异，尤其裸露对照处理的地下径流量全年各月份大多小于百喜草覆盖和百喜草敷盖处理，基本处于最小值，特别是降雨较为集中的 4～6 月，差异更显著，这是因为裸露对照处理承接的降雨很大一部分以地表径流形式损失，造成地下径流量大大削减。2010 年中，百喜草敷盖处理的地下径流量基本保持最大，但偶尔也有小于百喜草覆盖处理的月份，如 2 月、3 月、5 月、6 月四个月，其最大值出现在 4 月（267.1 mm）；百喜草覆盖处理的地下径流量基本介于百喜草敷盖与裸露对照处理之间，数值与百喜草敷盖处理接近，但变化幅度较大，其最大值出现在 5 月（224.6 mm）；而裸露对照处理的地下径流量各月份基本处于最小值，其最大值出现在 4 月（132.8 mm）。

相对于地表径流变化规律，地下径流似乎更为复杂。地表径流对降雨反应迅速，具有突然性和不稳定性，而地下径流除与当次降雨特征有关外，还与前次降雨及土壤初始状况、温度、湿度等因素有关，而且变化有明显的滞后现象，升降相对缓慢。当某次降雨的地下径流包含有前次降雨量的贡献时，一次大的降雨可以把地下径流提高到较高水平，而相对较小的一次降雨，虽显示不出对地下径流量的贡献，但可以维持此地下径流量更长一段时间。

由此可得出结论：百喜草敷盖处理的敷盖材料能增加地表层的粗糙度，从而减缓水流速度，使降水缓慢渗透到土壤中，提高土壤的下渗率，减少土壤表层的流失，变地表径流为地下径流，达到削减洪峰的目的；百喜草覆盖处理的活体百喜草不仅具有上述百喜草敷盖处理的敷盖材料的功效，变地表径流为地下径流，而且还具有改良土壤，促进土壤水分运动的作用，但因活体百喜草生长发育及蒸腾等作用要消耗一部分水量，从而导致地下径流量较百喜草敷盖处理偏小，这也符合水量平衡原理。

笔者为了确定不同处理方式地下径流是否存在差异性或差异性是否显著，对观测期间三种处理方式的地下径流系数做单因素方差分析，结果如表 5-29 所示。

表 5-29　不同处理方式地下径流系数方差分析结果

措施	平方和	df	均方	F	显著性
组间	114 800 000.000	2	57 380 000.000	4.955	0.013
组内	382 100 000.000	33	11 580 000.000		
总数	496 900 000.000	35			

结果显示不同处理方式间存在显著差异，为寻找差异来源，笔者对数据进行多重比较，结果如表 5-30 所示。

表 5-30　不同处理方式地下径流系数多重比较

（I）处理	（J）处理	均值差（I-J）	标准误	显著性	95%置信区间	
					下限	上限
A	B	867.485	1 389.255	0.537	−1 958.980	3 693.946
	C	−3 278.350	1 389.255	0.024	−6 104.810	−451.893
B	A	−867.485	1 389.255	0.537	−3 693.950	1 958.976
	C	−4 145.840	1 389.255	0.005	−6 972.300	−1 319.380
C	A	3 278.354	1 389.255	0.024	451.893	6 104.815
	B	4 145.839	1 389.255	0.005	1 319.378	6 972.300

注：A—百喜草覆盖；B—百喜草敷盖；C—裸露对照。

表 5-30 显示裸露对照处理与百喜草覆盖、百喜草敷盖处理差异显著，而百喜草覆盖与百喜草敷盖处理之间差异不显著，因此水土保持措施（覆盖与敷盖）能截留降雨，增加土壤入渗，将大部分降雨转化为地下径流，相对裸露地表，其蓄水减流效益显著。

3. 渗漏小区径流调控特征

在上述地表径流、地下径流分析研究的基础上，笔者整合得到 2010 年渗漏小区各处理方式的总径流，结果如表 5-31 所示。

表 5-31　渗漏小区各处理方式径流特征

年份	降雨量 /mm	处理 方式	地表径流（R_s）		地下径流（R_g）		总径流		R_s/R_g
			径流量/mm	径流系数	径流量/mm	径流系数	径流量/mm	径流系数	
2010	1 433.0	A	18.2	0.013	962.0	0.671	980.1	0.684	1/52.9
		B	21.3	0.015	1 024.8	0.715	1 046.0	0.730	1/48.1
		C	432.1	0.302	601.9	0.420	1 034.0	0.722	1/1.4

注：A—百喜草覆盖；B—百喜草敷盖；C—裸露对照。

由表 5-31 和图 5-16 可知，不仅各处理方式的总径流量间存在差异，而且径流分配差异更为明显。百喜草敷盖处理总径流量最大，裸露对照次之，百喜草覆盖最小。百喜草覆盖和百喜草敷盖处理方式之间的径流分配较为一致，但与裸露对照处理的径流分配存在较大差异，主要体现在百喜草覆盖和百喜草敷盖处理方式的地表径流远小于裸露对照处理，而地下径流却超出裸露对照处理许多。2010 年，百喜草覆盖处理方式的总径流系数为 0.684，其中地表径流系数和地下径流系数分别为 0.013、0.671；百喜草敷盖处理的总径流系数为 0.730，其中地表径流系数和地下径流系数分别为 0.015、0.715；裸露对照处理的总径流系数为 0.722，其中地表径流系数和地下径流系数分别为 0.302、0.420。百喜草敷盖处理方式的地表径流系数、地下径流系数、总径流系数分别是百喜草覆盖处理方式的 1.17 倍、1.07 倍和 1.07 倍；裸露对照处理方式的地表径流系数、地下径流系数、总径流系数分别是百喜草覆盖处理方式的 23.23 倍、0.60 倍和 1.05 倍，是百喜草敷盖处理方式的 20.29 倍、0.59 倍和 0.99 倍，可以排序如下。

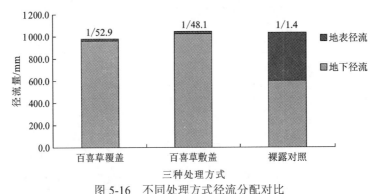

图 5-16　不同处理方式径流分配对比

（1）总径流系数：百喜草敷盖处理（0.730）>裸露对照处理（0.722）>百喜草覆盖处理（0.684）。

（2）地表径流系数：裸露对照处理（0.302）>百喜草敷盖处理（0.015）>百喜草覆盖处理（0.013）。

（3）地下径流系数：百喜草敷盖处理（0.715）>百喜草覆盖处理（0.671）>裸露对照处理（0.420）。

百喜草覆盖、百喜草敷盖和裸露对照处理年地表径流系数与地下径流系数比值分别为 1/51.7、1/47.7 和 1/1.4。

百喜草覆盖处理的活体百喜草地上部分的叶、匍匐茎可避免雨滴直接击打地表，减少飞溅冲蚀及土粒的分散，保护地表，同时增加地表粗糙度，减缓地表径流流速，延长汇流时间，从而增加入渗量，使得大部分降雨转化为地下径流，地表径流系数最小，但由于百喜草生长吸收及蒸腾作用需要消耗较多的水分，致使总径流系数也最小，这正符合水量平衡原理；百喜草敷盖处理的敷盖材料能增加地表层的粗糙度，从而减缓水流速度，使降水缓慢渗透到土壤中，提高土壤的下渗率，减少土壤表层的流失，变地表径流为地下径流，而且敷盖材料又能减少水分的蒸发，致使其地下径流系数、总径流系数最大；而裸露对照处理因地表裸露，雨滴击溅，使土壤表层团聚体遭到破坏，分散的颗粒填充了土壤表面的孔隙，土壤表面被压实形成结皮，使土壤的入渗能力急剧衰减，承接的降雨主要以地表径流形式流出小区，造成其地表径流系数比百喜草覆盖处理、百喜草敷盖处理的显著增大，地下径流系数却显著减小，同时存在一定地表水分蒸发损失，使得总径流系数介于二者之间。

裸露对照处理方式一次性降雨最大地表径流量最大，达 71.7 mm，径流系数 0.554，其地表径流量分别为同场降雨百喜草覆盖和百喜草敷盖处理方式地表径流量的 34.14 倍和 28.68 倍，该场降雨降雨量、降雨强度、历时分别为 129.5 mm、10.87 mm/h、715 min。

5.4　不同措施侵蚀产沙特征及调控机制

在小流域综合治理或水土流失监测预报工作中，土壤流失量是需要研究的主要因子之一，因为这不仅关系流域本身的发展演变，而且也反映了流域的环境特性、水土流失程度及人类活动的影响，所以开展坡面小区不同措施侵蚀产沙规律研究，探讨侵蚀机制具有重要意义。

5.4.1　水土保持措施小区侵蚀产沙特征

1. 年侵蚀产沙特征

通过对 15 个试验小区全年产沙量数据进行整理，结果如图 5-17 所示。从图 5-17 中可以看出，各小区之间年产沙量存在显著差异。年产沙量最大的是第 4 小区（全园裸露），产沙量达 392.97 kg，侵蚀模数达 3 929.7 t/（km^2·a），属中度侵蚀；其次是第 10 小区（柑橘清耕），产沙量达 228.35 kg，侵蚀模数达 2 283.5 t/（km^2·a），属中度侵蚀；第 13 小区（水平梯田清耕），产沙量也较大，达 75.02 kg，侵蚀模数达 750.2 t/（km^2·a），属轻度侵蚀。年产沙量最小的是第 2 小区，第 1、3、6、11 小区年产沙量与第 2 小区相当，均不到 1.00 kg，侵蚀模数均小于 10.0 t/（km^2·a），属微度侵蚀。年产沙量最大的第 4 小区是

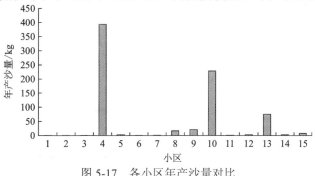

图 5-17　各小区年产沙量对比

年产沙量最小的第 2 小区的 836 倍。全园裸露区、柑橘清耕区和水平梯田清耕区，地表裸露，土壤抗蚀性差，在雨滴击溅侵蚀和径流冲刷侵蚀双重作用下，导致严重的侵蚀产沙；水土保持措施小区，通过增加地面覆盖或改变微地形，减轻甚至预防雨滴击溅侵蚀和径流冲刷侵蚀，达到保土减沙效果。

根据水土保持措施不同，将 15 个小区划分为四大类（图 5-18），第一类为植物措施，包括第 1、2、3、5、6、7 六个小区；第二类为耕作措施，包括第 8、9 两个小区；第三类为工程措施，包括第 11、12、14、15 梯田区组的四个小区；第四类为对照小区，包括第 4、10、13 三个小区（分别为全园裸露、柑橘清耕、水平梯田清耕）。

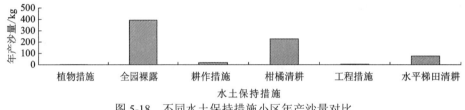

图 5-18　不同水土保持措施小区年产沙量对比

通过对表 5-32、图 5-18 的分析可以看出，与对照小区相比，水土保持措施小区具有显著的保土减沙效果，第 4、10、13 小区年产沙量分别是植物措施年产沙量的 418.1 倍、242.9 倍和 79.8 倍，是耕作措施年产沙量的 21.0 倍、12.2 倍和 4.0 倍，是工程措施年产沙量的 124.4 倍、72.3 倍和 23.7 倍。不同水土保持措施之间年产沙量也存在一定差异，植物措施年产沙量最小，年产沙量不足 1.00 kg，其次是工程措施，年产沙量仅有 3.16 kg，耕作措施年产沙量相对稍大，为 18.71 kg。因此相对来说植物措施保土减沙效果最好。

表 5-32　不同水土保持措施小区年产沙量对比表

措施	小区	年产沙量/kg	侵蚀模数/[t/（km²·a）]
植物措施	1	0.58	5.8
	2	0.47	4.7
	3	0.61	6.1
	5	2.37	23.7
	6	0.55	5.5
	7	1.06	10.6
	平均	0.94	9.4
全园裸露（对照）	4	392.97	3 929.7
耕作措施	8	16.73	167.3
	9	20.69	206.9
	平均	18.71	187.1
柑橘清耕（对照）	10	228.35	2 283.5

续表

措施	小区	年产沙量/kg	侵蚀模数/[t/（km²·a）]
	11	0.72	7.2
	12	2.26	22.6
工程措施	14	2.46	24.6
	15	7.20	72.0
	平均	3.16	31.6
水平梯田清耕（对照）	13	75.02	750.2

为了进一步确定各类水土保持措施年产沙量是否存在差异性或差异性是否显著，笔者对年产沙量进行单因素方差分析，结果如表 5-33 所示。

表 5-33　不同水土保持措施小区年产沙量方差分析结果

措施	平方和	df	均方	F	显著性
组间	124 670.893	3	41 556.964	9.034	0.003
组内	50 601.432	11	4 600.130		
总数	175 272.325	14			

表 5-33 结果显示组间存在极显著差异，在此基础上，笔者对各类水土保持措施进行多重比较，查找差异来源。

表 5-34 显示，各类水土保持措施与对照组均存在极显著差异，水土保持措施之间差异不显著。

表 5-34　不同水土保持措施小区年产沙量多重比较结果

措施		均值差（I-J）	标准误	显著性	95%置信区间	
					下限	上限
植物措施	耕作措施	−17.770 000 0	55.378 276 05	0.754	−139.656 764 00	104.116 763 80
	工程措施	−2.220 000 0	43.780 371 31	0.960	−98.579 947 50	94.139 947 55
	对照	−231.173 333 3	47.958 993 88	0.001	−336.730 367 00	−125.616 300 00
耕作措施	植物措施	17.770 000 0	55.378 276 05	0.754	−104.116 764 00	139.656 763 80
	工程措施	15.550 000 0	58.737 531 79	0.796	−113.730 436 00	144.830 435 80
	对照	−213.403 333 3	61.914 794 87	0.005	−349.676 878 00	−77.129 788 60
工程措施	植物措施	2.220 000 0	43.780 371 31	0.960	−94.139 947 50	98.579 947 55
	耕作措施	−15.550 000 0	58.737 531 79	0.796	−144.830 436 00	113.730 435 80
	对照	−228.953 333 3	51.801 633 91	0.001	−342.967 961 00	−114.938 706 00
对照	植物措施	231.173 333 3	47.958 993 88	0.001	125.616 299 50	336.730 367 20
	耕作措施	213.403 333 3	61.914 794 87	0.005	77.129 788 64	349.676 878 00
	工程措施	228.953 333 3	51.801 633 91	0.001	114.938 705 80	342.967 960 80

植物措施类小区中，第 2 小区百喜草带状覆盖年产沙量最小，全年仅有 0.47 kg，第 5 小区宽叶雀稗全园覆盖年产沙量相对最大，全年有 2.37 kg，是第 2 小区的 5 倍，说明植物措施中百喜草带状覆盖保土减沙效果最好。不同草种之间，百喜草小区年产沙量最小，为 0.55 kg，其次为狗牙根小区，为 0.81 kg，宽叶雀稗小区年产沙量最大，为 2.37 kg，说明百喜草小区减流效果最好。同一草种不同处理方式之间，百喜草全园覆盖与带状覆盖效果相当。

耕作措施类小区中，第 8 小区横坡间种年产沙量相对较小，为 16.73 kg，保土减沙效果优于第 9 小区纵坡间种。

工程措施类小区中，第 11 小区水平梯田（前埂后沟）年产沙量最小，为 0.72 kg，其次是第 12 小区梯壁植草水平梯田和 14 小区内斜式梯田，第 15 小区外斜式梯田年产沙量最大，为 7.20 kg，是第 11 小区的 10 倍。说明前埂后沟的水平梯田在梯田类工程措施的蓄水减流效果最好。

2. 月侵蚀产沙特征

按月整理各小区产沙数据，结果如表 5-35 和图 5-19 所示。

表 5-35　各小区月产沙特征

小区	指标	1	2	3	4	5	6	7	8	9	10	11	12	全年
1	产沙量/kg	0.01	0.06	0.06	0.12	0.11	0.16	0.03	0.00	0.02	0.01	0.00	0.01	0.59
	占全年百分比/%	1.69	10.17	10.17	20.34	18.64	27.12	5.08	0.00	3.39	1.69	0.00	1.69	100.00
2	产沙量/kg	0.02	0.06	0.05	0.10	0.04	0.10	0.02	0.01	0.03	0.03	0.01	0.01	0.48
	占全年百分比/%	4.17	12.50	10.42	20.83	8.33	20.83	4.17	2.08	6.25	6.25	2.08	2.08	100.00
3	产沙量/kg	0.03	0.06	0.06	0.16	0.06	0.12	0.02	0.02	0.05	0.01	0.01	0.01	0.61
	占全年百分比/%	4.92	9.84	9.84	26.23	9.84	19.67	3.28	3.28	8.20	1.64	1.64	1.64	100.00
4	产沙量/kg	0.09	1.88	11.09	76.77	63.72	88.26	95.95	0.25	51.36	3.41	0.09	0.10	392.97
	占全年百分比/%	0.02	0.48	2.82	19.54	16.21	22.46	24.42	0.06	13.07	0.87	0.02	0.03	100.00
5	产沙量/kg	0.02	0.10	0.30	0.88	0.52	0.25	0.20	0.01	0.04	0.02	0.01	0.02	2.37
	占全年百分比/%	0.84	4.22	12.66	37.13	21.94	10.55	8.44	0.42	1.69	0.84	0.42	0.84	100.00
6	产沙量/kg	0.02	0.04	0.06	0.12	0.10	0.11	0.02	0.01	0.04	0.01	0.02	0.01	0.56
	占全年百分比/%	3.57	7.14	10.71	21.43	17.86	19.64	3.57	1.79	7.14	1.79	3.57	1.79	100.00
7	产沙量/kg	0.02	0.10	0.17	0.28	0.16	0.19	0.03	0.01	0.04	0.01	0.01	0.02	1.04
	占全年百分比/%	1.92	9.62	16.35	26.92	15.38	18.27	2.88	0.96	3.85	0.96	0.96	1.92	100.00
8	产沙量/kg	0.04	0.58	0.78	1.06	2.00	0.67	10.91	0.21	0.29	0.11	0.02	0.04	16.71
	占全年百分比/%	0.24	3.47	4.67	6.34	11.97	4.01	65.29	1.26	1.74	0.66	0.12	0.24	100.00

续表

小区	指标	月份												全年
		1	2	3	4	5	6	7	8	9	10	11	12	
9	产沙量/kg	0.08	0.63	0.79	0.89	2.51	2.63	11.85	0.19	0.69	0.33	0.03	0.07	20.69
	占全年百分比/%	0.39	3.04	3.82	4.30	12.13	12.71	57.27	0.92	3.33	1.59	0.14	0.34	100.00
10	产沙量/kg	0.05	1.21	5.27	61.75	28.37	68.88	60.56	0.16	1.55	0.45	0.03	0.05	228.33
	占全年百分比/%	0.02	0.53	2.31	27.04	12.42	30.17	26.52	0.07	0.68	0.20	0.01	0.02	100.00
11	产沙量/kg	0.02	0.09	0.09	0.19	0.09	0.11	0.03	0.01	0.04	0.02	0.01	0.01	0.71
	占全年百分比/%	2.82	12.68	12.68	26.76	12.68	15.49	4.23	1.41	5.63	2.82	1.41	1.41	100.00
12	产沙量/kg	0.02	0.24	0.15	1.05	0.26	0.16	0.28	0.01	0.03	0.02	0.02	0.02	2.26
	占全年百分比/%	0.88	10.62	6.64	46.46	11.50	7.08	12.39	0.44	1.33	0.88	0.88	0.88	100.00
13	产沙量/kg	0.20	0.45	2.3	19.37	8.05	18.07	25.17	0.25	0.9	0.18	0.01	0.07	75.02
	占全年百分比/%	0.27	0.60	3.07	25.82	10.73	24.09	33.55	0.33	1.20	0.24	0.01	0.09	100.00
14	产沙量/kg	0.02	0.08	0.16	0.74	0.39	0.59	0.36	0.02	0.05	0.02	0.02	0.02	2.47
	占全年百分比/%	0.81	3.24	6.48	29.96	15.79	23.89	14.57	0.81	2.02	0.81	0.81	0.81	100.00
15	产沙量/kg	0.02	0.16	0.32	2.50	1.96	0.66	1.48	0.01	0.05	0.02	0.01	0.02	7.21
	占全年百分比/%	0.28	2.22	4.44	34.67	27.18	9.15	20.53	0.14	0.69	0.28	0.14	0.28	100

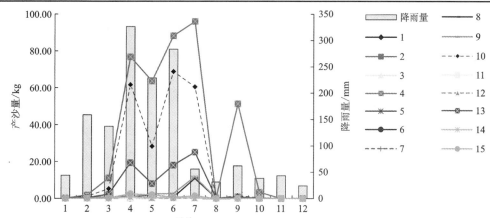

图 5-19　各小区月产沙量及降雨量对比图

各小区产沙量时间变化总体上与降雨量的变化趋势相一致，在降雨量集中的 4～6 月（降雨量占全年的 58.50%），各小区产沙量占全年百分比分别为 66.10%、49.99%、55.74%、58.21%、69.62%、58.93%、60.58%、22.32%、29.14%、69.64%、54.93%、65.04%、60.64%、69.64% 和 71.01%，除第 2、8、9 小区外，其他均在 50.00% 以上。第 8、9 小区 7 月份耕种，土壤表层被翻松，且暂时缺乏植被覆盖，导致 7 月份产沙量较大，占全年百分比分别为 65.25%、57.26%，使得 4～6 月产沙量比重下降。

各小区之间对比，降雨量较小月份，如 1 月、2 月、11 月、12 月，其产沙量也很小，各小区之间差异不明显，随降雨量增大，如 4 月、5 月、6 月，产沙量也随之增大，各小区之间差异显著，主要体现在第 4、10、13 小区产沙量远比其他小区大，这与年侵蚀产沙特征是一致的，地表裸露，土壤抗蚀性差，在雨滴击溅侵蚀和径流冲刷侵蚀双重作用下，导致严重的侵蚀产沙。水土保持措施小区，通过增加地面覆盖或改变微地形，减轻了雨滴击溅侵蚀和径流冲刷侵蚀，从而达到保土减沙效果。

为了进一步确定各小区月产沙量是否存在差异性或差异性是否显著，笔者对月产沙量进行单因素方差分析，结果如表 5-36 所示。

表 5-36　各小区月产沙量方差分析结果

措施	平方和	df	均方	F	显著性
组间	14 605.391	14	1 043.242	6.436	0.000
组内	26 746.095	165	162.098		
总数	41 351.487	179			

表 5-36 结果显示小区间存在极显著差异，在此基础上，笔者对各小区进行多重比较，查找差异来源，结果如表 5-37 所示。

表 5-37　各小区月产沙量多重比较显著性值

	1	2	3	4	5	6	7	8	9	10	11	12	13	14	15
1		0.999	1.000	0.000	0.977	1.000	0.994	0.796	0.748	0.000	0.998	0.979	0.234	0.976	0.916
2	0.999		0.998	0.000	0.976	0.999	0.993	0.795	0.746	0.000	0.997	0.977	0.234	0.975	0.914
3	1.000	0.998		0.000	0.978	0.999	0.995	0.797	0.748	0.000	0.999	0.979	0.235	0.976	0.916
4	0.000	0.000	0.000		0.000	0.000	0.000	0.000	0.000	0.009	0.000	0.000	0.000	0.000	0.000
5	0.977	0.976	0.978	0.000		0.977	0.983	0.818	0.769	0.000	0.979	0.999	0.246	0.999	0.938
6	1.000	0.999	0.999	0.000	0.977		0.994	0.796	0.747	0.000	0.998	0.978	0.234	0.976	0.915
7	0.994	0.993	0.995	0.000	0.983	0.994		0.802	0.753	0.000	0.996	0.984	0.237	0.982	0.921
8	0.796	0.795	0.797	0.000	0.818	0.796	0.802		0.949	0.001	0.798	0.817	0.351	0.820	0.879
9	0.748	0.746	0.748	0.000	0.769	0.747	0.753	0.949		0.001	0.749	0.768	0.385	0.771	0.829
10	0.000	0.000	0.000	0.009	0.000	0.000	0.000	0.001	0.001		0.000	0.000	0.015	0.000	0.001
11	0.998	0.997	0.999	0.000	0.979	0.998	0.996	0.798	0.749	0.000		0.980	0.235	0.978	0.917
12	0.979	0.977	0.979	0.000	0.999	0.978	0.984	0.817	0.768	0.000	0.980		0.245	0.997	0.937
13	0.234	0.234	0.235	0.000	0.246	0.234	0.237	0.351	0.385	0.015	0.235	0.245		0.246	0.279
14	0.976	0.975	0.976	0.000	0.999	0.976	0.982	0.820	0.771	0.000	0.978	0.997	0.246		0.940
15	0.916	0.914	0.916	0.000	0.938	0.915	0.921	0.879	0.829	0.001	0.917	0.937	0.279	0.940	

表 5-37 显示，各类水土保持措施小区与对照组第 4、10、13 小区均存在极显著差异，且对照组第 4、10、13 小区之间也存在显著差异，但各类水土保持措施小区之间差异不显著。

将各小区按不同水土保持措施重新整理，结果如表 5-38 所示。

表 5-38　不同水土保持措施产沙特征

措施	小区	指标	月份												全年
			1	2	3	4	5	6	7	8	9	10	11	12	
植物措施	1	产沙量/kg	0.01	0.06	0.06	0.12	0.11	0.16	0.03	0.00	0.02	0.01	0.00	0.01	0.58
		占全年百分比/%	1.88	10.46	9.58	20.07	18.72	27.77	4.62	0.00	2.68	1.76	0.78	1.69	100.00
	2	产沙量/kg	0.02	0.06	0.05	0.10	0.04	0.10	0.02	0.01	0.03	0.03	0.01	0.01	0.47
		占全年百分比/%	3.30	11.95	11.13	22.01	7.94	20.87	4.65	1.76	5.88	7.16	1.61	1.74	100.00
	3	产沙量/kg	0.03	0.06	0.06	0.16	0.06	0.12	0.02	0.02	0.05	0.01	0.01	0.01	0.61
		占全年百分比/%	4.21	9.79	10.26	25.59	9.46	20.40	3.84	3.93	7.90	1.88	1.88	0.86	100.00
	5	产沙量/kg	0.02	0.10	0.30	0.88	0.52	0.25	0.20	0.01	0.04	0.02	0.01	0.02	2.37
		占全年百分比/%	0.98	4.39	12.58	37.23	22.09	10.36	8.47	0.40	1.75	0.69	0.41	0.65	100.00
	6	产沙量/kg	0.02	0.04	0.06	0.12	0.10	0.11	0.02	0.01	0.04	0.01	0.02	0.01	0.55
		占全年百分比/%	3.64	7.72	10.51	21.64	17.28	19.35	4.20	1.61	6.55	2.11	2.72	2.67	100.00
	7	产沙量/kg	0.02	0.10	0.17	0.28	0.16	0.19	0.03	0.01	0.04	0.01	0.01	0.02	1.06
		占全年百分比/%	2.16	9.29	16.31	26.33	15.56	18.41	2.64	1.30	3.96	1.38	0.99	1.66	100.00
	平均	产沙量/kg	0.12	0.42	0.70	1.65	0.99	0.93	0.32	0.06	0.21	0.10	0.06	0.07	5.63
		占全年百分比/%	2.09	7.47	12.40	29.38	17.51	16.49	5.75	1.14	3.74	1.73	1.04	1.26	99.99
全园裸露（对照）	4	产沙量/kg	0.09	1.88	11.09	76.77	63.72	88.26	95.95	0.25	51.36	3.41	0.09	0.10	392.97
		占全年百分比/%	0.02	0.48	2.82	19.54	16.22	22.46	24.42	0.06	13.07	0.87	0.02	0.03	100.00
耕作措施	8	产沙量/kg	0.04	0.58	0.78	1.06	2.00	0.67	10.91	0.21	0.29	0.11	0.02	0.04	16.73
		占全年百分比/%	0.23	3.46	4.69	6.35	11.97	3.99	65.25	1.26	1.76	0.68	0.13	0.23	100.00
	9	产沙量/kg	0.08	0.63	0.79	0.89	2.51	2.63	11.85	0.19	0.69	0.33	0.03	0.07	20.69
		占全年百分比/%	0.40	3.07	3.81	4.32	12.13	12.71	57.26	0.91	3.32	1.57	0.14	0.36	100.00
	平均	产沙量/kg	0.12	1.21	1.57	1.96	4.51	3.30	22.76	0.40	0.98	0.44	0.05	0.11	37.42
		占全年百分比/%	0.32	3.24	4.20	5.23	12.06	8.81	60.83	1.07	2.62	1.17	0.14	0.30	100.00
柑橘清耕（对照）	10	产沙量/kg	0.05	1.21	5.27	61.75	28.37	68.88	60.56	0.16	1.55	0.45	0.03	0.05	228.35
		占全年百分比/%	0.02	0.53	2.31	27.04	12.42	30.16	26.52	0.07	0.68	0.20	0.01	0.02	100.00

续表

措施	小区	指标	月份												全年
			1	2	3	4	5	6	7	8	9	10	11	12	
工程措施	11	产沙量/kg	0.02	0.09	0.09	0.19	0.09	0.11	0.03	0.01	0.04	0.02	0.01	0.01	0.72
		占全年百分比/%	2.76	12.72	12.33	26.57	12.58	15.89	4.68	1.73	5.15	2.51	1.49	1.60	100.00
	12	产沙量/kg	0.02	0.24	0.15	1.05	0.26	0.16	0.28	0.01	0.03	0.02	0.02	0.02	2.26
		占全年百分比/%	0.83	10.48	6.69	46.71	11.44	7.17	12.40	0.47	1.22	0.88	0.72	0.99	100.00
	14	产沙量/kg	0.02	0.08	0.16	0.74	0.39	0.59	0.36	0.02	0.05	0.02	0.02	0.02	2.46
		占全年百分比/%	0.96	3.30	6.55	30.11	15.70	23.86	14.50	0.85	2.05	0.86	0.62	0.64	100.00
	15	产沙量/kg	0.02	0.16	0.32	2.50	1.96	0.66	1.48	0.01	0.02	0.02	0.01	0.02	7.20
		占全年百分比/%	0.34	2.24	4.38	34.76	27.19	9.21	20.50	0.17	0.63	0.24	0.13	0.21	100.00
	平均	产沙量/kg	0.09	0.57	0.72	4.49	2.69	1.53	2.15	0.06	0.16	0.08	0.05	0.06	12.63
		占全年百分比/%	0.69	4.52	5.67	35.53	21.31	12.07	16.99	0.44	1.27	0.60	0.41	0.51	100.01
水平梯田清耕（对照）	13	产沙量/kg	0.20	0.45	2.30	19.37	8.05	18.07	25.17	0.25	0.90	0.18	0.01	0.07	75.02
		占全年百分比/%	0.27	0.61	3.07	25.82	10.74	24.08	33.55	0.34	1.20	0.24	0.02	0.09	100.00

图 5-20 结果显示，各类水土保持措施降雨量越大，其差异表现得越明显，在降雨集中的 4～6 月，各类水土保持措施月产沙量差异显著，其中第 4 小区（全园裸露小区）月产沙量最大，其次是第 10 小区（柑橘清耕）及第 13 小区（水平梯田清耕），其月产沙量都明显大于其他水土保持措施小区。不同水土保持措施之间，耕作措施月产沙量最大，植物措施月产沙量最小。

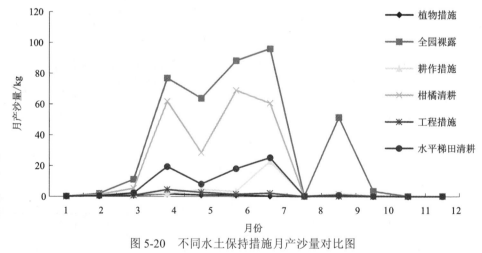

图 5-20 不同水土保持措施月产沙量对比图

在此基础上，为了进一步确定各类水土保持措施月产沙量是否存在差异性或差异性是否显著，笔者对月产沙量进行单因素方差分析，结果如表 5-39 所示。

表 5-39　不同水土保持措施月产沙量方差分析结果

措施	平方和	df	均方	F	显著性
组间	10 388.579	3	3 462.860	19.684	0.000
组内	30 962.908	176	175.926		
总数	41 351.487	179			

表 5-39 结果显示组间存在极显著差异，在此基础上，笔者对各类水土保持措施进行多重比较，查找差异来源。

表 5-40 显示，各类水土保持措施小区与对照组均存在极显著差异，但各类水土保持措施小区之间差异不显著，这与前面结论是一致的。

表 5-40　不同水土保持措施月产沙量多重比较

措施		均值差（I-J）	标准误	显著性	95%置信区间	
					下限	上限
植物措施	耕作措施	−1.479 861 11	3.126 282 958	0.637	−7.649 688 030	4.689 965 812
	工程措施	−0.185 069 44	2.471 543 689	0.940	−5.062 745 910	4.692 607 017
	对照	−19.263 750 00	2.707 440 461	0.000	−24.606 976 900	−13.920 523 100
耕作措施	植物措施	1.479 861 11	3.126 282 958	0.637	−4.689 965 810	7.649 688 035
	工程措施	1.294 791 67	3.315 923 819	0.697	−5.249 298 020	7.838 881 351
	对照	−17.783 888 89	3.495 290 606	0.000	−24.681 965 100	−10.885 812 700
工程措施	植物措施	0.185 069 44	2.471 543 689	0.940	−4.692 607 020	5.062 745 906
	耕作措施	−1.294 791 67	3.315 923 819	0.697	−7.838 881 350	5.249 298 018
	对照	−19.078 680 56	2.924 369 931	0.000	−24.850 025 200	−13.307 335 900
对照	植物措施	19.263 750 00	2.707 440 461	0.000	13.920 523 150	24.606 976 850
	耕作措施	17.783 888 89	3.495 290 606	0.000	10.885 812 680	24.681 965 090
	工程措施	19.078 680 56	2.924 369 931	0.000	13.307 335 930	24.850 025 180

图 5-21 显示，植物措施类小区中，第 2 小区百喜草带状覆盖各月产沙量基本最小，第 1、3、6 小区与第 2 小区基本相当，第 7 小区狗牙根全园覆盖各月产沙量稍大，第 5 小区宽叶雀稗全园覆盖各月产沙量均最大，尤其是 3～7 月，其他各月差异不明显，说明植物措施中百喜草全园或带状覆盖保土减沙效果最好。不同草种之间，百喜草小区月产沙量最小，其次为狗牙根小区，宽叶雀稗小区月产沙量最大，说明百喜草小区减流效果最好。同一草种不同处理方式之间，百喜草全园覆盖与带状覆盖基本相当，各月产沙量基本最小。

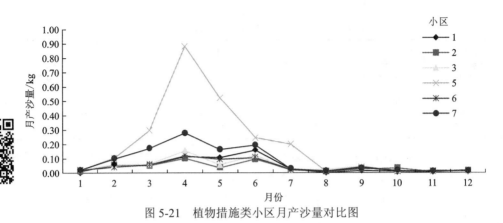

图 5-21　植物措施类小区月产沙量对比图

在此基础上，笔者进行方差分析，结果显示小区间存在显著性差异，具体见表 5-41。

表 5-41　不同植物措施小区月产沙量方差分析结果

措施	平方和	df	均方	F	显著性
组间	0.220	5	0.044	3.025	0.016
组内	0.961	66	0.015		
总数	1.181	71			

为寻找差异来源，笔者进行多重比较，结果显示，第 5 小区与第 1、2、3、6、7 小区均存在显著差异，而 1、2、3、6、7 小区之间差异不显著（见表 5-42）。

表 5-42　不同植物措施小区月产沙量多重比较显著性值

	1	2	3	5	6	7
1		0.853	0.973	0.004	0.960	0.449
2	0.853		0.827	0.002	0.893	0.347
3	0.973	0.827		0.004	0.933	0.470
5	0.004	0.002	0.004		0.003	0.028
6	0.960	0.893	0.933	0.003		0.420
7	0.449	0.347	0.470	0.028	0.420	

耕作措施类小区中（图 5-22），7 月作物耕种，土壤翻松，缺乏植被覆盖，导致侵蚀产沙量较大。小区之间对比，第 8 小区横坡间种各月产沙量基本最小，保土减沙效果稍优于第 9 小区纵坡间种。

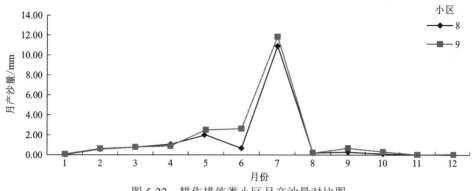

图 5-22　耕作措施类小区月产沙量对比图

在此基础上，笔者进行方差分析，结果显示小区间差异不显著（见表 5-43）。

表 5-43　不同耕作措施小区月产沙量方差分析结果

措施	平方和	df	均方	F	显著性
组间	0.660	1	0.660	0.065	0.801
组内	222.834	22	10.129		
总数	223.494	23			

工程措施类小区中（图 5-23），第 11 小区水平梯田（前埂后沟）月产沙量最小，其次是第 14 小区内斜式梯田和第 12 小区梯壁植草水平梯田，第 15 小区外斜式梯田月产沙量最大，说明前埂后沟的水平梯田在梯田类工程措施中蓄水减流效果最好。

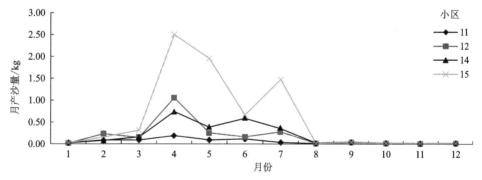

图 5-23　工程措施类小区月产沙量对比图

在此基础上，笔者进行方差分析，结果显示小区间差异显著（见表 5-44）。

表 5-44　不同耕作措施小区月产沙量方差分析结果

措施	平方和	df	均方	F	显著性
组间	1.974	3	0.658	2.842	0.049
组内	10.188	44	0.232		
总数	12.162	47			

为寻找差异来源，笔者进行了多重比较，结果如表 5-45 所示。

表 5-45　不同耕作措施小区月产沙量多重比较

(I) 小区	(J) 小区	均值差（I-J)	标准误	显著性	95%置信区间	
					下限	上限
11	12	-0.129 166 667	0.196 448 02	0.514	-0.525 081 640	0.266 748 303
	14	-0.146 666 667	0.196 448 02	0.459	-0.542 581 640	0.249 248 303
	15	-0.541 666 667	0.196 448 02	0.008	-0.937 581 640	-0.145 751 700
12	11	0.129 166 667	0.196 448 02	0.514	-0.266 748 300	0.525 081 636
	14	-0.017 500 000	0.196 448 02	0.929	-0.413 414 970	0.378 414 969
	15	-0.412 500 000	0.196 448 02	0.042	-0.808 414 970	-0.016 585 030
14	11	0.146 666 667	0.196 448 02	0.459	-0.249 248 300	0.542 581 636
	12	0.017 500 000	0.196 448 02	0.929	-0.378 414 970	0.413 414 969
	15	-0.395 000 000	0.196 448 02	0.051	-0.790 914 970	0.000 914 969
15	11	0.541 666 667	0.196 448 02	0.008	0.145 751 697	0.937 581 636
	12	0.412 500 000	0.196 448 02	0.042	0.016 585 031	0.808 414 969
	14	0.395 000 000	0.196 448 02	0.051	-0.000 914 970	0.790 914 969

表 5-45 显示第 15 小区与其他各小区存在显著差异，第 11、12、14 小区之间差异不显著。

3. 次降雨产沙特征

为进一步研究不同措施产沙机理，选取 2010 年不同雨型的次降雨，对比分析保土减沙效果。本书选取中雨及中雨以上雨型共 7 场降雨（其中中雨 2 场、大雨 1 场、暴雨 2 场及大暴雨、特大暴雨 2 场），具体如表 5-46 所示。

表 5-46　次降雨各小区产沙量

指标		雨型					
		中雨		大雨	暴雨		大暴雨、特大暴雨
日期		2010-12-10	2010-12-08	2010-05-23	2010-04-29	2010-05-06	2010-09-03	2010-04-18
历时/min		530	940	435	345	438	110	715
降雨量/mm		7.8	16.1	9.6	17.9	40.7	18.7	129.5
降雨强度/（mm/h)		0.88	1.03	1.32	3.11	5.58	10.20	10.87
产沙量 /kg	1 区	0.002 6	0.007 1	0.005 1	0.006 9	0.016 2	0.009 7	0.041 9
	2 区	0.003 8	0.004 3	0.001 8	0.006 9	0.003 3	0.014 0	0.036 3
	3 区	0.000 0	0.005 2	0.003 5	0.008 1	0.003 0	0.019 5	0.064 8

续表

指标		雨型						
		中雨	大雨	暴雨		大暴雨、特大暴雨		
产沙量 /kg	4 区	0.060 5	0.036 6	0.112 4	0.540 9	40.547 1	29.233 1	57.133 2
	5 区	0.005 3	0.010 2	0.003 1	0.007 5	0.216 9	0.023 2	0.654 4
	6 区	0.006 0	0.008 8	0.003 5	0.004 4	0.038 8	0.013 7	0.043 0
	7 区	0.005 4	0.012 2	0.003 5	0.011 6	0.073 3	0.020 2	0.118 2
	8 区	0.007 8	0.031 0	0.040 9	0.026 0	0.704 9	0.203 8	0 .483 9
	9 区	0.044 7	0.028 8	0.016 6	0.034 1	0.815 0	0.410 4	0.353 4
	10 区	0.035 6	0.018 6	0.039 6	0.419 8	19.029 3	0.903 5	52.338 1
	11 区	0.002 5	0.009 0	0.002 7	0.007 2	0.025 1	0.015 8	0.080 0
	12 区	0.005 9	0.016 4	0.003 6	0.005 4	0.153 4	0.012 1	0.910 6
	13 区	0.038 9	0.026 1	0.011 3	0.109 1	6.327 7	0.526 9	16.972 6
	14 区	0.005 0	0.010 7	0.003 4	0.010 7	0.105 7	0.024 1	0.525 5
	15 区	0.007 5	0.007 6	0.002 4	0.013 4	1.020 5	0.020 7	2.067 8

从表 5-46 中可以看出，次降雨条件下，随降雨量增大，各小区产沙量总体呈增大趋势。如 2010 年 4 月 18 日一场特大暴雨，降雨量达 129.5 mm，降雨强度达 10.87 mm/h，除第 8、9 小区外，其他小区产沙量均表现为最大值。

随降雨强度增大，各小区产沙量总体呈增大趋势，但不如降雨量变化趋势明显。如 2010 年 9 月 3 日一场大暴雨，降雨强度达 10.20 mm/h，但降雨量仅有 18.7 mm，各小区产沙量却小于 2010 年 5 月 6 日一场暴雨，这场暴雨降雨强度仅为 5.58 mm/h，但降雨量达 40.7 mm。

究其原因，产沙是侵蚀力与抗侵蚀力综合作用的结果，侵蚀力不仅体现于降雨强度的大小，也受降雨量的影响，如前述的降雨侵蚀力就是降雨动能与 60 min 最大降雨强度的乘积，而且除降雨侵蚀力外，其还与径流冲蚀力有关。

同一场降雨，作对照处理的第 4、10、13 小区产沙量与水土保持措施小区差异非常明显，且对照处理小区产沙量远大于水土保持措施小区，如 2010 年 4 月 18 日一场特大暴雨，雨量达 129.5 mm，降雨强度达 10.87 mm/h，第 4、10、13 小区产沙量分别达 57.133 2 kg、52.338 1 kg、16.972 6 kg，是第 2 小区百喜草带状覆盖的 1 428.3[①]倍、1 308.5[①]倍、424.3[①]倍，充分印证了水土保持措施蓄水减流效果。

同一场降雨，不同水土保持措施类型之间，植物措施产沙量最小，工程措施次之，耕作措施产沙量最大。在植物措施小区中，第 1 小区百喜草全园覆盖、第 2 小区百喜草带状覆盖产沙量最小，保土减沙效果最好。在耕作措施小区中，横坡间种保土减沙效果优于顺坡间种。在工程措施小区中，第 11 小区水平梯田（前埂后沟）产沙量最小，其次是 14 小区内斜式梯田和第 12 小区梯壁植草水平梯田，第 15 小区外斜式梯田产沙量相对最大，说明前埂后沟的水平梯田在梯田类工程措施的保土减沙效果最好。

---

① 数据基于原始数据。

5.4.2 渗漏小区侵蚀产沙机制

1. 月侵蚀产沙特征

本小节以渗漏小区为例，研究不同地被物侵蚀产沙特征，探讨地被物对侵蚀产沙的影响机制。

渗漏小区月侵蚀产沙量如表 5-47 所示，不同处理方式侵蚀产沙量对比见表 5-48。

表 5-47 渗漏小区月侵蚀产沙量结果 （单位：kg）

| 年份 | 处理方式 | 产沙量/kg | | | | | | | | | | | |
		1 月	2 月	3 月	4 月	5 月	6 月	7 月	8 月	9 月	10 月	11 月	12 月	全年
	A	0.00	0.04	0.01	0.05	0.04	0.07	0.01	0.00	0.01	0.00	0.01	0.01	0.25
2010	B	0.01	0.05	0.03	0.08	0.05	0.08	0.02	0.00	0.01	0.01	0.01	0.01	0.36
	C	0.04	36.92	96.69	214.81	116.07	149.27	181.47	0.02	67.10	10.31	0.24	0.25	873.19

注：A—百喜草覆盖；B—百喜草敷盖；C—裸露对照。

表 5-48 不同处理方式侵蚀产沙量对比

年份	A	B	C	C/A	C/B
2010 年	0.25 kg	0.36 kg	873.19 kg	3 492.76	2 494.83[①]

注：A—百喜草覆盖；B—百喜草敷盖；C—裸露对照。

图 5-24 显示，各处理方式侵蚀产沙月际差异显著。百喜草覆盖和百喜草敷盖处理年侵蚀产沙量分别为 0.25 kg、0.36 kg，侵蚀模数均远小于 200.00 t/（km²·a），无明显侵蚀现象，属于正常侵蚀范围。而裸露对照处理因地表裸露，很容易遭受雨滴的击溅侵蚀和地表径流的冲刷侵蚀，年侵蚀产沙量为 873.19 kg，侵蚀模数为 11 642.70 t/（km²·a），为极强烈侵蚀，其全年侵蚀产沙量是百喜草覆盖处理的 3 492.76 倍、是百喜草敷盖处理的 2 494.83[①]倍。相对裸露对照处理，百喜草覆盖和百喜草敷盖处理的减沙率均在 99.9%以上。

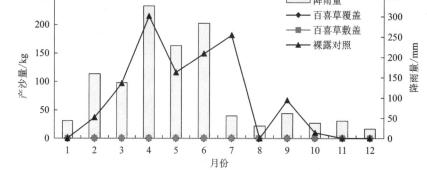

图 5-24 不同处理方式土壤侵蚀量月际对比图

① 数据基于原始数据。

　　裸露对照处理侵蚀产沙量与降雨量有密切关系，即随降雨量增大，产沙量也增大，在降雨较为集中的汛期产沙量也是全年中最大的，汛期（4~9月份）产沙量占年产沙量的75.8%。在没有植被保护的情况下，降雨会导致土壤侵蚀加剧，如4月降雨量最大，侵蚀产沙量也最大。但是图5-24也反映出与降雨曲线不一致的特征，如5月的降雨量大于7月，但产沙量却小于7月。笔者通过仔细分析此现象发现土壤侵蚀量的多少不仅取决于降雨量的多少，而且与降雨强度，初始土壤含水量及前次降雨等因素密切相关，一场降雨量不大的暴雨产生的侵蚀产沙量要比降雨量虽大的小雨或中雨产生的土壤侵蚀量要多很多，这些在前述次降雨产沙特征分析中有论述。

　　在降雨集中的雨期加强水土保持措施，对保土减沙具有重要意义。百喜草覆盖和百喜草敷盖处理的地被物能保护地表，防止或降低雨滴的直接击溅侵蚀，同时增加地表粗糙度，延长汇流时间，促进降雨就地入渗，减少地表径流的冲刷侵蚀，起到明显的保土减沙效果。

　　为了确定不同处理方式土壤侵蚀量是否存在差异性或差异性是否显著，研究中借助SPSS软件对观测期间三种处理方式的产沙量做单因素方差分析，不同处理方式产沙量方差分析结果见表5-49；不同处理方式产沙量多重比较见表5-50。

表5-49　不同处理方式产沙量方差分析结果

措施	平方和	df	均方	F	显著性
组间	42 329.346	2	21 164.673	10.485	0.000
组内	66 610.962	33	2 018.514		
总数	108 940.308	35			

　　表5-49结果显示各措施间存在极显著差异，为寻找差异来源，笔者进行多重比较。

表5-50　不同处理方式产沙量多重比较

(I) 小区	(J) 小区	均值差 (I-J)	标准误	显著性	95%置信区间	
					下限	上限
A	B	−0.009 166 67	18.341 728 41	1.000	−37.325 693 70	37.307 360 36
	C	−72.745 000 00	18.341 728 41	0.000	−110.061 527 00	−35.428 473 00
B	A	0.009 166 67	18.341 728 41	1.000	−37.307 360 40	37.325 693 69
	C	−72.735 833 33	18.341 728 41	0.000	−110.052 360 40	−35.419 306 30
C	A	72.745 000 00	18.341 728 41	0.000	35.428 473 00	110.061 527 00
	B	72.735 833 33	18.341 728 41	0.000	35.419 306 30	110.052 360 40

　　表5-50结果显示，裸露对照处理与百喜草覆盖、百喜草敷盖处理差异显著，而百喜草覆盖与百喜草敷盖处理之间差异不显著，说明水土保持措施（覆盖和敷盖）具有明显

的保土减沙效果。活体百喜草种植对于改良土壤，保土保肥具有可持续性，能省工经营，而敷盖需要人为定时更新材料，可持续性稍差，因此活体百喜草种植可作为优选措施。

2．次降雨侵蚀产沙特征

笔者为进一步研究不同处理方式侵蚀产沙机理，选取 2010 年不同雨型的单场降雨对比分析论证百喜草覆盖、百喜草敷盖和裸露对照处理的产沙效果，结果如表 5-51。

表 5-51　次降雨各处理方式土壤侵蚀量表

雨型	日期	历时/min	降雨量/mm	降雨强度/(mm/h)	土壤侵蚀量/kg			侵蚀模数/[t/(km²·a)]		
					A	B	C	A	B	C
中雨	2010-12-10	530	7.8	0.88	0.008	0.007	0.193	0.107	0.093	2.571
	2010-12-8	940	16.1	1.03	0.003	0.007	0.059	0.041	0.099	0.784
大雨	2010-5-23	435	9.6	1.32	0.000	0.000	0.206	0.000	0.000	2.747
暴雨	2010-4-29	345	17.9	3.11	0.000	0.005	2.044	0.000	0.060	27.248
	2010-5-6	438	40.7	5.58	0.009	0.009	74.259	0.117	0.124	990.124
大暴雨、特大暴雨	2010-9-3	110	18.7	10.20	0.005	0.006	43.795	0.063	0.076	583.932
	2010-4-18	715	129.5	10.87	0.023	0.023	131.543	0.301	0.301	1 753.904

注：A—百喜草覆盖；B—百喜草敷盖；C—裸露对照。

从表 5-51 中可以看出，各处理方式土壤侵蚀量总体上随降雨强度和降雨量的增加而增大，尤其是从中、大雨到暴雨及大暴雨、特大暴雨土壤侵蚀量增大更为明显。如 2010 年 5 月 23 日的一场大雨（降雨量 9.6 mm），百喜草覆盖、百喜草敷盖和裸露对照三种处理方式的土壤侵蚀模数分别为 0.000 t/（km²·a）、0.000 t/（km²·a）、2.747 t/（km²·a）。但是表 5-51 中也出现同一雨型小降雨量土壤侵蚀量比大降雨量大，如 2010 年 12 月 10 日的一场中雨（降雨量 7.8 mm），三种处理方式的土壤侵蚀模数分别为 0.107 t/（km²·a）、0.093 t/（km²·a）、2.571 t/（km²·a）；2010 年 12 月 8 日的一场中雨（降雨量 16.1 mm），三种处理方式的土壤侵蚀模数分别为 0.041 t/（km²·a）、0.099 t/（km²·a）、0.784 t/（km²·a），其原因主要是各处理方式土壤侵蚀除与本场降雨（降雨量、降雨强度、历时）有关，还与降雨前期条件（如土壤初始含水量等）密切相关。前期降雨充分，即使是小降雨也会产生较大的土壤侵蚀。

表 5-51 也显示，百喜草覆盖和百喜草敷盖处理的土壤侵蚀量始终远小于裸露对照处理，且保持在很低水平，相对裸露对照处理，其减沙率都在 99.9%以上，而裸露对照处理土壤侵蚀量一直保持高水平。

因此，无论是统计数据还是次降雨数据，都证明水土保持措施（覆盖与敷盖）具有明显的保土减沙效果。

5.5　不同措施产流产沙预报模型

5.3 节和 5.4 节研究了不同水土保持措施产流产沙特征及机制,为进一步阐释产流产沙影响机理,建立产流产沙预测预报模型奠定了基础,本节将通过研究不同下垫面产流产沙与降雨因素(包括降雨历时、降雨量、降雨强度和降雨侵蚀力 R 值)的相关关系,探究其内在联系,借鉴以往研究成果的建模思路,建立南方坡耕地不同措施侵蚀产流产沙预报模型。

5.5.1　产流产沙影响因素分析

1. 产流影响因素分析

将 2010 年观测到的所有单场降雨观测资料进行整理,对各小区产流量分别与降雨各因素进行相关分析,结果如表 5-52 所示。

表 5-52　产流与降雨因素相关分析结果

因素	小区	降雨历时		降雨量		降雨强度		R	
		相关系数	显著性	相关系数	显著性	相关系数	显著性	相关系数	显著性
产流量	1	0.158	0.335	0.737**	0.000	0.452**	0.004	0.789**	0.000
	2	0.268	0.095	0.923**	0.000	0.532**	0.000	0.841**	0.000
	3	0.356*	0.026	0.925**	0.000	0.465**	0.003	0.790**	0.000
	4	0.172	0.281	0.882**	0.000	0.473**	0.002	0.807**	0.000
	5	0.005	0.975	0.650**	0.000	0.402*	0.010	0.779**	0.000
	6	0.165	0.308	0.813**	0.000	0.689**	0.000	0.903**	0.000
	7	0.220	0.173	0.857**	0.000	0.423**	0.007	0.822**	0.000
	8	0.046	0.779	0.641**	0.000	0.828**	0.000	0.861**	0.000
	9	0.229	0.150	0.832**	0.000	0.708**	0.000	0.884**	0.000
	10	0.065	0.684	0.808**	0.000	0.511**	0.001	0.887**	0.000
	11	0.281	0.079	0.912**	0.000	0.574**	0.000	0.856**	0.000
	12	0.013	0.934	0.665**	0.000	0.483**	0.002	0.835**	0.000
	13	0.040	0.804	0.685**	0.000	0.582**	0.000	0.894**	0.000
	14	0.025	0.882	0.725**	0.000	0.482**	0.002	0.850**	0.000
	15	0.054	0.741	0.682**	0.000	0.608**	0.000	0.912**	0.000
	16	0.534**	0.004	0.936**	0.000	0.151	0.452	0.553**	0.003
	17	0.531**	0.001	0.945**	0.000	0.184	0.290	0.564**	0.000
	18	0.187	0.242	0.911**	0.000	0.510**	0.001	0.866**	0.000

* 在 0.05 水平(双侧)上显著相关;** 在 0.01 水平(双侧)上显著相关。

对于降雨历时，除第 3、16、17 小区相关性显著外，其他各小区均不显著。一定降雨强度下，随降雨历时的延长，降雨量随之增大。大多数小区产流量与降雨历时相关性较差，并不代表产流不会随降雨历时的延长而增加，只是相对其他因素（如降雨量、降雨强度），降雨历时对产流影响不直接。

对于降雨量，各小区均呈极显著相关，平均相关系数达 0.801，说明各处理方式产流与降雨量关系非常密切，降雨量的多少直接影响产流量的大小，因为产流是降雨与下垫面综合作用的结果。当降雨量超过下垫面的截留、填洼、下渗等作用时，就会开始产流，不论是蓄满产流或是超蓄产流，其产流量都会随降雨量的增加而增加。

对于降雨强度，除第 16、17 小区不显著相关外，其他各小区均呈显著相关，平均相关系数为 0.503，呈正相关，说明降雨强度对百喜草覆盖和百喜草敷盖处理产流影响不显著，因为百喜草覆盖和百喜草敷盖处理方式的地表有地被物覆盖，无论多大降雨强度的降雨，其雨滴所做的功都将被地被物所消耗，同时地被物具有固持土壤的作用，其产流主要受降雨量影响。其他小区由于地表裸露或地被物覆盖较薄，无法完全消除降雨动能的影响，随降雨强度的增加，产流也相应增加。

对于降雨侵蚀力 R 值，各小区均呈极显著相关，平均相关系数为 0.816，呈正相关，说明产流与降雨侵蚀力关系非常密切，随降雨侵蚀力增加，产流相应增加。降雨侵蚀力 R 值是由 $\sum E_{nc} \cdot I_{60}$ 计算而得，可以看出降雨侵蚀力受降雨量和降雨强度的综合影响，更加确切反映了产流产沙的降雨动力因素。

对比降雨历时、降雨量、降雨强度及降雨侵蚀力 R 值，根据相关系数大小及显著性分析，总体上影响产流最重要因素为降雨侵蚀力 R 值，其次为降雨量，最后为降雨强度。

2. 产沙影响因素分析

笔者整理 2010 年观测到的所有单场降雨观测资料，对各小区产沙量分别与各降雨因素进行相关分析，结果如表 5-53 所示。

表 5-53　产沙与降雨因素相关分析结果

因素	小区	降雨历时		降雨量		降雨强度		R		产流量	
		相关系数	显著性	相关系数	显著性	相关系数	显著性	相关系数	显著性	相关系数	显著性
产沙量	1	0.429**	0.006	0.802**	0.000	0.202	0.217	0.506**	0.001	0.478**	0.002
	2	0.553**	0.000	0.852**	0.000	0.273	0.088	0.559**	0.000	0.787**	0.000
	3	0.434**	0.006	0.854**	0.000	0.345*	0.032	0.674**	0.000	0.851**	0.000
	4	0.203	0.204	0.491**	0.001	0.944**	0.000	0.883**	0.000	0.635**	0.000
	5	0.032	0.844	0.708**	0.000	0.552**	0.000	0.874**	0.000	0.945**	0.000
	6	0.327*	0.040	0.845**	0.000	0.442**	0.000	0.763**	0.000	0.773**	0.000
	7	0.285	0.075	0.841**	0.000	0.314*	0.049	0.673**	0.000	0.870**	0.000
	8	0.157	0.332	0.176	0.277	0.799**	0.000	0.570**	0.000	0.836**	0.000

续表

| 因素 | 小区 | 降雨历时 | | 降雨量 | | 降雨强度 | | R | | 产流量 | |
		相关系数	显著性	相关系数	显著性	相关系数	显著性	相关系数	显著性	相关系数	显著性
产沙量	9	0.119	0.457	0.230	0.148	0.800**	0.000	0.586**	0.000	0.699**	0.000
	10	0.117	0.467	0.588**	0.000	0.842**	0.000	0.950**	0.000	0.756**	0.000
	11	0.396*	0.012	0.917**	0.000	0.414**	0.008	0.778**	0.000	0.910**	0.000
	12	0.006	0.970	0.663**	0.000	0.543**	0.000	0.869**	0.000	0.980**	0.000
	13	0.212	0.184	0.423**	0.006	0.878**	0.000	0.885**	0.000	0.699**	0.000
	14	0.094	0.569	0.838**	0.000	0.636**	0.000	0.906**	0.000	0.847**	0.000
	15	0.158	0.330	0.603**	0.000	0.754**	0.000	0.939**	0.000	0.938**	0.000
	16	0.589**	0.001	0.906**	0.000	0.149	0.458	0.520**	0.005	0.927**	0.000
	17	0.540**	0.001	0.845**	0.000	0.213	0.220	0.500**	0.002	0.906**	0.000
	18	0.151	0.347	0.551**	0.000	0.886**	0.000	0.903**	0.000	0.731**	0.000

注：* 在 0.05 水平（双侧）上显著相关；** 在 0.01 水平（双侧）上显著相关。

对于降雨历时，除第 1、2、3、6、11、16、17 小区相关性显著外，其他各小区均不显著。一定降雨强度下，随降雨历时的延长，降雨量随之增大，侵蚀外营力增大。大多数小区产沙与降雨历时相关性较差，这并不是指产沙不会随降雨历时的延长而增加，只是相对其他因素（如降雨量、降雨强度），降雨历时对产流影响不直接。而对于第 1、2、3、6、11、16、17 小区，由于采取植被覆盖或改变微地形等水土保持措施，产沙量极小，根据现场采样情况，基本没有产沙量，所测的采样可能含有一定的碎屑物，这可能导致随降雨历时延长，产沙量增加显著。

对于降雨量，除第 8、9 小区相关性不显著外，其他各小区均呈极显著相关，相关系数平均达 0.733，且呈正相关。第 8、9 小区属耕作措施小区，人为耕作扰动使得土体疏松，间歇性缺乏植被覆盖，土壤侵蚀产沙严重，这也说明第 8、9 小区人为耕作影响大于降雨因素影响。其他小区相关性极显著，说明产沙与降雨量关系非常密切，降雨量的多少直接影响产沙量的大小。相对产流与降雨量的相关性，产沙与降雨量的相关性稍差，因为产沙是一种动力侵蚀过程，是降雨侵蚀力和径流冲刷力与土壤抗侵蚀力综合作用过程，当降雨侵蚀力不够（如小雨），不足以使土壤颗粒分离，或径流冲刷力较小时，不足以搬运土壤颗粒，也就不会产生土壤侵蚀，只有当降雨侵蚀力或径流冲刷力达到一定强度（如强降雨）才会有产沙，所以降雨量对于产流是最直接影响因素，而对于产沙就不一定了（刘贤赵 等，2002；张建军 等，1996；左长清，1987）。

对于降雨强度，除第 1、2、16、17 小区呈不显著相关外，其他各小区均呈显著相关，平均相关系数为 0.654，且呈正相关，说明降雨强度对百喜草覆盖、敷盖小区的产流影响较小，因为百喜草覆盖、敷盖小区的地表有地被物覆盖，无论多大降雨强度的降雨，其雨滴所做的功都将被地被物所消耗，同时地被物具有固持土壤的作用，产沙只能通过径流冲刷力大小体现。其他小区地表裸露或地被物覆盖较薄，无法完全消除降雨动能的影响，随降雨强度的增加，降雨侵蚀动力也相应增加，土壤颗粒更易被分离搬运，最后导致产沙量的增加。相比产流与降雨强度的相关性，产沙与降雨强度的相关性稍强。

对于降雨侵蚀力 R 值，各小区均呈极显著相关，平均相关系数达 0.741，且呈正相关，说明产沙与降雨侵蚀力关系非常密切，随降雨侵蚀力增加，产沙也相应增加。降雨侵蚀力受降雨量和降雨强度的综合作用，这更加确切反映了产流产沙的降雨动力因素，产流、产沙与降雨侵蚀力的相关性相当。

对比降雨历时、降雨量、降雨强度及降雨侵蚀力 R 值，根据相关系数大小及显著性，总体上影响产沙最重要的降雨因素为降雨侵蚀力 R 值，其次为降雨量，最后为降雨强度。

在此基础上，笔者对各小区产沙量与产流量进行相关分析，结果显示各小区均呈极显著相关，平均相关系数达 0.809，且呈正相关，相比降雨因素，其相关系数更大，说明产沙与产流关系更密切，随产流量增加，产沙量也相应增加。因为当降雨侵蚀力被消除或被减弱时，影响侵蚀的外营力主要为径流冲刷力，所以产沙量直接取决于产流量大小。

综上所述，影响产沙最重要降雨因素为降雨侵蚀力 R 值，但最直接的影响因素为产流量。

5.5.2 产流产沙预报模型相关结果

1. 产流预报模型

根据 5.5.1 节分析结果，影响产流最重要因素为降雨侵蚀力 R 值，其次为降雨量，最后为降雨强度，为定量、直观表达产流与降雨的关系，本小节借助统计软件提供的 10 种数学方程，分别拟合产流量与降雨量、降雨侵蚀力 R 值单因子的回归方程，根据判定系数大小，从中筛选出最优经验回归方程。

1）产流量与降雨量

笔者通过各小区产流量与降雨量的回归分析，发现在 10 种数学方程中，线性函数、二次函数、三次函数及幂函数拟合效果相对较好，均达到极显著水平，将拟合结果列于表 5-54 中。

表 5-54 产流量与降雨量回归分析结果

小区	方程	拟合效果			参数估计值			
		R^2	F	Sig.	b_0	b_1	b_2	b_3
1	线性	0.543	44.031	0.000	0.085 3	0.004 1	—	—
	二次	0.563	23.157	0.000	0.044 8	0.006 3	$-1.855\,0\times10^{-5}$	—
	三次	0.596	17.197	0.000	-0.054 0	0.015 7	$-2.117\,0\times10^{-4}$	$9.862\,1\times10^{-7}$
	幂	0.316	17.097	0.000	0.005 3	1.004 2	—	—

续表

小区	方程	拟合效果			参数估计值			
		R^2	F	Sig.	b_0	b_1	b_2	b_3
2	线性	0.852	219.084	0.000	0.092 4	0.004 9	—	—
	二次	0.871	125.285	0.000	0.130 8	0.002 7	$1.794\ 0\times10^{-5}$	—
	三次	0.873	82.470	0.000	0.151 9	0.000 7	$5.971\ 8\times10^{-5}$	$-2.135\ 4\times10^{-7}$
	幂	0.617	61.281	0.000	0.048 2	0.483 3	—	—
3	线性	0.856	220.498	0.000	0.189 6	0.010 3	—	—
	二次	0.868	117.959	0.000	0.126 2	0.013 8	$-2.877\ 2\times10^{-5}$	—
	三次	0.876	82.671	0.000	0.019 5	0.023 7	$-2.323\ 2\times10^{-4}$	$1.035\ 9\times10^{-6}$
	幂	0.648	68.243	0.000	0.021 6	0.917 6	—	—
4	线性	0.778	136.511	0.000	-9.488 7	0.625 8	—	—
	二次	0.873	130.231	0.000	1.425 4	-0.014 5	$5.279\ 9\times10^{-3}$	—
	三次	0.894	104.510	0.000	-8.152 5	0.922 8	$-1.445\ 5\times10^{-2}$	$1.014\ 4\times10^{-4}$
	幂	0.667	78.177	0.000	0.010 6	1.764 3	—	—
5	线性	0.423	27.813	0.000	-0.765 8	0.047 9	—	—
	二次	0.499	18.436	0.000	0.292 2	-0.012 7	$4.947\ 1\times10^{-4}$	—
	三次	0.500	11.978	0.000	0.145 9	0.001 2	$2.060\ 2\times10^{-4}$	$1.475\ 6\times10^{-6}$
	幂	0.477	34.721	0.000	0.012 3	1.038 9	—	—
6	线性	0.660	73.883	0.000	0.189 9	0.006 5	—	—
	二次	0.663	36.472	0.000	0.166 8	0.007 8	$-1.080\ 7\times10^{-5}$	—
	三次	0.664	23.699	0.000	0.151 3	0.009 3	$-4.124\ 2\times10^{-5}$	$1.555\ 7\times10^{-7}$
	幂	0.615	60.807	0.000	0.072 0	0.501 1	—	—
7	线性	0.735	105.520	0.000	0.133 8	0.015 0	—	—
	二次	0.737	51.790	0.000	0.169 8	0.012 9	$1.683\ 3\times10^{-5}$	—
	三次	0.737	33.673	0.000	0.133 4	0.016 4	$-5.511\ 9\times10^{-5}$	$3.677\ 8\times10^{-7}$
	幂	0.883	285.979	0.000	0.053 8	0.709 8	—	—
8	线性	0.411	26.491	0.000	0.223 2	0.020 3	—	—
	二次	0.444	14.760	0.000	-0.065 5	0.037 2	$-1.387\ 1\times10^{-4}$	—
	三次	0.444	9.575	0.000	-0.079 1	0.038 5	$-1.668\ 8\times10^{-4}$	$1.448\ 5\times10^{-7}$
	幂	0.779	133.723	0.000	0.055 7	0.780 1	—	—
9	线性	0.692	87.756	0.000	-0.037 4	0.033 0	—	—
	二次	0.701	44.635	0.000	-0.226 6	0.044 1	$-9.151\ 5\times10^{-5}$	—
	三次	0.704	29.303	0.000	-0.050 1	0.026 9	$2.721\ 4\times10^{-4}$	$-1.869\ 3\times10^{-6}$
	幂	0.855	230.545	0.000	0.019 6	1.110 2	—	—

续表

小区	方程	拟合效果			参数估计值			
		R^2	F	Sig.	b_0	b_1	b_2	b_3
10	线性	0.653	73.245	0.000	-7.112 7	0.461 9	—	—
	二次	0.710	46.548	0.000	-0.260 5	0.060 0	$3.314\ 9\times10^{-3}$	—
	三次	0.713	30.695	0.000	-3.232 4	0.350 8	$-2.808\ 5\times10^{-3}$	$3.147\ 6\times10^{-5}$
	幂	0.727	104.077	0.000	0.010 0	1.700 2	—	—
11	线性	0.833	189.073	0.000	0.202 2	0.010 4	—	—
	二次	0.850	105.003	0.000	0.123 8	0.014 9	$-3.666\ 6\times10^{-5}$	—
	三次	0.850	68.225	0.000	0.140 2	0.013 3	$-4.340\ 7\times10^{-6}$	$-1.652\ 3\times10^{-7}$
	幂	0.883	286.855	0.000	0.057 5	0.657 5	—	—
12	线性	0.442	30.081	0.000	-0.960 6	0.067 7	—	—
	二次	0.523	20.320	0.000	0.549 6	-0.018 8	$7.062\ 0\times10^{-4}$	—
	三次	0.527	13.355	0.000	-0.020 4	0.035 4	$-4.188\ 7\times10^{-4}$	$5.750\ 7\times10^{-6}$
	幂	0.772	128.831	0.000	0.024 3	1.040 9	—	—
13	线性	0.469	34.460	0.000	-2.272 2	0.146 4	—	—
	二次	0.526	21.043	0.000	0.263 1	-0.002 3	$1.226\ 5\times10^{-3}$	—
	三次	0.529	13.871	0.000	-0.947 9	0.116 2	$-1.268\ 6\times10^{-3}$	$1.282\ 5\times10^{-5}$
	幂	0.754	119.242	0.000	0.008 6	1.441 8	—	—
14	线性	0.526	40.996	0.000	-1.025 6	0.071 0	—	—
	二次	0.616	28.879	0.000	0.495 9	-0.016 8	$7.178\ 2\times10^{-4}$	—
	三次	0.621	19.115	0.000	-0.189 8	0.048 7	$-6.406\ 8\times10^{-4}$	$6.930\ 1\times10^{-6}$
	幂	0.827	177.066	0.000	0.016 7	1.158 7	—	—
15	线性	0.465	33.090	0.000	-2.192 1	0.137 0	—	—
	二次	0.522	20.164	0.000	0.277 6	-0.004 3	$1.154\ 8\times10^{-3}$	—
	三次	0.525	13.270	0.000	-0.902 7	0.107 7	$-1.174\ 5\times10^{-3}$	$1.190\ 6\times10^{-5}$
	幂	0.692	85.253	0.000	0.010 3	1.356 2	—	—
16	线性	0.877	177.635	0.000	-0.175 4	0.015 8	—	—
	二次	0.880	87.960	0.000	-0.109 3	0.012 7	$2.370\ 9\times10^{-5}$	—
	三次	0.880	56.338	0.000	-0.073 9	0.009 7	$8.201\ 5\times10^{-5}$	$-2.896\ 2\times10^{-7}$
	幂	0.774	85.820	0.000	0.001 4	1.508 6	—	—
17	线性	0.894	278.077	0.000	-0.159 1	0.019 1	—	—
	二次	0.894	135.418	0.000	-0.184 5	0.020 5	$-1.023\ 4\times10^{-5}$	—
	三次	0.897	89.656	0.000	-0.060 7	0.010 0	$1.971\ 1\times10^{-4}$	$-1.036\ 1\times10^{-6}$
	幂	0.802	134.051	0.000	0.001 8	1.523 2	—	—

续表

小区	方程	拟合效果			参数估计值			
		R^2	F	Sig.	b_0	b_1	b_2	b_3
18	线性	0.831	191.228	0.000	-3.366 0	0.338 5	—	
	二次	0.839	99.009	0.000	-1.667 0	0.238 8	$8.219\ 4\times10^{-4}$	—
	三次	0.840	64.718	0.000	-2.707 9	0.340 7	$-1.322\ 8\times10^{-3}$	$1.102\ 5\times10^{-5}$
	幂	0.662	76.276	0.000	0.015 6	1.641 6	—	

注：1. 线性方程：$Y=b_0+b_1\times X$；2. 二次方程：$Y=b_0+b_1\times X+b_2\times X^2$；3. 三次方程：$Y=b_0+b_1\times X+b_2\times X^2+b_3\times X^3$；4. 幂函数：$Y=b_0\times X^{b_1}$。

表 5-54 显示，对于植物措施小区，包括第 1、2、3、4、5、6、7、16、17、18 小区，产流量与降雨量的二次函数或三次函数拟合效果优于其他函数，根据判定系数（R^2）相当的情况取低次函数的原则，植物措施小区产流与降雨量最优拟合方程应为二次函数。而对于耕作措施小区（8、9、10）和工程措施小区（11、12、13、14、15），产流与降雨的幂函数拟合效果优于线性函数、二次函数及三次函数。

因此，产流与降雨量的最佳回归方程，植物措施小区为二次函数，耕作措施小区和工程措施小区为幂函数。

2）产流量与降雨侵蚀力 R 值

通过各小区产流量与降雨侵蚀力 R 值的回归分析，发现在 10 种数学方程中，线性函数、二次函数、三次函数及幂函数拟合效果相对较好，均达到极显著水平，将拟合结果列于表 5-55 中。表 5-55 显示，除第 16、17 小区拟合效果较差外，其他小区总体上拟合效果均较好。

表 5-55 产流量与降雨侵蚀力 R 值回归分析结果

小区	方程	拟合效果			参数估计值			
		R^2	F	Sig.	b_0	b_1	b_2	b_3
1	线性	0.623	61.201	0.000	0.152 8	0.000 5	—	—
	二次	0.628	30.353	0.000	0.145 8	0.000 6	$-1.135\ 5\times10^{-7}$	—
	三次	0.683	25.086	0.000	0.122 8	0.001 4	$-2.497\ 5\times10^{-6}$	$1.485\ 4\times10^{-9}$
	幂	0.165	7.334	0.010	0.037 7	0.346 7		
2	线性	0.708	91.978	0.000	0.185 6	0.000 5	—	—
	二次	0.763	59.467	0.000	0.162 0	0.000 9	$-3.868\ 5\times10^{-7}$	—
	三次	0.781	42.846	0.000	0.148 9	0.001 3	$-1.738\ 0\times10^{-6}$	$8.417\ 7\times10^{-10}$
	幂	0.749	113.475	0.000	0.087 3	0.257 2	—	—

续表

小区	方程	拟合效果			参数估计值			
		R^2	F	Sig.	b_0	b_1	b_2	b_3
3	线性	0.624	61.439	0.000	0.398 0	0.001 0	—	—
	二次	0.670	36.548	0.000	0.352 1	0.001 8	$-7.302\ 8\times10^{-7}$	—
	三次	0.795	45.286	0.000	0.278 8	0.004 1	$-8.003\ 9\times10^{-6}$	$4.525\ 4\times10^{-9}$
	幂	0.523	40.584	0.000	0.094 3	0.396 7	—	—
4	线性	0.652	73.063	0.000	2.038 4	0.066 3	—	—
	二次	0.673	39.081	0.000	0.151 7	0.098 8	$-3.187\ 8\times10^{-5}$	—
	三次	0.705	29.502	0.000	$-2.088\ 7$	0.175 6	$-2.708\ 1\times10^{-4}$	$1.490\ 5\times10^{-7}$
	幂	0.815	172.028	0.000	0.088 4	0.951 5	—	—
5	线性	0.607	58.646	0.000	$-0.087\ 4$	0.006 6	—	—
	二次	0.752	56.230	0.000	0.441 9	-0.002 3	$8.676\ 6\times10^{-6}$	—
	三次	0.955	257.597	0.000	$-0.158\ 2$	0.017 6	$-5.308\ 6\times10^{-5}$	$3.847\ 9\times10^{-8}$
	幂	0.529	42.744	0.000	0.048 2	0.528 5	—	—
6	线性	0.816	168.082	0.000	0.291 2	0.000 8	—	—
	二次	0.818	83.130	0.000	0.283 9	0.001 0	$-1.197\ 9\times10^{-7}$	—
	三次	0.820	54.525	0.000	0.278 0	0.001 1	$-7.233\ 3\times10^{-7}$	$3.760\ 2\times10^{-10}$
	幂	0.593	55.471	0.000	0.148 6	0.237 7	—	—
7	线性	0.676	79.346	0.000	0.405 1	0.001 6	—	—
	二次	0.680	39.265	0.000	0.424 7	0.001 3	$3.217\ 3\times10^{-7}$	—
	三次	0.906	115.825	0.000	0.274 5	0.006 3	$-1.513\ 9\times10^{-5}$	$9.632\ 0\times10^{-9}$
	幂	0.736	106.040	0.000	0.164 1	0.313 2	—	—
8	线性	0.742	109.362	0.000	0.453 9	0.003 2	—	—
	二次	0.766	60.555	0.000	0.361 1	0.004 7	$-1.522\ 4\times10^{-6}$	—
	三次	0.838	62.172	0.000	0.516 2	-0.000 4	$1.444\ 7\times10^{-5}$	$-9.949\ 5\times10^{-9}$
	幂	0.826	180.188	0.000	0.150 4	0.401 4	—	—
9	线性	0.781	139.176	0.000	0.492 5	0.004 1	—	—
	二次	0.831	93.445	0.000	0.329 3	0.006 9	$-2.757\ 4\times10^{-6}$	—
	三次	0.837	63.318	0.000	0.383 0	0.005 0	$2.975\ 6\times10^{-6}$	$-3.576\ 4\times10^{-9}$
	幂	0.806	161.796	0.000	0.097 5	0.525 8	—	—
10	线性	0.786	143.447	0.000	0.029 2	0.058 7	—	—
	二次	0.807	79.691	0.000	1.562 3	0.032 2	$2.590\ 4\times10^{-5}$	—
	三次	0.927	157.117	0.000	$-1.912\ 7$	0.151 3	$-3.446\ 9\times10^{-4}$	$2.311\ 9\times10^{-7}$
	幂	0.803	159.026	0.000	0.091 1	0.871 6	—	—

续表

小区	方程	拟合效果			参数估计值			
		R^2	F	Sig.	b_0	b_1	b_2	b_3
11	线性	0.733	104.126	0.000	0.394 3	0.001 1	—	—
	二次	0.753	56.530	0.000	0.363 4	0.001 6	$-5.075\ 1\times10^{-7}$	—
	三次	0.852	69.112	0.000	0.298 6	0.003 8	$-7.169\ 3\times10^{-6}$	$4.150\ 4\times10^{-9}$
	幂	0.800	152.367	0.000	0.154 2	0.302 4	—	—
12	线性	0.733	104.126	0.000	0.394 3	0.001 1	—	—
	二次	0.753	56.530	0.000	0.363 4	0.001 6	$-5.075\ 1\times10^{-7}$	—
	三次	0.852	69.112	0.000	0.298 6	0.003 8	$-7.169\ 3\times10^{-6}$	$4.150\ 4\times10^{-9}$
	幂	0.800	152.367	0.000	0.154 2	0.302 4	—	—
13	线性	0.800	155.587	0.000	$-0.503\ 1$	0.022 1	—	—
	二次	0.907	185.573	0.000	0.786 5	$-0.000\ 1$	$2.179\ 1\times10^{-5}$	—
	三次	0.977	515.412	0.000	$-0.203\ 2$	0.033 8	$-8.376\ 4\times10^{-5}$	$6.584\ 9\times10^{-8}$
	幂	0.845	212.575	0.000	0.055 2	0.745 0	—	—
14	线性	0.722	96.076	0.000	$-0.016\ 1$	0.009 6	—	—
	二次	0.829	87.360	0.000	0.603 3	$-0.000\ 6$	$9.926\ 7\times10^{-6}$	—
	三次	0.960	282.776	0.000	$-0.049\ 6$	0.020 8	$-5.620\ 3\times10^{-5}$	$4.118\ 0\times10^{-8}$
	幂	0.804	152.231	0.000	0.086 6	0.553 5	—	—
15	线性	0.832	188.195	0.000	$-0.564\ 3$	0.021 0	—	—
	二次	0.924	223.332	0.000	0.580 1	0.001 8	$1.875\ 9\times10^{-5}$	—
	三次	0.967	353.393	0.000	$-0.178\ 8$	0.027 1	$-5.935\ 7\times10^{-5}$	$4.866\ 7\times10^{-8}$
	幂	0.789	142.219	0.000	0.059 3	0.699 8	—	—
16	线性	0.305	10.985	0.003	0.294 4	0.001 0	—	—
	二次	0.383	7.457	0.003	0.162 2	0.002 5	$-1.398\ 2\times10^{-6}$	—
	三次	0.529	8.623	0.001	$-0.013\ 8$	0.006 5	$-1.287\ 7\times10^{-5}$	$7.009\ 0\times10^{-9}$
	幂	0.470	22.177	0.000	0.020 9	0.581 0	—	—
17	线性	0.318	15.356	0.000	0.351 4	0.001 3	—	—
	二次	0.412	11.193	0.000	0.218 7	0.003 2	$-1.862\ 4\times10^{-6}$	—
	三次	0.543	12.295	0.000	0.066 0	0.007 6	$-1.514\ 4\times10^{-5}$	$8.220\ 8\times10^{-9}$
	幂	0.501	33.073	0.000	0.035 1	0.544 5	—	—
18	线性	0.749	116.543	0.000	2.680 7	0.037 2	—	—
	二次	0.774	65.240	0.000	1.596 4	0.055 9	$-1.832\ 2\times10^{-5}$	—
	三次	0.891	100.705	0.000	$-0.629\ 3$	0.132 2	$-2.556\ 9\times10^{-4}$	$1.480\ 8\times10^{-7}$
	幂	0.706	93.719	0.000	0.138 6	0.827 4	—	—

对比分析线性函数、二次函数、三次函数及幂函数，根据判定系数大小，三次函数拟合效果最佳。因此，产流量与降雨侵蚀力 R 值的最佳回归方程为三次函数。

在此基础上，产流量与降雨量、产流量与降雨侵蚀力 R 值拟合效果之间对比，除第16、17 小区产流量与降雨量拟合效果更好外，其他小区产流量与降雨侵蚀力 R 值拟合效果更好。

综上所述，对于产流量与降雨量，植物措施小区选用二次函数，耕作措施小区和工程措施小区选用幂函数，而对于产流量与降雨侵蚀力 R 值，除 16、17 小区外，其余小区选用三次函数，这些均可作为该区产流预报模型。

2. 产沙预报模型

根据 5.5.1 节分析结果，影响产沙最重要因素为降雨侵蚀力 R 值，其次为降雨量，最后为降雨强度，为定量、直观表达产沙与降雨的关系，本小节借助 SPSS 软件提供的10 种数学方程，分别拟合产沙量与降雨量、降雨强度、降雨侵蚀力 R 值的回归方程，根据判定系数大小，从中筛选出最优经验回归方程。

1）产沙量与降雨量

笔者通过各小区产沙量与降雨量的回归分析，发现在 10 种数学方程中，线性函数、二次函数、三次函数及幂函数拟合效果相对较好，均达到极显著水平，将拟合结果列表 5-56。

表 5-56 产沙量与降雨量回归分析结果

小区	方程	拟合效果			参数估计值			
		R^2	F	Sig.	b_0	b_1	b_2	b_3
1	线性	0.643	66.705	0.000	-0.002 4	0.000 5	—	—
	二次	0.689	39.958	0.000	0.004 6	0.000 1	$3.228\ 4\times10^{-6}$	—
	三次	0.691	26.034	0.000	0.002 6	0.000 3	$-7.478\ 4\times10^{-7}$	$2.030\ 3\times10^{-8}$
	幂	0.655	70.167	0.000	0.000 2	1.135 4	—	—
2	线性	0.726	100.469	0.000	0.001 3	0.000 3	—	—
	二次	0.727	49.348	0.000	0.000 5	0.000 3	$-3.648\ 9\times10^{-7}$	—
	三次	0.730	32.520	0.000	0.002 5	0.000 2	$3.501\ 4\times10^{-6}$	$-1.976\ 2\times10^{-8}$
	幂	0.550	46.398	0.000	0.000 5	0.857 6	—	—
3	线性	0.730	100.069	0.000	0.002 2	0.000 4	—	—
	二次	0.738	50.834	0.000	0.004 4	0.000 3	$1.009\ 4\times10^{-6}$	—
	三次	0.739	32.954	0.000	0.004 1	0.000 3	$4.682\ 8\times10^{-7}$	$2.754\ 0\times10^{-9}$
	幂	0.567	48.422	0.000	0.000 4	0.991 7	—	—

续表

小区	方程	拟合效果			参数估计值			
		R^2	F	Sig.	b_0	b_1	b_2	b_3
4	线性	0.241	12.368	0.001	-1.172 8	0.323 1	—	—
	二次	0.242	6.080	0.005	-2.508 2	0.401 4	$-6.460\ 5\times10^{-4}$	—
	三次	0.256	4.237	0.011	-9.453 6	1.081 1	$-1.495\ 7\times10^{-2}$	$7.356\ 0\times10^{-5}$
	幂	0.500	38.976	0.000	0.000 5	2.320 0	—	—
5	线性	0.501	38.179	0.000	-0.033 8	0.002 7	—	—
	二次	0.507	19.027	0.000	-0.018 4	0.001 9	$7.177\ 7\times10^{-6}$	—
	三次	0.508	12.382	0.000	-0.029 3	0.002 9	$-1.420\ 7\times10^{-5}$	$1.093\ 1\times10^{-7}$
	幂	0.711	93.578	0.000	0.000 1	1.566 0	—	—
6	线性	0.713	94.495	0.000	0.003 7	0.000 3	—	—
	二次	0.732	50.473	0.000	0.001 2	0.000 4	$-1.175\ 2\times10^{-6}$	—
	三次	0.748	35.578	0.000	-0.003 2	0.000 9	$-9.852\ 7\times10^{-6}$	$4.435\ 4\times10^{-8}$
	幂	0.773	129.620	0.000	0.000 7	0.859 1	—	—
7	线性	0.708	92.089	0.000	-0.002 8	0.000 9	—	—
	二次	0.709	45.165	0.000	-0.004 9	0.001 0	$-9.700\ 2\times10^{-7}$	—
	三次	0.711	29.553	0.000	-0.009 1	0.001 4	$-9.340\ 7\times10^{-6}$	$4.278\ 6\times10^{-8}$
	幂	0.625	63.272	0.000	0.000 2	1.297 8	—	—
8	线性	0.031	1.218	0.277	0.078 9	0.010 1	—	—
	二次	0.087	1.767	0.185	-0.598 8	0.049 6	$-3.256\ 5\times10^{-4}$	—
	三次	0.090	1.188	0.328	-0.319 1	0.022 1	$2.537\ 4\times10^{-4}$	$-2.979\ 1\times10^{-6}$
	幂	0.520	41.196	0.000	0.001 3	1.295 2	—	—
9	线性	0.053	2.180	0.148	0.030 8	0.014 2	—	—
	二次	0.106	2.242	0.120	-0.677 6	0.055 8	$-3.427\ 1\times10^{-4}$	—
	三次	0.109	1.514	0.227	-0.328 6	0.021 6	$3.764\ 3\times10^{-4}$	$-3.696\ 6\times10^{-6}$
	幂	0.585	54.988	0.000	0.000 9	1.499 6	—	—
10	线性	0.345	20.576	0.000	-3.457 1	0.271 1	—	—
	二次	0.348	10.160	0.000	-2.185 2	0.196 5	$6.153\ 2\times10^{-4}$	—
	三次	0.357	6.860	0.001	-6.191 1	0.588 5	$-7.638\ 6\times10^{-3}$	$4.242\ 8\times10^{-5}$
	幂	0.585	55.072	0.000	0.000 2	2.330 4	—	—
11	线性	0.841	200.961	0.000	0.000 5	0.000 5	—	—
	二次	0.845	100.992	0.000	-0.001 4	0.000 6	$-8.820\ 5\times10^{-7}$	—
	三次	0.857	71.841	0.000	0.004 5	0.000 1	$1.083\ 0\times10^{-5}$	$-5.986\ 3\times10^{-8}$
	幂	0.822	175.393	0.000	0.000 5	0.985 8	—	—

续表

小区	方程	拟合效果			参数估计值			
		R^2	F	Sig.	b_0	b_1	b_2	b_3
12	线性	0.439	29.759	0.000	-0.056 9	0.003 3	—	—
	二次	0.485	17.439	0.000	-0.000 8	0.000 1	$2.625\ 3\times10^{-5}$	—
	三次	0.487	11.373	0.000	0.017 3	-0.001 6	$6.188\ 1\times10^{-5}$	$-1.821\ 1\times10^{-7}$
	幂	0.746	111.708	0.000	0.000 1	1.506 1	—	—
13	线性	0.179	8.502	0.006	-0.613 2	0.073 4	—	—
	二次	0.182	4.226	0.022	-1.085 4	0.101 1	$-2.284\ 4\times10^{-4}$	—
	三次	0.188	2.861	0.050	-2.350 5	0.224 9	$-2.835\ 0\times10^{-3}$	$1.339\ 8\times10^{-5}$
	幂	0.563	50.316	0.000	0.000 3	1.987 8	—	—
14	线性	0.703	87.470	0.000	-0.047 6	0.003 2	—	—
	二次	0.764	58.179	0.000	0.001 8	0.000 4	$2.329\ 2\times10^{-5}$	—
	三次	0.781	41.686	0.000	-0.049 3	0.005 3	$-7.789\ 3\times10^{-5}$	$5.161\ 7\times10^{-7}$
	幂	0.801	148.682	0.000	0.000 1	1.561 1	—	—
15	线性	0.363	21.660	0.000	-0.110 5	0.008 5	—	—
	二次	0.365	10.656	0.000	-0.074 2	0.006 5	$1.699\ 8\times10^{-5}$	—
	三次	0.375	7.194	0.001	-0.208 4	0.019 2	$-2.478\ 2\times10^{-4}$	$1.353\ 6\times10^{-6}$
	幂	0.652	71.342	0.000	0.000 1	1.857 4	—	—
16	线性	0.820	114.117	0.000	-0.001 2	0.000 2	—	—
	二次	0.824	56.372	0.000	0.000 0	0.000 2	$4.241\ 3\times10^{-7}$	—
	三次	0.825	36.110	0.000	-0.000 7	0.000 2	$-6.858\ 6\times10^{-7}$	$5.513\ 6\times10^{-9}$
	幂	0.624	41.437	0.000	0.000 1	1.247 4	—	—
17	线性	0.714	82.380	0.000	0.000 1	0.000 3	—	—
	二次	0.717	40.571	0.000	-0.001 0	0.000 3	$-4.415\ 7\times10^{-7}$	—
	三次	0.720	26.525	0.000	-0.003 0	0.000 5	$-3.781\ 4\times10^{-6}$	$1.668\ 9\times10^{-8}$
	幂	0.578	45.265	0.000	0.000 1	1.255 6	—	—
18	线性	0.304	17.013	0.000	-3.056 6	0.731 4	—	—
	二次	0.325	9.130	0.001	-12.619 0	1.292 4	$-4.626\ 0\times10^{-3}$	—
	三次	0.325	5.945	0.002	-15.794 2	1.603 1	$-1.116\ 8\times10^{-2}$	$3.362\ 9\times10^{-5}$
	幂	0.479	35.785	0.000	0.000 7	2.445 6	—	—

表 5-56 显示，产沙量较大的第 4、10、13、18 小区和耕作措施第 8、9 小区，总体拟合效果欠佳，尤其是线性函数、二次函数、三次函数拟合效果均很差，幂函数拟合效果相对较好。其他水土保持措施小区拟合效果总体较好，线性函数、二次函数、三次函数及幂函数之间对比，根据判定系数相当的情况取低次函数的原则，二次函数拟合效果最佳。

因此，对于产沙量与降雨量拟合最佳方程，产沙量较大的第 4、10、13、18 小区和耕作措施第 8、9 小区选用幂函数，而其他水土保持措施小区则选用二次函数。

2）产沙量与降雨强度

笔者通过各小区产沙量与降雨强度的回归分析，发现在 10 种数学方程中，线性函数、二次函数、三次函数及幂函数拟合效果相对较好，均达到极显著水平，将拟合结果列表 5-57。

表 5-57　产沙量与降雨强度回归分析结果

小区	方程	拟合效果			参数估计值			
		R^2	F	Sig.	b_0	b_1	b_2	b_3
1	线性	0.041	1.577	0.217	0.011 8	0.001 0	—	—
	二次	0.053	1.000	0.378	0.009 3	0.002 4	$-7.933\ 5\times10^{-5}$	—
	三次	0.077	0.969	0.418	0.002 8	0.007 9	$-9.146\ 3\times10^{-4}$	$2.827\ 4\times10^{-5}$
	幂	0.167	7.435	0.010	0.005 8	0.536 1	—	—
2	线性	0.075	3.064	0.088	0.009 3	0.000 8	—	—
	二次	0.081	1.626	0.210	0.008 3	0.001 4	$-3.342\ 6\times10^{-5}$	—
	三次	0.082	1.074	0.372	0.007 4	0.002 1	$-1.485\ 2\times10^{-4}$	$3.896\ 8\times10^{-6}$
	幂	0.089	3.712	0.062	0.006 3	0.325 2	—	—
3	线性	0.119	4.986	0.032	0.011 8	0.001 2	—	—
	二次	0.163	3.496	0.041	0.008 3	0.003 2	$-1.117\ 4\times10^{-4}$	—
	三次	0.187	2.679	0.062	0.013 1	$-0.000\ 9$	$5.007\ 5\times10^{-4}$	$-2.070\ 0\times10^{-5}$
	幂	0.131	5.598	0.023	0.007 7	0.442 3	—	—
4	线性	0.891	319.145	0.000	$-5.126\ 8$	4.919 3	—	—
	二次	0.892	156.861	0.000	$-5.837\ 9$	5.332 5	$-2.312\ 1\times10^{-2}$	—
	三次	0.892	101.842	0.000	$-5.641\ 6$	5.164 7	$2.197\ 8\times10^{-3}$	$-8.571\ 3\times10^{-4}$
	幂	0.735	108.324	0.000	0.109 7	2.756 1	—	—
5	线性	0.305	16.652	0.000	0.008 6	0.016 7	—	—
	二次	0.395	12.101	0.000	$-0.034\ 1$	0.041 5	$-1.384\ 8\times10^{-3}$	—
	三次	0.417	8.581	0.000	0.004 2	0.008 6	$3.580\ 1\times10^{-3}$	$-1.681\ 0\times10^{-4}$
	幂	0.423	27.804	0.000	0.008 8	1.137 6	—	—
6	线性	0.195	9.206	0.004	0.010 1	0.001 2	—	—
	二次	0.301	7.971	0.001	0.005 9	0.003 7	$-1.374\ 3\times10^{-4}$	—
	三次	0.307	5.313	0.004	0.004 1	0.005 3	$-3.734\ 7\times10^{-4}$	$7.991\ 7\times10^{-6}$
	幂	0.258	13.187	0.001	0.007 6	0.467 3	—	—
7	线性	0.098	4.151	0.049	0.018 8	0.002 5	—	—
	二次	0.253	6.271	0.005	0.004 1	0.011 1	$-4.778\ 5\times10^{-4}$	—
	三次	0.267	4.368	0.010	$-0.004\ 0$	0.018 0	$-1.524\ 7\times10^{-3}$	$3.544\ 3\times10^{-5}$
	幂	0.261	13.415	0.001	0.008 3	0.790 4	—	—

小区	方程	拟合效果			参数估计值			
		R^2	F	Sig.	b_0	b_1	b_2	b_3
8	线性	0.638	66.936	0.000	−0.681 8	0.361 1	—	—
	二次	0.955	393.283	0.000	0.535 4	−0.334 2	$3.873\ 6\times10^{-2}$	—
	三次	0.993	1 688.442	0.000	−0.253 9	0.329 6	$-6.074\ 0\times10^{-2}$	$3.359\ 0\times10^{-3}$
	幂	0.470	33.671	0.000	0.035 3	1.224 6	—	—
9	线性	0.640	69.347	0.000	−0.666 7	0.391 7	—	—
	二次	0.934	266.890	0.000	0.571 5	−0.328 0	$4.026\ 2\times10^{-2}$	—
	三次	0.984	758.325	0.000	−0.381 8	0.487 5	$-8.272\ 9\times10^{-2}$	$4.163\ 7\times10^{-3}$
	幂	0.489	37.377	0.000	0.041 2	1.343 4	—	—
10	线性	0.709	95.097	0.000	−3.625 3	3.074 6	—	—
	二次	0.709	46.394	0.000	−3.335 7	2.906 2	$9.416\ 3\times10^{-3}$	—
	三次	0.714	30.839	0.000	−1.127 0	1.016 8	$2.943\ 9\times10^{-1}$	$-9.647\ 3\times10^{-3}$
	幂	0.641	69.747	0.000	0.071 2	2.389 2	—	—
11	线性	0.172	7.881	0.008	0.012 4	0.001 8	—	—
	二次	0.230	5.536	0.008	0.007 5	0.004 7	$-1.612\ 0\times10^{-4}$	—
	三次	0.231	3.595	0.023	0.008 0	0.004 2	$-8.897\ 8\times10^{-5}$	$-2.445\ 2\times10^{-6}$
	幂	0.270	14.088	0.001	0.008 7	0.533 0	—	—
12	线性	0.294	15.856	0.000	−0.008 4	0.021 4	—	—
	二次	0.322	8.793	0.001	−0.039 2	0.039 3	$-9.974\ 1\times10^{-4}$	—
	三次	0.430	9.068	0.000	0.073 0	−0.056 9	$1.351\ 6\times10^{-2}$	$-4.913\ 6\times10^{-4}$
	幂	0.347	20.154	0.000	0.008 4	0.967 4	—	—
13	线性	0.770	130.924	0.000	−1.773 5	1.204 9	—	—
	二次	0.782	68.086	0.000	−1.091 1	0.808 3	$2.218\ 8\times10^{-2}$	—
	三次	0.789	46.101	0.000	−0.087 8	−0.050 0	$1.516\ 4\times10^{-1}$	$-4.382\ 2\times10^{-3}$
	幂	0.624	64.778	0.000	0.039 1	2.049 5	—	—
14	线性	0.405	25.182	0.000	0.003 3	0.019 4	—	—
	二次	0.415	12.794	0.000	−0.011 6	0.027 9	$-4.736\ 5\times10^{-4}$	—
	三次	0.416	8.294	0.000	−0.009 8	0.026 3	$-2.376\ 4\times10^{-4}$	$-7.977\ 6\times10^{-6}$
	幂	0.465	32.147	0.000	0.009 8	1.133 4	—	—
15	线性	0.569	50.113	0.000	−0.073 8	0.083 9	—	—
	二次	0.578	25.290	0.000	−0.122 7	0.112 2	$-1.581\ 8\times10^{-3}$	—
	三次	0.586	16.959	0.000	−0.036 3	0.038 1	$9.595\ 6\times10^{-3}$	$-3.784\ 3\times10^{-4}$
	幂	0.496	37.406	0.000	0.010 2	1.526 4	—	—

续表

小区	方程	拟合效果			参数估计值			
		R^2	F	Sig.	b_0	b_1	b_2	b_3
16	线性	0.022	0.567	0.458	0.008 2	0.000 3	—	—
	二次	0.039	0.485	0.622	0.006 6	0.001 0	$-3.941\ 8\times10^{-5}$	—
	三次	0.056	0.455	0.717	0.003 6	0.003 3	$-3.681\ 0\times10^{-4}$	$1.085\ 1\times10^{-5}$
	幂	0.114	3.211	0.085	0.003 6	0.475 7	—	—
17	线性	0.045	1.562	0.220	0.008 5	0.000 5	—	—
	二次	0.046	0.771	0.471	0.008 1	0.000 7	$-9.889\ 4\times10^{-6}$	—
	三次	0.069	0.768	0.521	0.004 9	0.003 4	$-4.180\ 0\times10^{-4}$	$1.376\ 5\times10^{-5}$
	幂	0.085	3.047	0.090	0.004 5	0.400 1	—	—
18	线性	0.785	142.032	0.000	$-6.526\ 9$	9.304 1	—	—
	二次	0.787	70.190	0.000	$-8.931\ 1$	10.701 4	$-7.817\ 6\times10^{-2}$	—
	三次	0.787	45.659	0.000	$-10.648\ 1$	12.170 3	$-2.997\ 1\times10^{-1}$	$7.499\ 6\times10^{-3}$
	幂	0.637	68.540	0.000	0.269 4	2.764 5	—	—

产沙量较大的第 4、10、13、18 小区和耕作措施第 8、9 小区，总体拟合效果较好。线性函数、二次函数、三次函数及幂函数之间对比，根据判定系数相当的情况取低次函数的原则，二次函数拟合效果相对最佳，然而其他水土保持措施小区拟合效果均较差。

因此，产沙量与降雨强度定量表达适用于产沙量较大的第 4、10、13、18 小区和耕作措施第 8、9 小区，最优拟合方程为二次函数。

3）产沙量与降雨侵蚀力 R 值

通过各小区产沙量与降雨侵蚀力 R 值的回归分析，笔者发现在 10 种数学方程中，线性函数、二次函数、三次函数及幂函数拟合效果均较好且达到极显著水平。

表 5-58 显示，除第 1、2、3、16、17 小区拟合效果较差外，其他小区拟合效果均较好，线性函数、二次函数、三次函数及幂函数之间对比，三次函数拟合效果相对最佳。

表 5-58　产沙量与降雨侵蚀力 R 值回归分析结果

小区	方程	拟合效果			参数估计值			
		R^2	F	Sig.	b_0	b_1	b_2	b_3
1	线性	0.256	12.720	0.001	0.009 51	0.000 04	—	—
	二次	0.355	9.928	0.000	0.005 82	0.000 10	$-5.993\ 98\times10^{-8}$	—
	三次	0.361	6.605	0.001	0.004 97	0.000 13	$-1.485\ 41\times10^{-7}$	$5.520\ 68\times10^{-11}$
	幂	0.491	35.734	0.000	0.001 47	0.469 35	—	—

续表

小区	方程	拟合效果			参数估计值			
		R^2	F	Sig.	b_0	b_1	b_2	b_3
2	线性	0.312	17.255	0.000	0.008 35	0.000 02	—	—
	二次	0.346	9.798	0.000	0.007 11	0.000 04	$-2.036\,62\times10^{-8}$	—
	三次	0.425	8.884	0.000	0.005 29	0.000 10	$-2.078\,07\times10^{-7}$	$1.167\,78\times10^{-10}$
	幂	0.369	22.234	0.000	0.002 23	0.339 49	—	—
3	线性	0.454	30.819	0.000	0.010 43	0.000 03	—	—
	二次	0.455	15.038	0.000	0.010 19	0.000 04	$-3.767\,19\times10^{-9}$	—
	三次	0.590	16.808	0.000	0.007 10	0.000 14	$-3.106\,03\times10^{-7}$	$1.909\,05\times10^{-10}$
	幂	0.420	26.763	0.000	0.002 21	0.410 75	—	—
4	线性	0.779	137.559	0.000	0.141 19	0.067 23	—	—
	二次	0.795	73.805	0.000	-1.398 44	0.093 77	$-2.601\,45\times10^{-5}$	—
	三次	0.886	95.412	0.000	2.075 44	-0.025 30	$3.444\,69\times10^{-4}$	$-2.311\,20\times10^{-7}$
	幂	0.844	211.467	0.000	0.003 28	1.471 16	—	—
5	线性	0.765	123.369	0.000	0.003 37	0.000 39	—	—
	二次	0.787	68.226	0.000	0.014 21	0.000 21	$1.778\,09\times10^{-7}$	—
	三次	0.914	127.089	0.000	-0.010 71	0.001 03	$-2.388\,13\times10^{-6}$	$1.598\,62\times10^{-9}$
	幂	0.793	145.837	0.000	0.000 98	0.799 01	—	—
6	线性	0.582	52.921	0.000	0.009 39	0.000 03	—	—
	二次	0.720	47.514	0.000	0.006 91	0.000 07	$-4.067\,23\times10^{-8}$	—
	三次	0.777	41.869	0.000	0.005 37	0.000 12	$-1.990\,83\times10^{-7}$	$9.869\,25\times10^{-11}$
	幂	0.698	88.004	0.000	0.002 42	0.394 43	—	—
7	线性	0.453	31.427	0.000	0.015 08	0.000 08	—	—
	二次	0.542	21.905	0.000	0.009 32	0.000 18	$-9.441\,02\times10^{-8}$	—
	三次	0.717	30.332	0.000	0.001 60	0.000 43	$-8.889\,82\times10^{-7}$	$4.950\,30\times10^{-10}$
	幂	0.600	56.914	0.000	0.001 45	0.614 26	—	—
8	线性	0.325	18.333	0.000	-0.123 67	0.003 77	—	—
	二次	0.326	8.952	0.001	-0.151 63	0.004 23	$-4.583\,38\times10^{-7}$	—
	三次	0.748	35.596	0.000	0.523 12	-0.018 19	$6.903\,04\times10^{-5}$	$-4.329\,37\times10^{-8}$
	幂	0.735	105.237	0.000	0.004 78	0.769 23	—	—
9	线性	0.344	20.445	0.000	-0.084 81	0.004 20	—	—
	二次	0.352	10.321	0.000	-0.187 10	0.005 96	$-1.728\,27\times10^{-6}$	—
	三次	0.768	40.942	0.000	0.513 99	-0.018 07	$7.304\,13\times10^{-5}$	$-4.664\,39\times10^{-8}$
	幂	0.796	152.029	0.000	0.004 52	0.853 40	—	—

续表

小区	方程	拟合效果			参数估计值			
		R^2	F	Sig.	b_0	b_1	b_2	b_3
10	线性	0.903	363.131	0.000	−1.553 38	0.050 71	—	—
	二次	0.903	177.300	0.000	−1.671 27	0.052 74	$−1.992\ 02×10^{-6}$	—
	三次	0.967	355.972	0.000	0.366 93	−0.017 12	$2.153\ 78×10^{-4}$	$−1.356\ 03×10^{-7}$
	幂	0.879	282.676	0.000	0.002 20	1.393 09	—	—
11	线性	0.605	58.158	0.000	0.010 75	0.000 05	—	—
	二次	0.630	31.494	0.000	0.009 07	0.000 08	$−2.743\ 86×10^{-8}$	—
	三次	0.789	44.822	0.000	0.005 03	0.000 21	$−4.432\ 49×10^{-7}$	$2.590\ 56×10^{-10}$
	幂	0.731	103.177	0.000	0.002 35	0.449 10	—	—
12	线性	0.756	117.751	0.000	−0.015 91	0.000 50	—	—
	二次	0.883	140.182	0.000	0.017 95	−0.000 07	$5.551\ 22×10^{-7}$	—
	三次	0.963	313.315	0.000	−0.007 76	0.000 79	$−2.091\ 83×10^{-6}$	$1.649\ 09×10^{-9}$
	幂	0.744	110.301	0.000	0.001 09	0.726 44	—	—
13	线性	0.783	140.853	0.000	−0.664 09	0.017 75	—	—
	二次	0.784	69.120	0.000	−0.552 25	0.015 83	$1.889\ 71×10^{-6}$	—
	三次	0.900	110.733	0.000	0.482 40	−0.019 64	$1.122\ 33×10^{-4}$	$−6.883\ 59×10^{-8}$
	幂	0.844	211.487	0.000	0.002 04	1.187 37	—	—
14	线性	0.820	168.686	0.000	0.003 59	0.000 40	—	—
	二次	0.820	82.074	0.000	0.003 91	0.000 40	$5.180\ 87×10^{-9}$	—
	三次	0.822	53.763	0.000	0.001 10	0.000 49	$−2.797\ 06×10^{-7}$	$1.774\ 02×10^{-10}$
	幂	0.848	206.984	0.000	0.001 18	0.778 27	—	—
15	线性	0.881	281.157	0.000	−0.040 12	0.001 53	—	—
	二次	0.902	171.130	0.000	−0.000 91	0.000 87	$6.426\ 46×10^{-7}$	—
	三次	0.903	111.172	0.000	−0.003 89	0.000 97	$3.367\ 74×10^{-7}$	$1.905\ 63×10^{-10}$
	幂	0.791	143.700	0.000	0.000 73	0.987 95	—	—
16	线性	0.271	9.281	0.005	0.006 13	0.000 02	—	—
	二次	0.376	7.221	0.004	0.003 69	0.000 04	$−2.583\ 59×10^{-8}$	—
	三次	0.431	5.801	0.004	0.001 97	0.000 08	$−1.381\ 08×10^{-7}$	$6.855\ 16×10^{-11}$
	幂	0.382	15.457	0.001	0.000 68	0.482 58	—	—
17	线性	0.250	10.992	0.002	0.007 25	0.000 02	—	—
	二次	0.346	8.469	0.001	0.005 16	0.000 05	$−2.937\ 38×10^{-8}$	—
	三次	0.365	5.939	0.003	0.004 26	0.000 07	$−1.077\ 64×10^{-7}$	$4.851\ 88×10^{-11}$
	幂	0.353	17.981	0.000	0.001 04	0.443 82	—	—

小区	方程	拟合效果			参数估计值			
		R^2	F	Sig.	b_0	b_1	b_2	b_3
18	线性	0.815	172.315	0.000	1.823 97	0.138 64	—	—
	二次	0.834	95.514	0.000	−1.509 29	0.196 10	−5.632 09×10⁻⁵	—
	三次	0.857	74.179	0.000	2.052 70	0.074 01	3.235 59×10⁻⁴	−2.369 83×10⁻⁷
	幂	0.764	126.079	0.000	0.007 09	1.507 51	—	—

因此，产沙量与降雨侵蚀力 R 值定量表达适用于除百喜草措施第 1、2、3、16、17 小区外的其他小区，最优拟合方程为三次函数。

4）产沙量与产流量

根据 5.5.1 节分析结果，影响产沙的最直接因素为产流，通过各小区产沙量与产流量的回归分析，笔者发现在 10 种数学方程中，线性函数、二次函数、三次函数及幂函数拟合效果均较好且达到极显著水平，将拟合结果列表 5-59。

表5-59　产沙量与产流量回归分析结果

小区	方程	拟合效果			参数估计值			
		R^2	F	Sig.	b_0	b_1	b_2	b_3
1	线性	0.229	10.959	0.002	0.002 64	0.053 72	—	—
	二次	0.235	5.531	0.008	0.000 60	0.072 68	−2.896 05×10⁻²	—
	三次	0.236	3.606	0.023	0.001 59	0.051 59	4.981 51×10⁻²	−6.670 43×10⁻²
	幂	0.319	17.297	0.000	0.020 51	0.443 36	—	—
2	线性	0.619	61.824	0.000	−0.002 05	0.052 76	—	—
	二次	0.619	30.102	0.000	−0.002 26	0.054 13	−1.610 89×10⁻³	—
	三次	0.623	19.805	0.000	0.003 15	−0.000 61	1.509 37×10⁻¹	−1.168 33×10⁻¹
	幂	0.362	21.537	0.000	0.042 05	1.130 74	—	—
3	线性	0.724	96.948	0.000	−0.003 31	0.034 54	—	—
	二次	0.763	57.935	0.000	0.002 51	0.013 00	1.467 96×10⁻²	—
	三次	0.763	37.615	0.000	0.001 89	0.017 27	7.773 56×10⁻³	2.851 20×10⁻³
	幂	0.711	91.028	0.000	0.024 18	0.974 62	—	—
4	线性	0.404	26.408	0.000	2.893 71	0.589 59	—	—
	二次	0.568	25.025	0.000	−2.330 43	1.687 28	−1.285 37×10⁻²	—
	三次	0.636	21.542	0.000	0.825 68	−0.050 04	6.857 89×10⁻²	6.736 10×10⁻⁴
	幂	0.863	245.401	0.000	0.161 41	1.411 21	—	—

续表

小区	方程	拟合效果			参数估计值			
		R^2	F	Sig.	b_0	b_1	b_2	b_3
5	线性	0.892	314.469	0.000	0.016 56	0.049 61	—	—
	二次	0.962	463.726	0.000	−0.010 47	0.108 64	$-4.378\,69\times10^{-3}$	—
	三次	0.962	304.445	0.000	−0.013 13	0.119 98	$-1.032\,06\times10^{-2}$	$3.705\,63\times10^{-4}$
	幂	0.727	101.011	0.000	0.059 14	1.052 79	—	—
6	线性	0.598	56.471	0.000	−0.000 24	0.034 37	—	—
	二次	0.646	33.766	0.000	−0.008 63	0.069 53	$-2.701\,81\times10^{-2}$	—
	三次	0.668	24.092	0.000	0.001 78	−0.002 65	$1.104\,86\times10^{-1}$	$-7.053\,38\times10^{-2}$
	幂	0.557	47.819	0.000	0.033 74	1.141 57	—	—
7	线性	0.757	118.471	0.000	−0.006 29	0.050 95	—	—
	二次	0.849	103.659	0.000	−0.026 03	0.098 72	$-1.617\,94\times10^{-2}$	—
	三次	0.912	123.993	0.000	0.010 18	−0.045 34	$1.208\,77\times10^{-1}$	$-2.997\,53\times10^{-2}$
	幂	0.602	57.494	0.000	0.042 20	1.686 26	—	—
8	线性	0.700	88.510	0.000	−0.949 96	1.506 18	—	—
	二次	0.971	628.862	0.000	0.443 12	−0.980 47	$5.074\,82\times10^{-1}$	—
	三次	0.994	2 041.586	0.000	−0.325 54	1.188 48	$-7.592\,97\times10^{-1}$	$1.635\,79\times10^{-1}$
	幂	0.735	105.438	0.000	0.168 17	1.741 76	—	—
9	线性	0.488	37.203	0.000	−0.652 12	1.088 51	—	—
	二次	0.788	70.824	0.000	0.694 30	−1.446 97	$5.418\,00\times10^{-1}$	—
	三次	0.954	258.496	0.000	−0.650 22	2.429 71	−1.552 50	$2.705\,40\times10^{-1}$
	幂	0.731	106.061	0.000	0.180 65	1.396 56	—	—
10	线性	0.572	52.116	0.000	0.525 05	0.610 08	—	—
	二次	0.617	30.580	0.000	−1.204 47	1.027 33	$-4.913\,14\times10^{-3}$	—
	三次	0.618	19.923	0.000	−0.960 07	0.862 93	$3.470\,23\times10^{-3}$	$-6.786\,77\times10^{-5}$
	幂	0.874	269.775	0.000	0.116 48	1.428 13	—	—
11	线性	0.829	183.988	0.000	−0.006 92	0.044 77	—	—
	二次	0.832	91.514	0.000	−0.004 33	0.036 19	$5.163\,27\times10^{-3}$	—
	三次	0.832	59.366	0.000	−0.003 98	0.034 49	$7.336\,96\times10^{-3}$	$-7.548\,53\times10^{-4}$
	幂	0.778	133.415	0.000	0.034 65	1.371 10	—	—
12	线性	0.961	929.734	0.000	−0.008 44	0.048 50	—	—
	二次	0.965	506.804	0.000	−0.018 76	0.061 92	$-7.112\,02\times10^{-4}$	—
	三次	0.967	355.286	0.000	−0.004 83	0.029 44	$1.048\,17\times10^{-2}$	$-4.947\,69\times10^{-4}$
	幂	0.871	256.740	0.000	0.027 25	1.373 77	—	—

小区	方程	拟合效果			参数估计值			
		R^2	F	Sig.	b_0	b_1	b_2	b_3
13	线性	0.488	37.177	0.000	0.354 59	0.566 77	—	—
	二次	0.634	32.951	0.000	-0.948 55	1.556 96	$-2.760\,64\times10^{-2}$	—
	三次	0.783	44.430	0.000	0.456 46	-0.554 64	$2.641\,13\times10^{-1}$	$-6.115\,81\times10^{-3}$
	幂	0.825	184.198	0.000	0.201 60	1.448 50	—	—
14	线性	0.717	93.758	0.000	0.016 33	0.033 46	—	—
	二次	0.908	178.345	0.000	-0.033 95	0.096 26	$-3.567\,57\times10^{-3}$	—
	三次	0.976	465.449	0.000	0.015 26	-0.022 12	$3.594\,06\times10^{-2}$	$-1.807\,74\times10^{-3}$
	幂	0.894	311.909	0.000	0.035 19	1.294 71	—	—
15	线性	0.879	276.033	0.000	0.016 83	0.066 25	—	—
	二次	0.941	293.924	0.000	-0.045 97	0.119 45	$-1.667\,38\times10^{-3}$	—
	三次	0.958	274.221	0.000	-0.004 86	0.054 23	$6.946\,67\times10^{-3}$	$-1.920\,72\times10^{-4}$
	幂	0.881	280.352	0.000	0.038 88	1.323 31	—	—
16	线性	0.860	153.422	0.000	0.001 83	0.014 77	—	—
	二次	0.870	80.377	0.000	0.002 77	0.010 49	$2.251\,55\times10^{-3}$	—
	三次	0.901	69.954	0.000	0.000 60	0.028 35	$-2.138\,37\times10^{-2}$	$7.297\,54\times10^{-3}$
	幂	0.773	85.033	0.000	0.016 43	0.809 95	—	—
17	线性	0.821	151.342	0.000	0.002 23	0.014 13	—	—
	二次	0.821	73.504	0.000	0.002 39	0.013 46	$3.114\,34\times10^{-4}$	—
	三次	0.860	63.622	0.000	-0.000 58	0.032 97	$-2.095\,69\times10^{-2}$	$5.545\,57\times10^{-3}$
	幂	0.800	132.202	0.000	0.017 05	0.868 58	—	—
18	线性	0.535	44.800	0.000	0.645 20	2.612 68	—	—
	二次	0.558	24.035	0.000	-3.749 40	3.873 93	$-3.074\,02\times10^{-2}$	—
	三次	0.571	16.402	0.000	-7.452 55	6.039 16	$-1.741\,24\times10^{-1}$	$1.995\,25\times10^{-3}$
	幂	0.842	207.797	0.000	0.326 29	1.607 48	—	—

表 5-59 显示，除第 1 小区百喜草全园覆盖拟合效果较差外，其他小区拟合效果均较好，线性函数、二次函数、三次函数及幂函数之间对比，产沙量较大的第 4、10、13、18 小区幂函数拟合效果相对最佳，而其他措施小区三次函数拟合效果最佳。

因此，产沙量与产流量定量表达适用于除第 1 小区外的其他小区，产沙量较大的第 4、10、13、18 小区最优拟合方程为幂函数，其他措施小区为三次函数。

在此基础上，产沙量与降雨量、产沙量与降雨强度、产沙量与降雨侵蚀力、产沙量与产流量拟合效果之间对比，产沙量较大的小区及耕作措施小区宜选用产沙量与降雨强度的定量关系表达，最优方程为二次函数；而水土保持措施小区中百喜草措施小区宜选用产沙量与降雨量的定量关系表达，最优方程为二次函数；其他小区可根据实际数据获取难易情况选择，产沙量与降雨量最优方程为二次函数，产沙量与降雨侵蚀力、产流量为三次函数。

综上所述，对于该区产沙预报模型，产沙较大的小区及耕作措施小区宜选用产沙量与降雨强度的二次函数，百喜草措施小区宜选用产沙量与降雨量的二次函数，其他小区可根据实际数据获取的难易情况，选择产沙量与降雨量、降雨侵蚀力、产流量的二次或三次函数。

5.6　小　结

笔者通过气象观测站与裸露对照区对降雨的试验观测，研究分析我国南方的降雨特征，主要包括降雨的时间分布特征，发现研究区内降雨呈双峰式分配，汛期（4～9 月）不仅降雨集中，而且降雨强度大，属暴雨多发期；研究确定该区侵蚀性降雨基本降雨量标准值为 11.7 mm、基本降雨强度标准是 1.03 mm/h，带来 20 525.56 J/m^2 的动能，$\sum E_{nc} \cdot I_{60}$ 为研究区降雨侵蚀力 R 值的最佳计算组合，全年降雨侵蚀力共计 5 431.69 J· mm/(min·m^2)，有效降雨侵蚀力共计 5 411.70 J· mm/（min·m^2）。

笔者对比分析次降雨、月降雨，以及年降雨条件下不同草种、不同种植方式、不同农艺耕作方式、不同土地利用结构、不同水土保持工程措施的坡耕地产流特征及规律，结果表明水土保持措施小区产流特征与对照小区存在显著差异，水土保持措施小区蓄水减流效果显示，植物措施小区减流效果最优，其次为耕作措施，工程措施稍差，而且在植物措施中以百喜草全园覆盖为最佳措施。笔者以渗漏小区为例，研究分析了百喜草覆盖、百喜草敷盖与裸露对照产流形成过程，结果表明百喜草覆盖和百喜草敷盖地表径流远小于裸露对照，具有显著的蓄水减流效果，使大部分降雨转化为地下径流，且地下径流量超出对照处理许多。年均地表径流与地下径流调配比值百喜草覆盖、百喜草敷盖和对照处理分别为 1/52.9、1/48.1 和 1/1.4。

笔者对比分析次降雨、月降雨，以及年降雨条件下不同草种、不同种植方式、不同农艺耕作方式、不同土地利用结构及不同水土保持工程措施的坡耕地侵蚀产沙特征及规律，发现水土保持措施小区侵蚀产沙特征与对照小区存在显示差异，水土保持措施小区保土减沙效果显示，植物措施小区减沙效益最优，其次为工程措施，耕作措施稍差，而且在植物措施中以百喜草全园和带状覆盖为最佳措施。笔者以渗漏小区为例，研究分析了百喜草覆盖、百喜草敷盖与裸露对照侵蚀产沙过程，结果表明百喜草覆盖和百喜草敷盖产沙量远小于裸露对照，具有显著的保土减沙效果。

为进一步阐释产流产沙影响机理，笔者建立南方坡耕地产流产沙预报模型，研究分析不同下垫面产流产沙与降雨因素（包括降雨历时、降雨量、降雨强度和降雨侵蚀力）的相关关系，结果表明影响各小区产流的最主要影响因素为降雨侵蚀力，其次降雨量，最后为降雨强度；影响各小区产沙的最主要影响因素也为降雨侵蚀力，其次为降雨量，最后为降雨强度，同时产流对产沙的影响更为直接。

笔者借鉴传统经验模型的建模思路，建立南方坡耕地各小区产流产沙量与降雨量、降雨侵蚀力及降雨强度的预报模型。对于产流量与降雨量，植物措施小区选用二次函数，耕作措施小区和工程措施小区选用幂函数，而对于产流量与降雨侵蚀力，除16、17小区外，其余小区选用三次函数，这些均可作为该区产流预报模型。作为该区产沙预报模型，产沙较大的小区及耕作措施小区宜选用产沙量与降雨强度的二次函数，百喜草措施小区宜选用产沙量与降雨量的二次函数，其他小区可根据实际数据获取难易情况，选择产沙量与降雨量、降雨侵蚀力、产流量的二次或三次函数。

第 *6* 章

南方坡耕地水土保持技术

6.1 南方水土流失综合治理技术体系

针对南方水土流失特点和自然地理条件，以及农业种植结构单一、耕作粗放，土地利用率低，经济效益差等问题，目前该区水土流失综合治理主要通过土地利用结构调整，改造坡耕地，建设水平梯田，种植经济作物和经济林果，或实行果树和经济作物套种间作，充分利用土地资源。水土流失综合治理技术体系大致分为工程措施、植物措施和生态修复措施三大类。工程措施主要有坡面整治、沟道防护、疏溪固堤、治塘筑堰、崩岗治理五大工程；植物措施主要有水土保持林、经济林果和种草等；生态修复措施主要有封禁治理、能源替代和舍饲养畜等（程冬兵 等，2010）。

6.1.1 工程措施

1. 坡面整治

坡面整治是防治水土流失、改善农业生产条件、促进退耕还林的一项重要的基础性措施。在土层较厚的缓坡耕地上，采取坡改梯，配套坡面水系，完善田间道路，因地制宜地建设土坎或石坎梯地，土坎梯地须采取植物护坎措施。坡面水系工程包括排灌沟渠、蓄水池、沉沙池等，要结合地形进行布设，以便于排洪、拦沙和蓄水；田间道路可以结合沟渠布设，有条件的地方可以结合机耕道修建。对于暂时没有进行改梯的坡耕地，采取保土耕作措施，减少水土流失。

2. 沟道防护

在沟道建设拦沙坝和谷坊，是防治水土流失、减少入河入库泥沙非常重要的措施。对沟道进行综合防护配置，采取谷坊群，结合拦沙坝进行多层拦蓄，防止沟道下切，对于沟岸扩张和沟头溯源侵蚀严重的沟道，还要辅以刺槐等植物措施，建立一套完整的、全方位的沟道防护系统。有条件的地方，结合沟道防护，将低效或无效的宽阔沟道中的劣质地改造成高效优质土地，发展高效农业，将其作为培育和增加土地资源的有效途径，进一步巩固退耕还林还草和生态自然修复的成果。

3. 疏溪固堤

在小流域内，山上山下是一个完整的系统，相互影响，互相促进，疏浚河道和沟道，提高防洪标准，不仅可以显著减轻山洪灾害，保护人民的生命财产安全，而且可以有效促进山上退耕，稳定退耕还林还草的成果。河堤加固和建设在流域面积 10 km^2 以内、防洪标准低于 20 年一遇、沟道比较开阔并且保护农田面积较大的小流域沟道上进行。

4. 治塘筑堰

塘堰是山丘区最基本的水利设施，具有很好的蓄水和拦沙效果。在山丘区，特别是丘陵区，分布着大量的山塘，由于年久失修，不少已经淤满，没有发挥应有的作用。对现有淤积严重的山塘进行清淤，疏通排灌沟渠，并根据农田灌溉需要，结合解决部分地方人畜饮水需要，新建部分塘堰，这样不仅可以改善农业生产条件，而且可以有效提高小流域的减沙率。

5. 崩岗治理

崩岗治理措施的总体布局是结合崩岗发展类型和形态采取综合治理方案。①布设适当的工程措施，采取上拦（修截水沟、撇水沟，起分水作用，保证水不入沟）、下堵（建挡土墙、谷坊、拦沙坝，保证土不出沟，不危害下游）、中间削（危害大的重点崩岗进行削坡开级、修筑崩壁小台阶，危害小的不进行此项工程）的综合工程措施，在地形条件满足的情况下，在崩岗下游进行造田，建设基本农田；②高标准的生物措施，坡面造林种草（沟外绿化），封沟育林育草（沟内绿化），下游进行农林生产及开发治理。

不同类型崩岗治理，具体治理措施布局是：崩口上游的集水区，根据不同类型进行全面治理，不使径流进入崩口，崩口顶部外沿布设截水沟（天沟），防止坡面径流进入崩口。崩口顶部已到分水岭的，或由于其他原因不能布设截水沟的，应在其两侧布设"品"字形排列的短截水沟。崩口内两侧陡壁（崩壁），应削掉不稳定的土体，修成小台阶，种树种草，巩固崩壁。崩岗底部根据崩岗的不同形态布设谷坊，条形崩岗从上到下全面布设土谷坊群，或沿水道节节栽植草墩，拦截洪水泥沙，巩固侵蚀基点；瓢形崩岗在崩岗口修建容量较大的谷坊，拦洪蓄水。崩岗区下游临近出口处，布设拦沙坝，拦蓄多处崩岗下泄的洪水、泥沙。在瓢形崩岗治理中，利用崩岗腹大口小的特点，在出口处修筑谷坊，拦沙缓洪，尽量控制泥沙对下游的危害。在崩岗顶部及岸坡开挖截留沟，使坡面径流不入崩岗，减缓溯源侵蚀。在采取工程措施的同时，要抓紧时机对崩岗及周边防治区进行植物围封，对危害特别严重的陡壁进行削坡开级。条形崩岗大切沟发育，上拦、下堵与瓢形崩岗基本相同，崩壁一般不需要削坡开级，针对崩岗形态特点，沿沟床从上到下修建多级谷坊。

6.1.2　植物措施

植物措施主要包括水土保持林、经济林果和种草。在疏幼林地、荒山荒坡和陡坡退耕地营造水土保持林，做到多品种搭配，乔灌草结合；在坡度较缓，水源条件较好的退耕地上，结合当地经济发展规划发展经济林果，并采取鱼鳞坑、水平阶、果梯等整地方式，控制水土流失；种草以适应当地的乡土草种为主，在部分条件较好的地方，适当发展牧（饲）草。

6.1.3　生态修复措施

充分尊重自然规律，发挥大自然自我修复的能力，按照人与自然和谐共处的理念，促进大范围植被恢复和生态环境改善。生态修复措施主要是封禁治理，其主要是针对水土流失为中轻度，具有一定数量母树或根蘖更新能力较强的疏林地、灌草地和荒山荒坡地带。封禁治理主要内容包括：划定封禁区域界线，在封禁区的明显地段设立封禁标志碑牌，实施全封、轮封、半封或季节性封育管护，采取抚育管理、补植补种、舍饲养畜、沼气池建设、草场改良、围栏建设和生态移民等措施。

6.1.4　不同治理对象措施配置

南方水土流失综合治理应以小流域为单元，以保护与合理利用水土资源为指导，工程措施、林草措施、耕作措施和封禁措施优化配置，人工治理与发挥生态自然恢复能力相结合，治理与开发利用相结合，提高土地资源的利用效益，促进土地资源可持续利用和生态良性循环。

根据治理对象配置各项治理技术，根据《水土保持综合治理　技术规范》（GB/T 16453.1—2008～16453.6—2008），将水土保持综合治理划分为：坡耕地、荒地、沟壑、崩岗、风沙、小型蓄排引水 6 类，南方红壤丘陵区主要有坡耕地、荒地、沟道、崩岗、林地水土流失和经果林地水土流失 6 种治理对象，针对不同治理对象的水土流失特点、地形地貌状况及防护目标，优化配置各项治理措施。

（1）坡耕地治理。坡耕地治理以防治耕作不当导致的水土流失为核心，发展生产为目标。通过修筑梯田、采取保水保土耕作等措施，改变微地形，增加植被覆盖度，从而实现坡耕地水土保持与经济发展双赢。

（2）荒地治理。荒地治理以尽快恢复植被为核心，改善生态环境为目标。通过水土保持造林、种草等措施，增加植被覆盖度，保持水土，条件许可时发展经果林，促进当地经济发展。通过封禁治理，保护植被，促进植被正向演替，改善生态环境。

（3）沟道治理。沟道治理以防治沟道侵蚀和拦挡泥沙为核心，确保下游安全为准则。通过沟头防护、谷坊、拦沙坝等工程措施，防止沟头前进、沟岸扩张、沟底下切。通过水土保持造林，稳定绿化沟道。

（4）崩岗治理。崩岗治理应以预防保护和综合治理并重。一方面要采取预防保护措施，防止崩岗的发生；另一方面要对已形成的崩岗进行综合治理，工程措施和林草措施并举。根据崩岗不同发育阶段、不同类型、不同部位选取相应的治理措施。通过截水沟、排水沟、跌水、挡土墙、崩壁小台阶和梯田、谷坊、拦沙坝等，控制崩岗侵蚀的发展，同时配合水土保持造林、经果林、种草及封禁治理等，加速植被恢复，形成多目标、多功能、高效益的防护体系。

（5）林地水土流失治理。林地水土流失治理以防治林下缺乏灌草植被导致的水土流失为核心，尽快恢复近地面植被覆盖为目标，通过封禁治理、施肥抚育和补植改造等措施，改良立地条件，增加近地面植被覆盖，实现林下水土保持。

（6）经果林地水土流失治理。经果林地水土流失治理以改造微地形和增加地面覆盖为核心，通过工程整地、增加坡面小型截排蓄工程、覆盖与敷盖等措施，治理产生严重水土流失的经果林地。

6.2　南方坡耕地水土保持措施

坡耕地水土流失综合治理作为山丘区一项重要的基础设施工程，得到党中央、国务院的高度重视，近些年水利部开展的国家水土保持重点工程（如"长治"工程），以及自然资源部开展的土地整治项目、国家林业和草原局开展的巩固退耕还林基本口粮田项目、国家农业综合开发办公室开展的国家农业综合开发中低产田改造项目、国家乡村振兴局开展的以工代赈等生态建设项目，都将坡耕地改梯田作为一项重要建设内容加以实施。这些项目的实施产生了明显的生态、社会和经济效益。经过长期探索与实践，我国南方坡耕地水土保持措施主要有三种：一是配套坡面小型截排蓄工程和田间道路的坡改梯工程措施；二是对暂时无法改为梯田又必须保留农作的坡耕地，大力推广保土耕作措施，包括等高耕作、等高沟垄种植、间作套种、轮作、覆盖与敷盖等；三是以等高植物篱、植物护埂和退林还林还草为代表的植物措施（程冬兵 等，2012；方清忠和胡玉法，2010；李蓉和土小宁，2010；王政秋，2010；严冬春 等，2010a；张信宝和贺秀斌，2010；张平仓 等，2004；张平仓 等，2002；史立人，1999）。

6.2.1　坡改梯工程措施

1. 梯田

在坡地上沿等高线修建成田面平整、地边有埂的台阶式地块，称为梯田。梯田通过截短坡长，改变地形，拦蓄径流，防止冲刷，减少水土流失，保水、保土、保肥，改善土壤理化性质，提高地力，增产增收，改善生产条件，为机械耕作和灌溉创造条件，为集约化经营，提高复种指数，推广优良品种提供良好环境。修建梯田是坡耕地治理最为典型的措施，在我国有着悠久的历史，在南方红壤丘陵区应用非常普遍。

梯田宜布设于坡位较低、坡度小于25°、土层较厚、土质较好的坡地。《水土保持综合治理 技术规范 坡耕地治理技术》（GB/T 16453.1—2008）规定：防御暴雨标准宜采用10年一遇3~6 h最大降雨。根据各地降雨特点，分别采用当地最易产生严重水土流失的短历时、高强度暴雨。《水土保持小型水利水保工程设计手册》要求田埂高度按拦蓄10年一遇暴雨参数设计（胡甲均，2006）。根据《水土保持工程设计规范》（GB 51018—2014），南方红壤区梯田工程设计标准按表6-1进行。

表 6-1　梯田工程设计标准

级别	田面宽度/m	排水设计标准	灌溉设施
1	>10	5～10 年一遇短历时暴雨	灌溉保证率≥50%
2	5～10	3～5 年一遇短历时暴雨	具有较好的补灌设施
3	<5	3 年一遇短历时暴雨	—

由于梯田属于坡面治理工程，宜选用短历时暴雨。《〈南方红壤丘陵区水土流失综合治理技术标准〉（SL 657—2014）应用指南》规定：防御暴雨梯田设计标准应采取 10 年一遇 6 h 最大降雨。梯田具体设计时，在华中、华东低山丘陵水土流失严重地区，田面宽度宜小于 5 m；在东南沿海低山丘陵区，田面宽度宜为 5～10 m，在地形陡峭、水土流失严重区，田面宽度宜小于 5 m；在长江中下游丘陵平原区，田面宽度可大于 10 m（张平仓和程冬兵，2014b）。

田块布设应顺山坡地形，大弯就势，小弯取直，集中连片，便于经营管理，有利于实现机械化地方优先修筑田块。坡面小型截排蓄工程、田间道路和梯田综合配套，优化布设。

梯田修筑材料应因地制宜，在石料缺乏、坡度较缓、土壤黏结性较好的地区宜修筑土田坎；在坡度较大、石料丰富的地区宜修筑石田坎；在有石料但造价高，且土层较厚的地区，可选用田坎下段为石、上段为土的土石混合田坎；在有条件的情况下，还可采用混凝土预制件田坎、编织袋田坎等。梯田断面设计方法、施工、管理等均可按照《水土保持综合治理　技术规范　坡耕地治理技术》（GB/T 16453.1—2008）相关规定执行。

对于梯田的利用，根据水源和立地条件等，在梯田中可种植农作物或经果林。田面可结合间作套种，发展多种经营，充分发挥梯田的土地利用效益。为保护土坎，防止垮塌，对于土坎、土石混合坎梯田，在田坎上应种草或种植有经济效益的植物，但不应影响梯田内主作物的生长发育。

实践证明，坡改梯是坡耕地水土流失治理和提高耕地质量与农业产量的一项十分有效的措施，不仅能显著保育水土资源，而且能大幅度提高土地产出率和劳动产出率。2012年水利部组织编制的《全国坡耕地水土流失综合治理规划》（报批稿）中，明确了对适宜改造成梯田的坡耕地，按照保护耕地资源、提高土地生产力和储粮于地的原则，逐步开展坡改梯建设。

2. 坡面小型截排蓄工程

坡面小型截排蓄工程是指为配合坡耕地治理工程而修建的截水沟、排水沟、蓄水池和沉沙池等措施的总称，与《水土保持综合治理　技术规范　小型蓄排引水工程》（GB/T 16453.4—2008）中"坡面小型蓄排工程"类似，但因为南方红壤丘陵区降雨量大，降雨强度高，在坡耕地、荒地等坡面治理工程时，首要任务是截，其次是排，最后为蓄，从而保护坡面治理工程安全。

《水土保持综合治理　技术规范　小型蓄排引水工程》（GB/T 16453.4—2008）规定：

截水沟防御暴雨标准宜采用 10 年一遇 24 h 最大降雨。根据各地降雨特点，分别采用当地最易产生严重水土流失的短历时、高强度暴雨。《水土保持综合治理 技术规范 崩岗治理技术》（GB/T 16453.6—2008）规定：截水沟按 5 年一遇 24 h 暴雨设计。《长江流域水土保持技术手册》要求坡面水系工程布设采用 10 年一遇 24 h 最大降雨量为设计标准；排洪渠一般按 10 年一遇洪水标准（《长江流域水土保持技术手册》编辑委员会，1999）。《水土保持工程设计规范》（GB 51018—2014）规定如表 6-2 所示。

表 6-2　坡面截排水工程设计标准

级别	排水标准	超高/m
1	5～10 年一遇短历时暴雨	0.3
2	3～5 年一遇短历时暴雨	0.2
3	3 年一遇短历时暴雨	0.2

坡面小型截排蓄工程属于坡面治理工程，宜选用短历时暴雨。由于坡面小，截排蓄工程主要作为梯田、经果林等措施的配套措施，承担工程防护的作用，工程设计重现期保持 10 年一遇。根据崩岗治理特点，可适当减小重现期。《〈南方红壤丘陵区水土流失综合治理技术标准〉（SL 657—2014）应用指南》规定：坡面小型截排蓄工程防御暴雨标准东南沿海低山丘陵区和华中、华东低山丘陵区宜采取 10 年一遇 6 h 最大降雨，长江中下游丘陵平原区宜采取 10 年一遇 12 h 最大降雨。

坡面小型截排蓄工程是巩固坡耕地治理工程的关键，通过在坡面上布设截水沟，拦截坡面以上径流，保护截水沟下方治理措施和成果。排水沟与截水沟相连，安全排放多余的径流。蓄水池布设在坡面汇流的低凹处，与排水沟相连，提供农业生产灌溉、人畜饮水及林草需水。沉沙池布设在蓄水池进水口的上游，沉积上游来水泥沙。坡面小型截排蓄工程设计、施工、管理等按照《水土保持综合治理 技术规范 小型蓄排引水工程》（GB/T 16453.4—2008）相关规定执行。

3. 田间道路

根据小流域综合治理理念，山、水、田、林、路综合治理，各项措施优化配置。为了便于坡耕地农作、运输和水土保持工程管理及维修，需修建人畜行走和机械通行道路。

田间道路布设应与坡面小型截排蓄工程相结合，统一规划设计，防止冲刷，保证道路完整、畅通；田间道路布局应合理，有利于生产，方便耕作和运输，便于与外界联系；占地少，尽可能避免大挖大填，减少交叉建筑物。南方红壤丘陵区田间道路分为人行道路和机耕道路。①人行道路：由山脚垂直或倾斜向上伸至坡面田间，包括坡面田间内沿等高线方向布设的横向道路。路面宽宜为 1～2 m，缓坡地段宜采用平坦路面，坡度较大的地段设计成台阶形，踏步高 0.2～0.3 m，宽 0.3 m。当人行道路沿等高线方向布设时，按相对高差每隔 30～40 m 布设一条，也可与梯田田坎结合，在道路边坡一侧开挖截水沟，并与纵向排水沟相通。当人行道路沿纵向方向布设时，道路两侧或单侧应布置排水沟和消力设施，并与坡面小型截排蓄工程相连。②机耕道路：由坡脚呈"之"字形或螺旋形至坡面田间提供农业机械通行的道路，其纵向坡度宜控制在 15° 以内，并与人行道路连通，形成相互连通的网络。路面宽宜为 2～4 m，道路两侧或单侧应修建排水沟，在坡度较陡部位，还应修建消力设施，或采取混凝土护面，保护路基稳定。

4. 水平竹节沟

水平竹节沟指在山坡上沿等高线每隔一定距离修建的截流、蓄水沟（槽），沟（槽）内间隔一定距离设置一个土挡以间断水流，其形似竹节。水平竹节沟在南方红壤丘陵区具有典型代表性，既可作为坡面小型截排蓄工程的蓄水型截水沟，拦截径流和泥沙，也可作为立地条件差、位置偏僻、交通不便的强烈侵蚀以上劣地水土保持林草措施的整地方式，在竹节内栽植乔木，隔坡段栽植灌木或播种牧草，非常适用于南方红壤丘陵区立地条件差、水土流失强烈的荒地。

目前并没有关于水平竹节沟的设计规定，人们一般参照截水沟进行设计，即：截水沟防御暴雨标准宜采用 10 年一遇 24 h 最大降雨。根据各地降雨特点，分别采用当地最易产生严重水土流失的短历时、高强度暴雨。《水土保持综合治理 技术规范 崩岗治理技术》（GB/T 16453.6—2008）规定：截水沟按 5 年一遇 24 h 暴雨设计。

2014 年，《〈南方红壤丘陵区水土流失综合治理技术标准〉（SL 657—2014）应用指南》正式将该技术纳入到标准中，并明确规定水平竹节沟一般作为整地方式或蓄水型截水沟，属于坡面治理工程，宜选用短历时暴雨，水平竹节沟防御暴雨标准宜采取 10 年一遇 6 h 最大降雨。根据坡面上方来水量，确定竹节沟的单宽蓄水容积，再根据单宽蓄水容积确定水平竹节沟断面，一般为立方体结构。水平竹节沟沿等高线布设，上下沟呈品字型排列，沟内留土挡并低于沟埂顶部。水平竹节沟施工、管理等仍参照截水沟《水土保持综合治理 技术规范 小型蓄排引水工程》（GB/T 16453.4—2008）执行。

6.2.2　保土耕作措施

1. 等高耕作

等高耕作又称横坡耕作，是指沿等高线，垂直于坡面方向，进行耕作和种植。它是坡耕地最简易的水土保持耕作措施，适用于 25° 以下的坡耕地和坡式梯田，一般随坡度增加，水土保持效果逐渐减弱。等高耕作可以有效地拦蓄地表径流，增加土壤水分入渗率，减少水土流失，具有保水、保土、保肥等综合作用，有利于作物生长发育，从而达到高产目的。沿等高线方向用犁开沟播种，利用犁沟、耧沟、锄沟阻滞径流，增大拦蓄和入渗能力，这种方式普遍用于丘陵或山地地区，其作用机制主要是改变土壤微地形，使地表径流分散，影响降雨过程中水分转化与土壤侵蚀过程，增加地表填洼量，滞后产流时间，增加水流的入渗，从而达到水土保持目的。该模式最大的优点是有效减少径流和土壤侵蚀，与传统的顺坡种植相比，等高耕作分别减少 20% 的径流和 42% 的土壤侵蚀，从而降低土壤侵蚀速率，这是因为等高耕作地表微地形起伏最大，地表微地形的空间特征使其能够较好地对雨水径流形成拦截效应，提高土壤含水量，减少径流和土壤养分流失。

2. 等高沟垄种植

等高沟垄种植是在水平等高耕作的基础上进行的一种土壤耕作措施，即在坡面上沿等高线耕地，形成沟和垄，在沟内或垄上种植作物。等高沟垄种植宜布设于 20° 以下的坡耕地，是南方红壤丘陵区常见的保土耕地措施之一。等高沟垄种植改变了坡耕地的微地形，由于沟和垄的存在，增加了地面的受雨面积，从而减少了单位面积的雨水打击强度；一条垄相当于一个小土坝，一条沟相当于一个小水库，沟和垄的存在有效地减弱了地表径流和水土流失。

等高沟垄种植应结合等高耕作统一布设，并配套布设坡面小型截排蓄工程；以坡面截水沟、排水沟为骨架，3～5 道沟垄连成小区，上端筑封沟坝联结，使其与垄同高，沟中端及下端布设土坝，土坝低于垄高 0.15～0.20 m，区与区之间布设田间道路或排水沟。

3. 间作套种

间作是指在同一地块上，成行（或成带）间隔种植两种或两种以上生育期相近的作物。套种是指在前茬作物的生育后期，在其行间播种，栽植后茬作物的种植方式。间作套种是我国农民的传统经验，既是常见的保土耕地措施之一，也是农业上的一项增产措施，这种耕作方式在南方红壤丘陵区较为常见，宜布设于立地条件较好、坡度小于 25°的坡耕地、幼龄果园。间作套种能够合理配置作物群体，使作物高矮成层，相间成行，有利于改善作物的通风透光条件，提高光能利用率，充分发挥边行优势的增产作用。

间作、套种应结合水土保持耕作技术统一考虑和布设等高耕作、等高沟垄种植等，使之更能发挥蓄水保土效益和增产作用。

间作、套种作物，应考虑禾本科与豆科、高秆与矮秆、疏生与密生、深根与浅根、喜阳与喜阴、早熟与晚熟等优化组合，保证主要作物的密度，组成一个既能充分利用光、热、水、肥等自然条件，又能有效减少水土流失的作物群体结构。在决定间作、套种形式和作物组合时，应使作物在雨季生长最为繁茂、覆盖率达 75%以上。

4. 轮作

轮作是指在同一块田地上，有顺序地在季节间或年间轮换种植不同的作物或复种组合的一种种植方式，也是南方红壤丘陵区常见的保土耕地措施之一。轮作种植宜布设于25° 以下、土壤相对贫瘠的坡耕地上，是用地养地相结合的一种耕作措施。合理的轮作具有很高的生态效益和经济效益，有利于防治病、虫、草害，有利于均衡利用土壤养分，改善土壤理化性状，调节土壤肥力。

根据轮作方式不同，可分为本土轮作和大田轮作。本土轮作是指同一地块种植一种作物或草类，在季节间或年间轮换种另一种作物或草类的耕作方式。大田轮作是指两个地块种植不同作物或草类，2～3 a 后互相换种作物或草类。轮作换种作物或草类宜以绿肥、牧草为主。

5. 覆盖与敷盖

覆盖与敷盖是坡耕地水土保持常用的保土耕作措施，能有效调控径流，蓄水保土。覆盖是利用有生命力的植物或作物覆于地表，避免雨滴直接打击地表或径流的冲蚀。繁茂的茎叶所形成的高度被覆率，对地表土壤构成了天棚遮盖，阻截雨滴直接打击裸露土壤，防止溅蚀，同时由于覆盖作物根茎增加了地表粗糙度，降低了地表径流流速及固结土壤，减少径流对土壤的冲刷搬运作用，因而可以有效地控制土壤侵蚀。敷盖是一项具有悠久历史的水土保持方法，利用刈割后植物体、残株或塑料布、纸张、沙石等不具生命力的物质，铺设于地表以防止雨滴直接打击及径流冲蚀，保水保肥。覆盖与敷盖宜布设于 25°以下的坡耕地和经果林。覆盖宜以种植水土保持常用草类为主，敷盖宜以收割作物、草类、作物秸秆等为主。

6.2.3 植物措施

1. 等高植物篱

为控制或减轻水土流失现象，在坡耕地上沿等高线种植的条状灌木带或草带，统称为等高植物篱。等高植物篱技术是目前国内外广泛采用的一种坡耕地植被恢复和水土保育技术，被众多专家学者认为是解决季节性干旱与水土流失并存这一重要生态问题，促进坡耕地农业生态系统持续发展的有效途径之一。等高植物篱宜布设于 15°~25°的坡耕地、经果林地等。

等高植物篱技术自 20 世纪 30 年代兴起以来，各国专家学者在植物篱（过滤带）的泥沙运移、地表水及土壤水文等效益方面作了大量研究，结果都表明植物篱在蓄水减流、保土减沙、促进土壤水分入渗，改善土壤水分时空分布，提高土壤水分有效利用率等方面具有显著效益（张平仓和程冬兵，2014b）。

在坡耕地或经果林地中，不宜选用株高较高、侧根发达、影响主作物正常生长的品种。在荒地中布设植物篱应选择适应当地生长、萌蘖能力强、耐平茬、根系发达、固土能力强的灌木树种或草种，优先选择有固氮能力和一定经济价值的品种。在坡耕地或荒地上应每隔 3~7 m，沿等高线单行、双行或多行种植植物篱。

植物篱种植整地方式宜采取带状整地和穴状整地。植物篱种植可按照水土保持林和水土保持种草种植方式执行。植物篱栽植早期应及时补植、修枝，加快枝干萌蘖，当植物篱株高影响主作物生长时，应定期进行修剪。

2. 植物护埂

植物护埂是指在坡耕地埂坎上种植植物，既可保持埂坎稳定，又可提高土地利用率。据测算，埂坎一般占地 10%~15%，充分利用这部分土地发展"地坎经济"，是解决人多地少矛盾的有效途径。植物固坎大多选用生长迅速、根系发达、固土力强，对地埂能够进行加固防冲，拦截上方径流泥沙，达到保持水土效果的植物，同时还具有一定经济价值，能够增加收入，因此深受农民欢迎，被称为"吃粮靠中间，花钱靠边边"。

中国科学院亚热带农业生态研究所研究表明，在梯田埂坎上种植以黄花、苎麻等为主的水土保持植物带，当年就可显著减少水土流失，2～3 年后，土壤侵蚀模数由坡改梯前的 2 500 t/（km²·a）左右下降到 500 t/（km²·a）以下，年降雨径流系数也由 0.40～0.45 降至 0.15 以下，以后呈稳中有降趋势。水利部水土保持植物开发管理中心结合南方坡耕地特点，大力推广苎麻种植，根据他们的研究，苎麻叶片较大，且非常茂密，可以多层覆盖麻地，覆盖度达 100%，且覆盖时间长，一般每年为 9 个月左右，苎麻覆盖后，既能减少水分蒸发，又能保持土壤湿润，降低土壤侵蚀量和地表径流量。从栽植苎麻的第二年起，无论是缓坡苎麻地，还是陡坡苎麻地，其年径流系数都小于 0.06，年土壤侵蚀强度小于 19 t/km²，水土保持效果相当于已种植 5～7 a 的 20° 坡地上的疏幼林地，是治理南方坡耕地水土流失特有的一种植物措施（李蓉和土小宁，2010）。

3. 退耕还林还草

退耕还林还草，是指为防治水土流失，对坡耕地实施停止耕种，改为植树种草，恢复植被，控制水土流失的治理模式，具体措施有水土保持林、水土保持种草、水土保持经果林、封禁等。

1）水土保持林

对于 25° 以上的陡坡耕地，如何快速覆盖地表，抑制地表水土流失是关键环节。以防止水土流失、恢复和保持土壤肥力为主要目的的乔木林和灌木林，包括具有水土保持功能的天然林、天然次生林、人工乔木林或灌木林，统称为水土保持林。应用限制性因子原理、植被演替理论及水土保持原理实现植被重建。选择草被先行符合植被的自然演替规律，草比灌木、乔木更容易做到快速覆盖地表。为达到地表快速覆盖的目的，追施肥料和修建适当的工程也是必要的。应用生物多样性和地带性原理，遵循植被的自然演替规律，对南方红壤丘陵区退化的生态系统采取工程和植物措施相结合，人工模拟自然森林多物种和多层结构的特点，建立早期的人工森林生态系统，可以形成种类组成和结构特点各异的先锋植被。水土保持林覆盖地面有助于地面免遭雨水直接击溅侵蚀，防风固沙；有助于根系固结土壤，增强土壤抗冲蚀能力；有助于拦截地表径流，增强土壤入渗能力，涵养水分；有助于为禽兽和昆虫提供栖息场所，改善生物多样性；有助于改善生态环境；有助于提供木材、薪柴等。

水土保持林应因害设防，适地适树，选择相应树种和混交类型，具体布设时宜满足下列要求：①凸形斜坡宜营造以灌木为主的乔灌混交林；②凹形斜坡宜营造经济林或以灌木为主的乔灌混交林；③直形斜坡宜营造以乔木为主的乔灌混交林；④分水岭宜选择耐干旱和根系发达的树种，营造以灌木为主的乔灌混交林。

水土保持林种植方式宜根据树种特性，采取苗木栽植、分殖栽植、播种栽植等方式。水土保持林整地方式宜采取穴状、鱼鳞坑、水平竹节沟等方式。水土保持林整地方式和整地规格应根据林种、树种、立地条件等确定，整地工程宜按照 5 年一遇 6 h 最大降雨设计。水土保持林设计可按照《水土保持综合治理 技术规范 荒地治理技术》（GB/T 16453.2—2008）相关规定执行。

2）水土保持种草

为防治水土流失而种植的适生草本植物，统称为水土保持种草。水土保持种草宜布设于立地条件恶化、植被覆盖率小于 10% 的退耕坡地、梯田边坡等。通过种草，可以保护地表免遭雨水溅蚀，固结土壤，增强土壤抗冲蚀能力；改良土壤理化性质，提高土壤入渗能力和水源涵养能力；提供饲料、肥料、燃料等，为综合利用提供原料。

水土保持种草应适地适草，选择抗逆性强，生长迅速，根系发达，能快速形成地面覆盖的品种，条件许可时，可考虑选择有一定经济价值的草种，兼作饲料，或开展多种经营。水土保持种草种植方式宜采取直播、苗木栽植、埋植等方式。水土保持种草设计可按照《水土保持综合治理 技术规范 荒地治理技术》（GB/T 16453.2—2008）相关规定执行。

3）水土保持经果林

多年实践证明，将水土流失综合治理和农地产业结构调整相结合，与农村经济发展相结合，与农民脱贫致富相结合，才能保证水土保持的可持续发展。水土保持经果林是指经济林和果园的统称。因此，在水土流失综合治理中，对坡度较缓但土层较厚的山脚、山窝流失地，宜适当发展经济林果，以解决小流域内经济效益、生态效益和社会效益的结合问题。

南方红壤丘陵区大多为山地丘陵地貌，地形破碎，农业经济滞后，但水热条件好，适宜发展水土保持经果林，促进农村经济发展。近年来，南方红壤丘陵区各省积极加快农村产业结构调整，大力发展水土保持经果林，坚持治理与开发相结合，治山治水与治穷致富相结合，根据当地农业产业结构调整与农村经济发展方向，在综合治理的小流域内合理开发水土资源，因地制宜兴办各具特色的种养基地，把小流域治理与发展区域经济、培育支柱产业、帮助群众脱贫致富结合起来，促进农村产业结构的调整，实现农业增产、农民增收和农村致富的目标。

结合农村当地主导产业发展，选择适应性强、生长良好、适销对路、市场潜力大的经济果木林品种，积极发展经果林。据统计，南方红壤丘陵区经济林品种有：油茶、枣、茶、桑树、板栗、银杏、胡桃、白蜡、油桐、杜仲、厚朴、金银花、竹子、棕榈、蔓荆、花椒等；果树品种有：柑橘、杨梅、脐橙、蜜橘、甜柚、奈李、桃、龙眼、荔枝、余甘、杧果、枇杷、刺梨、梨、石榴、猕猴桃、柿树等。

水土保持经果林种植方式宜采取苗木栽植，整地方式宜采取梯田、水平台地（阶、条带)、水平竹节沟等方式。水土保持经果林整地方式和整地规格应根据树种(品种)、立地条件等确定。整地工程设计暴雨标准为 5 年一遇 6 h 最大降雨。水土保持经果林设计可按照《名特优经济林基地建设技术规程》(LY/T 1557—2000)规定执行。根据坡面来水状况及整地方式,合理布设截水沟、排水沟、沉沙池和蓄水池等坡面小型截排蓄工程。水土保持经果林应采取覆盖与敷盖措施,条件许可时可在幼龄期套种固氮作物或绿肥覆盖。

4)封禁

封禁措施是指对拟禁止开垦的坡耕地,通过解除生态系统所承受的超负荷压力,根据生态学原理,依靠生态系统本身的组织和调控能力及外界人工调控能力,使部分或完全受损的生态系统恢复到相对健康的状态,也称封禁治理。近年来,封禁治理在水土保持中不断得到重视和应用,并取得显著成效。

南方红壤丘陵区水热条件好,封禁治理速度快,应积极推广应用。在划定封禁区域之前,应对拟退耕的坡耕地状况进行全面调查。根据调查结果,将封禁区域划分为全年封禁、季节封禁、轮封轮放、封治结合 4 种。

(1)全年封禁是指全年一直保持封禁状态,严禁人畜进入,严禁毁林、毁草、陡坡垦荒等行为。全年封禁适用于植被恢复困难、交通不便的偏远山区。

(2)季节封禁是指春、夏、早秋植被生长季节封禁,晚秋和冬季植被休眠期开放,允许林间割草、修枝。季节封禁适用于立地条件较好,植被恢复较快的薪炭林和用材林地。

(3)轮封轮放是指将封禁范围划分为几个区,轮换封禁和开放。每个区封禁 3~5 年后,待植被恢复到一定程度后,可开放 1 年。合理安排封禁与开放的面积,做到既能有利于林木生长,又能满足群众需要;轮封轮放适用于植被恢复缓慢的薪炭林地。

(4)封治结合是指植被恢复困难地区,主要针对立地条件较差的坡耕地,适当采取人工抚育措施,通过一定的工程整地措施,施肥或土壤改良剂,改善立地条件,促进植被生长。如果后期林相单一、植被稀疏,应采取补种补植,平茬复壮,断根复壮,修枝疏伐措施,以增加植被多样性。

在推进封禁措施过程中,各地因地制宜,采取了许多行之有效的措施。这些措施概括起来主要有五大类:一是以建促封,通过加强基本农田、小流域治理、水源工程、饲草料基地等建设,变广种薄收为集约经营,以建促封;二是以草定畜,从控制载畜量入手,采取多种手段降低草场载畜量,实现草畜平衡;三是以改促封,通过改变饲养方式和畜群种类,扩大饲草料种植面积,为大范围封禁治理提供保证;四是以移促封,把生活在生态条件异常恶劣地区的农牧民和他们的牲畜,迁往小城镇和条件好的地方异地安置,减少生态压力和人为破坏,为封禁治理提供条件;五是能源替代,在烧柴问题相对突出的地区,通过沼气、节柴灶等途径,解决群众能源问题,促进生态恢复。

根据划定的封禁区域,应及时搭建围栏,在封禁区域的明显地段树立封禁标志碑(牌);建立封禁规章制度和管护队伍,配套能源替代,保障封禁成果,因地制宜发展小水电、风力发电,充分利用太阳能、天然气,优惠供应燃煤,积极推广沼气池、节柴灶。

6.3 小 结

南方水土流失综合治理技术体系大致分为工程措施、植物措施和生态修复措施三大类。工程措施主要有坡面整治、沟道防护、疏溪固堤、治塘筑堰、崩岗治理五大工程；植物措施主要有水土保持林、经济林果和种草等；生态修复措施主要指封禁治理。

南方坡耕地水土保持措施主要有三种：一是配套坡面小型截排蓄工程和田间道路的坡改梯工程措施；二是对暂时无法改为梯田又必须保留农作的坡耕地，大力推广保土耕作措施，包括等高耕作、等高沟垄种植、间作套种、轮作、覆盖与敷盖等；三是以等高植物篱、植物护埂和退林还林还草为代表的植物措施。

第 7 章

南方水土保持理论与方略

7.1 水土保持内涵思考

水土流失的直接后果是资源破坏和生态环境恶化，这些将加剧自然灾害和贫困，危及国土和国家生态安全，严重制约经济社会发展。据亚洲开发银行估算，水土流失给我国带来的总体经济损失相当于当年国内生产总值（gross domestic product，GDP）总量的4.1%。水土流失不仅是我国重大的资源问题，也是头号生态环境问题（鄂竟平，2005）。

党中央、国务院高度重视水土保持工作，连续多年的中央1号文件都对水土保持工作提出了明确要求（刘震，2013a）。水利部根据新形势发展的要求，明确提出了水土保持工作的最高目标和努力方向是实现水土资源的可持续利用和生态环境的可持续维护（刘震，2009）。加快水土流失防治步伐，改善生态环境，协调好人与自然的关系，实现水土资源的可持续利用和维系良好的生态环境，促进经济社会的可持续发展，是生态文明建设的基础，是落实科学发展观、全面建设小康社会的一项重大而紧迫的战略任务（刘震，2013b）。

面对新形势，水土保持进入了一个新的发展时期，水土保持科学理论也需与时俱进，以满足愈来愈高的目标与要求。笔者结合多年的水土保持科研经历，思索新时期水土保持内涵，与相关同仁共勉，以促进水土保持学科发展，更好地支撑我国水土保持生态文明建设。

水是生命之源，是地球上分布最广泛的物质之一，以气态、液态和固态三种形式存在于空中、地面与地下，成为大气中的水、海洋水、陆地水及动植物有机体内的生物水，一切生物离开水便不能生存。土是万物生长之本，是地球表面陆地部分一定范围内岩石、土壤、水、植被等构成的自然综合体。土壤是地壳表面在一定的环境条件下通过生物的长期活动所形成的产物，既是生物圈的一部分，又是生物圈中生物得以栖息的场所，更是一切生物所需水和养分的载体（张展羽和俞双恩，2009）。水与土相互协调与制约，构成了自然界生物、能量系统循环交换的基础。从整个地球来讲，人类在生物圈中的生存与发展，人类和万物的繁荣昌盛，主要有赖于水土相互协调或比较协调的生态环境（朱显谟，1993）。随着人类生产活动，尤其是经济利益的驱动下，掠夺式的经营方式不断加剧，这对生物圈内所形成的水土相互融洽协调关系产生明显干扰，水土协调机制被破坏。目前经果林措施，在南方发展十分迅速，但由于缺乏科学规划，盲目开发，不少地方一哄而上，追求开发速度和集中连片，毁林开垦和陡坡开垦，很多果园、茶园开到了山顶，且习惯对地表全面除草，地表缺乏覆盖保护，造成严重的水土矛盾，其水土流失强度甚至高于坡耕地。水土流失的发生和加剧，就是水土矛盾或水土对立的具体表现，也是自然界对人类的一种惩罚（朱显谟，1993）。

《中华人民共和国水土保持法》的立法目的是：预防和治理水土流失，保护和合理利用水土资源，减轻水、旱、风沙灾害，改善生态环境，保障经济社会可持续发展。预防和治理水土流失是水土保持工作的基本要求；保护和合理利用水土资源是防治水土流失的途径和手段；减轻水、旱、风沙灾害、改善生态环境，保障经济社会可持续发展是水土保持工作的最终目的（中华人民共和国水利部，2011）。

《中国水利百科全书：水土保持分册》中明确指出：水土保持是研究水土流失形式、发生原因和规律、水土保持基本原理，据以制定规划和运用综合措施，防治水土流失，保护、改良与合理利用山丘区、风沙区水土资源，维护和提高土地生产力，充分发挥水土资源的生态效益、经济效益和社会效益，以改善农业生产条件，建立良好生态环境的应用技术（王礼先，2004）。

无论从《中华人民共和国水土保持法》对水土保持的要求，或是水土保持专业的定义，都可以看出水土保持是一门综合性很强的应用技术（关君蔚，1996），涉及地球生物圈最活跃的水与土两大要素，其根本任务即为全力协调水土之间的关系（张平仓和程冬兵，2014a），其具体内涵包括以下四方面。

一是对目前水土关系"融洽"的保持、保护。由于水土资源的基础性、有限性、脆弱性等特点，决定了水土保持的出发点是有效保护水土资源，使之"和谐、融洽"，从而保障可持续地利用（鄂竟平，2005）。

二是努力修复水土关系，使之"融洽"。通过人为科学的干预，如采取水土保持综合治理措施，减轻水土流失，使水土关系恢复到大自然可自控的程度，帮助其建立新的协调平衡机制。

三是水土保持并非根治水土流失，而是将水土流失控制在容许范围内。容许范围内的水土流失本是地球再造的自然现象，是维系生物圈正常的物质循环、能量流动和信息传递必不可少的基础和环节，如适当的水土流失进入水体，给予水体生物最基本营养物质。完全没有水土流失，水体生物难以生存，也不会有下游的冲积平原，上游的"清水下泄"，还会导致下游崩岸严重等。

四是水土保持领域不再局限于山丘区、风沙区等农村范围，而逐渐向平原延伸，尤其是国家基础设施建设及城市化发展，生产建设项目等造成的人为水土流失愈显严重。

在努力协调好水土关系的同时，还必须充分意识到人与自然的和谐，摒弃过去人定胜天、战天斗地等单纯的对自然征服和改造的思维方式，转变为尊重和顺应自然规律，在人与自然和谐理念的指导下，以人为本、保护优先，突出预防为主，强调对原生态、原地貌植被的保护，可持续保护水土资源和生态环境，充分发挥生态自我修复能力（刘震，2009）。只有这样，才能设法把水贮存在土中，涵养在原地，以利于各种生物生存活力的相互补偿和大小水系的碧波荡漾，使人类活动对自然界的影响得以调节和控制，保护和改善人类的生存环境（朱显谟，1993）。

7.2　水土保持理论基础

7.2.1　土壤侵蚀原理

土壤侵蚀原理是水土保持科学研究的基础，主要内容包括土壤侵蚀形式、发生发规律、影响因素及控制措施等（张洪江和程金花，2019；王礼先，2003）。

首先土壤、母质及浅层基岩是土壤侵蚀作用和破坏的主要对象。不同的土壤具有不同的蓄水、透水和抗蚀能力，改良土壤性状，提高土壤抗蚀性对防治水土流失有着重要作用，这与农学中的土壤学、土地资源学关系非常紧密。

其次在侵蚀外营力降雨（雪）、风等气象、气候作用下，形成水力侵蚀、风力侵蚀、冻融侵蚀等土壤侵蚀类型，并形成不同的水土流失规律。水力学、水文学的原理与方法对于研究径流泥沙的形成和搬运具有重要的意义，与之密切相关的学科主要是气象学和水文学。在侵蚀外营力重力作用下，形成重力侵蚀，如滑坡、泥石流等涉及地基、地下水等问题的研究，需要运用第四纪地质学及水文地质学、工程地质学的专业知识，与之密切相关的学科主要是地质学、岩土力学等。

再次在土壤侵蚀影响因素中地形地貌，既是水力侵蚀、风力侵蚀、重力侵蚀及冻融侵蚀等影响因素，又是土壤侵蚀对下垫面侵蚀对象塑造的结果，与之密切相关的学科主要是地球科学中的自然地理学。

在研究从坡面到沟壑、从上游到下游、从风蚀地到风积地土壤侵蚀发生发展规律时，无论是水力侵蚀、风力侵蚀，还是重力侵蚀等涉及的径流、泥沙、风沙流等内容，均是力学中的流体力学、水利工程中的水力学、水文学等学科的重点关注内容。

土壤侵蚀造成土地资源破坏、泥沙淤积、水质污染等，导致生态环境恶化，引发一系列生态环境问题，其不仅是水土保持防治重点，也是环境科学的重要研究内容。

最后在土壤侵蚀控制方面，可通过改良下垫面土壤性状、微地形，种植植物，建设水土保持工程等各种手段和方法，保护下垫面，防治土壤侵蚀发生发展，从而保护和改善生态环境，其中涉及的学科包括土壤学、林学和水利工程。

7.2.2 水、沙平衡原理

水、沙平衡原理是水土保持措施设计与规划布局的主要理论依据之一，主要包括水循环与水量平衡、土壤容许流失量和冲淤平衡三方面内容。

1. 水循环与水量平衡

水循环表示地球上各种形式的水体相互转化，通过蒸发蒸腾、水汽输送、降水、下渗、地表径流和地下水径流等一系列环节，在大气圈、水圈、岩石圈和生物圈间不断循环的过程（余新晓，2010）。在水土保持中水循环主要用于分析降雨径流利用潜力，评估水土保持效益，布设坡面及沟道径流调控措施，以达到高效利用雨水资源的目的。

水量平衡表示在给定任意尺度的时域空间中，水的运动（包括相变）有连续性，在数量上保持着收支平衡，是水文现象和水文过程分析研究的基础，也是水资源数量和质量计算及评价的依据（余新晓，2010）。在水土保持中水量平衡主要用于评估水土保持效益、构建径流预测模型等。

水循环与水量平衡涉及地球科学中的气候学，水利工程中的水文学、水资源学、水力学，农学中的农田水利学等学科。

2.土壤容许流失量

一般认为，成土速率、土地生产力、河湖泥沙淤积的控制程度是制定土壤容许流失量必不可少的 3 个因素（陈奇伯 等，2000）。土壤容许流失量是土壤侵蚀分类分级的重点判别指标，是制定合理的水土流失控制目标，进行水土保持规划，配置水土保持措施的重要依据。成土速率是指基岩风化产物、各种松散沉积物（成土母质）在物理化学和生物作用下发育形成土壤的速度，主要受母质、生物、气候、地形和时间等影响（黄昌勇，2000），涉及农学中的土壤学，地球科学中的自然地理学、地质学等学科。土地生产力是指作为劳动对象的土地与劳动和劳动工具在不同结合方式和方法下所形成的生产能力和生产效果，是鉴别土地质量的重要依据（王万茂，2010），涉及农学中的土壤学、作物耕作学等学科。河湖泥沙淤积的控制程度属于水利工程中河流泥沙工程学的主要内容之一。

3.冲淤平衡

某一河段在特定水流河床演变条件下有一定挟沙能力，当上游来沙量与水流挟沙能力互相适应时，水流处于输沙平衡状态，河床保持相对稳定，即为冲淤平衡（张瑞瑾，1998）。陆面植被破坏，产生水土流失导致泥沙进入河道，或通过水土保持措施，控制水土流失，以及在河流上游兴建水库或其他工程设施都可能改变天然河流的来水来沙或河床边界条件，从而破坏河流的平衡状态，引起河床的冲淤变化。研究水沙冲淤变化是评价区域或流域水土流失程度和水土保持效果的重要指标，也是水利工程中河流泥沙工程学、防洪工程、水工结构、水力学的主要内容之一。

7.2.3　生态系统平衡原理

生态系统平衡是指在一定时间内生态系统中的生物和环境之间、生物各个种群之间，通过能量流动、物质循环和信息传递，使它们相互之间达到高度适应、协调统一的状态，系统内各组成成分之间保持一定的比例关系，结构和功能处于相对稳定状态，在受到外来干扰时，能通过自我调节恢复到初始的稳定状态（李振基 等，2004）。

水与土作为生态系统中最活跃的因素，构成了生态系统生物、能量系统循环交换的基础。水与土相互协调，相互制约，对维持生态系统平衡发挥着至关重要的作用。人类不合理的生产活动，导致水土流失，干扰了水与土的融洽协调关系，破坏其原来的生态平衡，造成生态系统退化。此时，要对生态系统恢复和重建时，遵循生态系统平衡原理是其基本要求，尊重生态系统恢复客观规律，在查找生态系统退化的驱动因子的基础上，合理设计退化生态系统恢复与重建的技术体系，既要努力协调好水土关系，还要充分意识到人与自然的和谐，使生态系统的结构、功能和生态学潜力尽快地恢复到原有的甚至更高的水平（王礼先，2006a）。生物学中的生态学理论、恢复生态学理论为水土保持理念的重要理论提供了参考。

7.2.4 可持续发展原理

可持续发展的核心是既满足当代人的需要，又不对后代人满足其需要的能力构成威胁。人类历史发展到今天，已经达到了人与自然资源和环境难以维持平衡的关键阶段，现代人类活动的规模和性质已经对人类后代的生存构成了威胁。在这个背景下，可持续发展已成为对所有自然资源保护与开发利用的准则，当然也是水土保持保护与开发利用的准则（王礼先，2006a）。当今世界各国都把提高本国的可持续发展能力作为增强竞争力的关键。实施可持续发展战略是我国的一项基本国策，水利部明确提出了水土保持工作的最高目标和努力方向是实现水土资源的可持续利用和生态环境的可持续维护，正确处理好人与自然的关系，处理好水土保持与发展地方经济的关系，处理好经济发展和生态保护的关系，实现生态效益、经济效益和社会效益协调发展，达到良性循环。可持续发展目标是检验和衡量水土保持成效的重要标准，是对水土保持理论、实践的提炼和升华。社会学与经济学为水土保持学科发展奠定了可持续发展基石。

7.2.5 系统科学原理

系统科学是以系统为研究对象，由基础理论和应用开发等学科组成的学科群，它着重考察各类系统的关系和属性，揭示其活动规律，探讨有关系统的各种理论和方法（陈忠和盛毅华，2005）。系统科学为水土保持学科的建立和发展提供了重要思维方式和手段，也为全面认识水土保持作为一门综合性应用技术科学提供了方法。

水土保持中的造林、种草、打坝、修梯田等是治理的必要措施，也是最基本的内容，但不能涵盖水土保持工作的全貌。为适应新形势发展需要，现在水土保持的内涵在原来的基础上，逐步向纵深发展，水土保持不再是分散、单一措施治理，也不是单纯防护性治理（郭廷辅，1998），而是以小流域为单元，在全面规划的基础上，合理安排农、林、牧等各行业用地，因地制宜地布设工程、林草、耕作等综合治理措施，治理与开发相结合，对流域水土等自然资源进行保护、改良与合理利用（王礼先，2006b）。

7.3 "排水保土"由来与内涵

7.3.1 "排水保土"由来

长期以来，由于黄土高原和黄河流域水土流失的特殊性，很长一段时间内我国水土保持工作主要集中在黄土高原区域，众多专家和学者投入大量精力研究该区域的水土流失规律和水土保持措施，结合大量实践，形成了较为完善的水土保持理论体系和防治措施体系。其中最核心方针即为"蓄水保土"，其强调"全部降水就地入渗拦蓄"，充分利用深厚土层的蓄水能力，通过各种拦挡截留措施，促进降水全部就地入渗，以此消除外营力，扼制水流的冲刷搬运，突出保持土壤的目的。"蓄水保土"重点在"蓄"，关键是有深厚或较厚的土层，具备蓄水的条件，当降雨量较小时，只要有一定的蓄水能力即可，对于土层要求更加宽泛，适用范围更加广泛。该方针在具有深厚土层的黄土区取得了显著成效；由于在其他区域的研究较为缺乏，基于黄土高原的水土保持理论体系和防治措施体系作为学科和行业的基准向全国各区域推广应用，一直沿用至今，且取得了一定成效。随着其他区域研究的深入和学科的发展，以及水土保持工作精细化推进，人们逐渐意识到"蓄水保土"不是万能的，尤其是南方降雨量大、土层薄的区域，基于"蓄水保土"的水土保持技术体系实际保土效果并不太理想，人们开始思索适应本区域的水土保持方针理念。

张平仓等于 2002 年分析三峡库区秭归县王家桥小流域产流产沙机制时，发现坡面水力冲刷并非流域的主要侵蚀方式，其发生概率远小于水力冲刷的土滑、滑坡甚至一些质量不高的"坡改梯"工程被长时间雨水渗透浸泡毁坏所造成的土壤侵蚀，坡面沟谷泥石流成为治理过程中的主要侵蚀产沙方式。长江中上游地区多年来的水土保持工作仍按照黄土高原的许多水土保持的观点，重点放在坡面保水保土方面，效果并不显著，一方面土壤蓄水能力有限；另一方面过多的水分将使坡面土壤饱和而加剧流失，因此在长江中上游地区不能按照黄土高原水土保持的观点进行保水保土。水土保持应该提倡"排水保土"（也叫"保土减水"）的观点，保土的关键应该是减少土壤水分入渗和壤中流对土壤的作用，所以坡面应该以排水、减少土壤水分入渗和壤中流形成为主，减少土壤入渗。2004 年张平仓等在探讨长江中上游水土流失基本问题中，再次重申长江中上游地区水土保持应提倡"排水保土"（将"保土减水"调整为"排水保土"）。2009 年"十一五"国家科技支撑计划重点项目"长江上游坡耕地整治与高效生态农业关键技术实验示范"启动，"排水保土"得到充分应用，研究者在此基础上总结提出了"坡地高效生态农业的基础设施配套技术"。而后张平仓团队程冬兵、丁文峰等依托水利部技术示范项目等相关科研项目，一方面对"排水保土"进行进一步验证；另一方面将以"排水保土"为理论指导的坡耕地治理技术体系向整个长江流域及南方进行推广试验。结果表明，基于"排水保土"的水土保持规划布局与措施体系，在南方地区水土保持效果更加显著。

经过多年不断实践和推广，"排水保土"逐渐为学界和南方水土保持从业人员所了解和接受，现已基本形成共识，并逐渐应用到实际防治工作中。史东梅（2010）在探讨紫色丘陵区坡耕地水土保持措施因子取值时，提出长江中上游地区土壤侵蚀主要表现在降雨和土壤蓄满壤中流参与下的重力侵蚀过程，肯定水土保持基本方针为"保土减水"，坡面应以排水、减少土壤水分入渗和壤中流形成为主。鲍玉海等（2018）指出西南紫色土区水土流失治理的关键是坡耕地整治，而且随着对紫色土坡地水土流失机制认识的不断深入，对地表径流从以拦蓄为主逐渐演变为以排水保土、先排后蓄、蓄以为用为主的径流调控方式。

7.3.2 "排水保土"内涵

"排水保土"指充分利用以截排水沟为主的坡面截排蓄工程,对坡面地表径流和壤中流进行安全有效快速排导,减少土壤水分入渗和壤中流的数量及对土壤作用时间,扼制或减少水土流失发生的地表径流冲刷外动力和壤中流的潜蚀作用,保护土壤抗蚀内聚力,从而实现坡面土壤结构稳定,保护坡地土壤资源,其内涵主要包括以下几个方面。

(1)"排水保土"体现了水土保持"因地制宜"的方针。我国地域辽阔,自然环境差异大,尤其是南北方之间,不仅外营力存在显著差异,而且土壤侵蚀对象、土壤类型及下垫面状况完全不同,这些势必造成水土流失发生机制和水土保持对策也会有所不同。"排水保土"是在南方土层普遍较薄,降雨量较大情况下,对水土流失机制的认识基础上提出的新的水土保持策略,极大丰富了水土保持理论,有力推动了水土保持学科发展和水土保持工作精细化管理。

(2)排水是方法手段,保土是目的。降雨量大,土层薄时一方面蓄水能力有限,降水无法全部蓄存;另一方面多余的水产生的地表径流和壤中流,对高含水量的土壤会造成严重的水土流失。通过排导出多余水分,切断外营力或降低外营力的强度,实现保持土壤的目的。

(3)"排"是截水、排水、引水的统称,适当考虑灌溉用水的需求,配套一定的蓄水工程。排水并非将所有的水都废弃不用,而是要满足基本的生产用水,将来不及入渗和多余的水排出。

(4)"水"包括降水及其产生的地表径流和壤中流。它是土壤侵蚀发生的外营力,水的多少直接决定了水土流失的严重程度。通过截排蓄工程,变害为利,将作为外营力的水转化为水资源。

(5)"保"主要指保持、保护及改良等含义。将土壤保持在原位就地保护,减少土壤含水量,改善土壤结构,提高抗蚀性。

(6)"土"主要指土壤资源。在土层薄的区域,土壤资源缺乏,直接影响当地的农林业发展,保护好土壤资源意义重大。

(7)"排水保土"与"蓄水保土"相同点都是以保护土壤、防止土壤流失为目标。二者的不同点:"蓄水保土"重点在"蓄",主要适应于深厚或较厚土层的水力侵蚀区域,强调具备较好的蓄水条件,保土效果更佳,当降雨量较小时,只要有一定的蓄水能力即可,对于土层要求更加宽泛,适用范围更加广泛;"排水保土"重点在"排",主要适用于降雨量大、土层较薄的水力侵蚀区域,强调具备较好的快速排水条件,也适用于无蓄水需求的水土保持措施的布置。

(8)"排水保土"与"蓄水保土"适用范围原则上全国通用,没有严格区分南北方。由于南北方自然条件和下垫面总体特征的规律性,"排水保土"与"蓄水保土"的适用范围也大体表现出南北方的规律性,但并不是绝对的。南方大部分地区降雨量较大、土层较薄,符合"排水保土"的适用条件;南方也同样有一些地区土层较厚,符合"蓄水保土"的适用条件，所以南方地区主要以"排水保土"为主，"蓄水保土"为辅。北方尤其是西北黄土高原地区，土层深厚，符合"蓄水保土"的适用条件；而北方土石山区等区域，土层较薄，更符合"排水保土"的适用条件，所以北方地区主要以"蓄水保土"为主，"排水保土"为辅。具体应根据降水条件和下垫面条件确定选用"排水保土"或"蓄水保土"，甚至同一区域不同地块下垫面条件不同，也应因地制宜选择"排水保土"与"蓄水保土"。

（9）鉴于生产建设项目的特点及水土流失防治需求，"排水保土"的方针也适用于生产建设项目水土流失防治，尤其是施工期要经历雨季时，应重点强化临时截排水沟等为代表的"排水保土"技术措施。

7.4　南方水土保持方略

张平仓和程冬兵（2020）基于"排水保土"理念，结合南方多年的工作实践和理论研究，提出南方水土保持 30 字方略，即"径流截排池蓄，米粮下地上梯，林果上坡进岔，树草上山下沟，坊坝堵沟治岗"。

7.4.1　径流截排池蓄

"径流"即坡面径流和壤中流，"截排"即拦截排导，"池蓄"即将径流存储于蓄水设施中。

南方大部分地区属亚热带季风气候区，降雨量大，多年平均降雨量 1 100 mm，东南地区多年平均降雨量达 1 400～1 600 mm，且降雨集中，降雨强度大，流域内 5～10 月属暴雨频发期，其降雨量约占全年降雨量的 70%～90%。南方地区成土因素复杂，土壤类型多样，质地黏重，通透性差，入渗能力有限，以蓄满产流为主，高强度的降雨极易在短时间内转化为坡面径流，进而冲刷地表，破坏土壤，造成严重水土流失。由于土石二元结构明显，土层普遍较薄，土壤蓄水能力有限，过多的水分易形成壤中流，继而对土壤进行潜蚀，加剧水土流失发生。基于前述"排水保土"的水土保持理念，以地表径流和壤中流的调控为核心，重点在"排"，通过截排水沟等坡面截排水工程逐级截排坡面径流和壤中流，切断水土流失外营力和壤中流的潜蚀作用，保护土壤抗蚀内聚力，从而保持土壤，所以"排"是南方水土流失防治的关键中的关键。

此理念同样适用于南方一种特殊的水土流失类型——崩岗。崩岗是指山坡土体或岩石体风化壳在重力和水力作用下分解、崩塌和堆积的侵蚀现象，是南方水土流失的一种特殊类型。崩岗发育于热带、亚热带地区的花岗岩、砂砾岩、砂页岩、泥质页岩出露区，尤以发育于花岗岩的崩岗最为典型。尽管崩岗在南方水土流失面积中所占的比例不大，但侵蚀模数巨大，平均土壤侵蚀模数高达 5.90×10^4 t/（km²·a），是剧烈侵蚀的 4 倍，且发展速度快，具有突发性、长期性等特点，危害十分严重。对于崩岗，尤其是活动型崩岗，在"上截、中削、下堵、内外绿化"的统一措施布局上，"上截"是指在崩岗顶部修建截水沟（天沟）及水平竹节沟等沟头防护工程，把集中注入崩口的径流泥沙拦蓄并引排到安全的地方，防止坡面径流冲入崩口，冲刷崩壁而继续扩大崩塌范围，控制崩岗溯源侵蚀；同时要做好排水设施，排水沟最好布设在两岸，并取适当比降，排水口要做好跌水，沟底采用填埋柴草、芒箕、草皮等，以防止冲刷，然后将水引入溪河。

由于南方全年降雨分布不均，降雨主要集中汛期，尤其是 6～9 月，其他月份易发生季节性干旱，同样严重影响区域的生产生活，因此，通过蓄水池、塘堰等蓄水措施，在雨季存蓄一定水量，满足季节性干旱的生产生活用水。

7.4.2　米粮下地上梯

"米粮"泛指农作物，"地"即坡度小于 5° 的耕地，泛指平地，"梯"即梯田台地。

南方是我国经济发展的主要区域，横贯我国西南、华中、华东三大经济区，因光、热、水、土等农业资源的时空组合优势明显，种植业发达，历来是我国粮、棉、油等农产品的重要生产基地，有国家级商品粮基地 332 个，占全国的 2/5。农作物播种面积占全国农作物总播种面积 1/3，粮食总产量占全国的近 1/3，棉、油产量占全国的近 1/2，其中稻谷和油菜的地位更突出，约占全国的 2/3。

然而南方地区也是我国人口密度最大的区域之一，平地资源有限，人均农业资源占有量严重不足，人地矛盾突出，在切实保护和充分利用平地资源的基础上，坡耕地必然是流域农业用地的重要补充，特别是山丘区群众赖以生存发展的生产用地，全流域坡耕地约 8×10^4 km²，占耕地总面积的 28%。由于地形、耕作等因素影响，坡耕地水土流失尤为严重。国家和各部门高度重视，实施了一系列坡耕地治理工程，治理思路总体分为两个方面：一方面是坡度大于 25° 的坡耕地实施退耕还林还草；另一方面是坡度小于 25° 的坡耕地根据实地情况采取相应的治理措施。坡度小于 25° 的坡耕地治理措施大致又分为三种类型：一是坡度较缓、坡位较低、土层较厚、土质较好的坡耕地实施坡改梯工程，在坡面截排水和田间道路配套下不仅通过改变微地形和调控坡面径流达到保持水土的目的，而且更为重要的是解决了当地农民的耕地需求，提高了耕地质量，改善了人地关系；二是对暂时无法改为梯田又必须保留农作的坡耕地，大力推广保土耕作措施，包括等高种植耕作法，等高沟垄种植法，间作、套种种植等，通过改变微地形以达到直接截短径流的目的；三是以等高植物篱、植物护埂和苎麻种植为代表的植被措施，主要表现在增加植被覆盖和拦挡泥沙上，以达到保土目的。

7.4.3　林果上坡进岔

"林果"是经济林和果园的统称，"坡"即坡地，"岔"即沟岔。

多年实践证明，将水土流失防治和农地产业结构调整相结合，与农村经济发展相结合，与农民脱贫致富相结合，才能保证水土保持工作的顺利实施及水土保持成效。

南方地区地形破碎，但水热条件好，适宜发展林果，不论是良田和梯地，还是坡地和沟岔，如果立地条件好，均可结合区域优势品种，因地制宜地兴办各具特色的种植基地，把小流域水土流失治理与发展区域经济、培育支柱产业、帮助群众脱贫致富结合起来，促进农村产业结构的调整，实现农业增产、农民增收和农村致富的目标。

南方地区经济林品种有：油茶、枣、茶、桑、栗、银杏、胡桃、白蜡、油桐、杜仲、厚朴、金银花、竹子、棕榈、蔓荆、花椒等；果树品种有：柑橘、杨梅、脐橙、蜜橘、甜柚、奈李、桃、龙眼、荔枝、余甘果、杧果、枇杷、刺梨、梨、石榴、猕猴桃、柿等。

根据坡面来水状况及整地方式，种植林果时应合理布设截水沟、排水沟、沉沙池和蓄水池等坡面小型截排蓄工程，田间道路、裸露地面采取覆盖与敷盖措施，条件许可时可在幼龄期套种固氮作物或绿肥覆盖。

7.4.4　树草上山下沟

"树草"泛指植树种草，"山"泛指山坡地，"沟"泛指侵蚀性沟道。

在 25°以上的陡坡耕地、中度以上侵蚀劣地、未利用地，如何快速覆盖地表，抑制地表水土流失是关键环节。通过植树造林覆盖地面，可以保护其免遭雨水直接击溅侵蚀，根系固结土壤，增强土壤抗冲蚀能力，拦截地表径流，增强土壤入渗能力，涵养水分；同时为禽兽和昆虫提供栖息场所，提高生物多样性，改善生态环境。植树造林应因害设防，适地适树，选择相应树种和混交类型：凸形斜坡宜营造以灌木为主的乔灌混交林；凹形斜坡宜营造经济林或以灌木为主的乔灌混交林；直形斜坡宜营造以乔木为主的乔灌混交林，分水岭宜选择耐干旱和根系发达的树种，营造以灌木为主的乔灌混交林。在应用沟道治理时，当沟底坡度较小，下切较浅时，可营造水土保持林。当沟底坡度较大，下切严重时，宜在配置谷坊、拦沙坝等基础上，栽植乔灌混交林。

在立地条件恶化、植被覆盖率小于10%的退耕坡地、荒地、土谷坊边坡、梯田边坡等，通过种草可以保护地表免遭雨水溅蚀，固结土壤，增强土壤抗冲蚀能力，同时改良土壤理化性质，提高土壤入渗能力和水源涵养能力。草种应适地适草，选择抗逆性强、生长迅速、根系发达，能快速形成地面覆盖的品种。条件许可时，可选择有一定经济价值的草种，兼作饲料，或开展多种经营。

7.4.5　坊坝堵沟治岗

"坊坝"即谷坊和拦沙坝的统称，"沟"即侵蚀性沟道，"岗"即崩岗。

在南方，侵蚀沟道虽不及面蚀广泛，但其发展不断切割农田、吞食耕地，使原本完整的坡面沟壑纵横、土地被零散分割，导致了土地资源的破坏，侵蚀沟道也是山洪、泥石流固体物质的主要来源。沟道泥沙流至下游淤积河道，极大地影响了下游农业生产、群众生活和地区的经济发展，因此，针对南方侵蚀沟道治理，应以预防为主，坡沟兼治，以防止沟道侵蚀和拦挡泥沙为核心，确保下游安全为准则。根据沟道地形、地质条件等，配置沟头防护、谷坊、拦沙坝、塘堰等工程措施，并互相配合，共同控制沟道侵蚀发展：一在沟头应设置土埂、跌水防护、消能等沟头防护措施，防止坡面径流由沟头进入沟道或使之有控制地进入沟道，阻碍沟头前进；二在泥沙多、沟道不稳定及沟底纵比降>5%、下切活跃的小型沟道中宜布设谷坊（群）；三在泥沙较多的主沟道或较大支沟出口处宜布设拦沙坝，当沟道附近有灌溉、生活用水等需要时，可酌情选择有一定来水、地质条件良好的地段配置塘堰；四在以工程措施为主的基础上，还应辅以必要的林草措施，稳定绿化沟道。

对于崩岗，尤其是活动型崩岗，在"上截、中削、下堵、内外绿化"的统一措施布局上，"下堵"体现在沟道比较顺直、沟口狭窄的条形崩岗沟，宜修建谷坊，拦蓄泥沙、抬高侵蚀基准面。沟道较长时，应修建谷坊群，并坚持自上而下的原则，先修上游后修下游，分段控制；对沟口较宽的弧形崩岗和瓢形崩岗，宜在崩壁坡脚线5~10 m的距离布设挡土墙；对爪形崩岗或崩岗发育较集中的地段，应在崩岗的出口处或崩岗区下游修建拦沙坝。

7.5 小 结

水土保持是一门综合而复杂的系统工程，学科理论非常丰富，与农学、地球科学、林学、水利工程、生物学、环境科学、信息科学与系统科学、社会学、经济学等学科密切相关，这些学科为水土保持科学的发展提供了基本理论基础，经吸收、转化、改进，并升华，且水土保持不断发展，也不断充实其他学科的内容。随着水土保持科学发展，其理论基础不局限于此，还将吸收更多学科的理论。

"排水保土"经过多年不断实践和推广，逐渐为学界和南方水土保持从业人员所了解和接受，现已基本形成共识，并逐渐应用到实际防治工作中。

张平仓和程冬兵基于"排水保土"理念，提出了南方水土保持30字方略，即"径流截排池蓄，米粮下地上梯，林果上坡进岔，树草上山下沟，坊坝堵沟治岗"。

第 **8** 章

南方坡耕地水土流失
治理标准

8.1 相关概念

8.1.1 土壤侵蚀与水土流失

土壤侵蚀是指土壤或其他地面组成物质在水力、风力、冻融、重力等外营力作用下，被剥蚀、破坏、分离、搬运和沉积的过程（王礼先，2004）。水土流失是土壤侵蚀发生后的可能结果。一般典型水蚀过程主要有溅蚀、片蚀、细沟侵蚀、浅沟侵蚀、切沟侵蚀等。

水土流失是指在土壤侵蚀等作用下，水土资源和土地生产力遭受的破坏和损失结果（王礼先，2004）。土壤侵蚀是水土流失可能的发生条件。土壤流失是指在土壤侵蚀等作用下，土壤及其母质发生位移而造成原坡面土壤缺损的结果。在水土保持实际工作中，习惯性将土壤流失叫作水土流失，即土壤流失量就是水土流失量，土壤流失面积就是水土流失面积，土壤流失强度就是水土流失强度。

8.1.2 土壤容许流失量与容许土壤流失量

"土壤容许流失量""土壤允许流失量""容许土壤流失量""允许土壤流失量"等名词已在学科和行业内混用多年，有必要厘清其中的关系和区别。

容许土壤流失量起源于美国，20 世纪 40 年代德怀特·史密斯着眼于土壤肥力，将容许土壤流失量定义为"随时间推移，土壤肥力不会得到下降的最大土壤流失速率"。后来的定义把土壤流失和土地生产力联系了起来，认为容许土壤流失量是"维持土地生产力不至于下降的年平均土壤流失量"。1962 年，美国农业部水土保持局进一步将其定义为"能长期经济地维持高的作物生产力水平的年最大土壤流失量"。在国内《水土保持术语》（GB/T 20465—2006）中对容许土壤流失量有明确定义：根据保持土壤资源及其生产能力而确定的年土壤流失量上限，通常小于或等于成土速率。对于坡耕地，是指维持土壤肥力，保持作物在长时期内能经济、持续、稳定地获得高产所容许的年最大土壤流失量。《中国水利百科全书：水土保持分册》也有类似名词，即允许土壤流失量：小于或等于成土速率的年土壤流失量；对坡耕地，允许土壤流失量是使作物在长时期内能经济、持续稳定地获得高产而允许的年最大土壤流失量。很多学者（张信宝 等，2007；刘秉正和吴发启，1997；关君蔚，1996）根据服务目标不同也提出不同的对容许土壤流失量的理解。随着关注度越来越高，容许土壤流失量的内涵一直在丰富。

从上述定义可知，美国对容许土壤流失量的界定是基于土壤作为主体的，强调土壤数量可以适当流失但要保证土壤的质量不下降。国内以《水土保持术语》（GB/T 20465—2006）和《中国水利百科全书：水土保持分册》中对容许土壤流失量的定义为例，两者定义基本相同，都由两句话组成。前一句主体是土壤本身，将土壤成土速率作为参照物，强调的是维持土壤总体数量不减的条件下而容许损失的量，与美国容许土壤流失量的定义相近；第二句主体是坡耕地，并非坡耕地的土壤，参照物是作物的可持续生产，强调的是某块坡耕地支撑作物稳定可持续生产条件下的容许的最大限度土壤流失量。第二句虽为举例，拟对第一句进一步阐释，但由于主体发生了变化，参照对象也发生了变化，造成两句话表达的意思存在本质区别。

为便于同行理解和应用，基于已有相关研究成果，笔者分别提出土壤容许流失量和容许土壤流失量的定义。土壤容许流失量一般指对于土壤，为保持其质和量的相对稳定，在新土壤产生的同时，可以容许一部分流失的量，其上限值即为土壤容许流失量，也称为土壤允许流失量。容许土壤流失量指对于某区域或某对象，为满足某种需求或标准，人为确定的容许一部土壤流失的阈值，也称为允许土壤流失量。

两者相比较，土壤容许流失量，主体明确，定义清晰，主要是自然要素作用下的综合产物，原则上不易受经济社会发展等影响；容许土壤流失量由于缺乏主体对象，在实际应用中需根据主体定位和要求而重新界定。如某发达城市，由于经济社会发展水平很高，对其人居环境也提出了高要求，这时可以根据高质量的环境标准和居民可接受程度等因素确定一个容许土壤流失量，这个值相对其他欠发达区域，数值可能很低；再比如某地广人稀的山区，由于水土流失造成的危害有限，容许土壤流失量可能就相对较高。容许土壤流失量会随自然、经济、社会等发展而变化，确定适宜不同发展阶段的容许土壤流失量是当前该学科的重要命题。

8.1.3　水土流失标志

容许土壤流失量是当前水土流失界定的主要判别标准。《土壤侵蚀分类分级标准》（SL190—2007）中规定了不同侵蚀类型区容许土壤流失量值，通过某地块实际或估算的土壤流失量与其对比，从而界定是否为水土流失地块。因为土壤流失量一般需要专门的测量设施或复杂的模型计算获取，无法直观判别，即使有时可以通过经验估算，但往往不同人之间差异较大，数值精度也难以保障，所以土壤流失量的不易获取性导致实际某地块的水土流失界定存在较大困难。

借鉴生态学中指示物种的启发，既然土壤流失量不易获取，有没有一种间接的方法表征水土流失强度等于或基本等于容许土壤流失量？这就是水土流失标志，其是指通过地块的某种外表形态特征，如流失痕迹，表示其土壤流失量等于或基本等于容许土壤流失量，从而判断其是否为水土流失地块。

8.2　南方坡耕地容许土壤流失量

8.2.1　容许土壤流失量研究进展

容许土壤流失量起源于美国，随着关注度越来越高，对容许土壤流失量的解读不断丰富。关于容许土壤流失量的影响因素，1956 年美国政府认为应考虑以下 7 个方面的内容：维持作物产量、基本稳定的土壤适宜厚度、土壤中养分的流失量、保证洪水和泥沙不对水利设施等构成威胁、控制沟道侵蚀的继续发展、表层土壤流失对作物产量的影响、径流的损失和水土流失过程中造成的种子及秧苗的损失（焦菊英 等，2008；陈奇伯 等，2000）。尽管后来经过了多次修改，但专家们始终认为在多数情况下，成土速率、土地生产力、河湖泥沙淤积的控制程度是确定土壤容许流失量必不可少的 3 个因素。①成土速率。国际上容许土壤流失量的研究主要依据成土速率提出。要保持土壤肥力和土地生产力的稳定，必须有一个适宜的土壤厚度，进而要求土壤流失速率与土壤形成速率的相对平衡。容许土壤流失量的确定，应考虑 2 种成土速率：一种重要的成土速率是表土层的形成速率，一个良好的表土层厚度至少要大于 250 mm；另一种重要的成土速率是由母岩形成底土层的速度，要维持土壤的正常发育，应使土壤的剥蚀速率与母岩的风化剥蚀速率相近，因而，这一值就应该是土壤的最大允许流失量。母岩的风化速率由于母岩、气候等因素的不同存在很大的差别，因而也很难确定。②土地生产力。侵蚀导致流失的土壤是作物生长所依赖的表土层，它的状况决定了土地的生产力，因而侵蚀对生产力的影响是必然的。土壤水分养分状况决定了土地生产力的水平。作物的产量首先决定于土壤水分含量，所有植被都需要大量的水分用于生长、发育和结果，水是陆地生态系统生产力的一项最主要的限制因素，而水土流失造成径流量大幅度增加，土壤的水分含量随着土层厚度的减少而降低，植物生长可利用的水也必然减少。据有关研究表明，依据当地降水总量、土壤类型、坡度和其他因素不同，水土流失造成农业生态系统水分利用率降低 20%~40%时，植物生产力会下降 10%~25%。土壤肥力平衡是农业可持续发展的基础，而土壤中绝大部分养分是随着泥沙流失的，并且这种流失作用具有明显的富集性，侵蚀泥沙富集的养分比原土壤中该养分的含量要多。土壤表层养分随泥沙和径流的损失是土地生产力下降的最直接原因，确定合理的容许土壤流失量就是要使自然和人为因素对耕地耕作层的作用能够补偿这种损失或者把这种损失控制在长时间内能够维持土地生产力基本稳定的范围之内。③河湖泥沙淤积。水土流失不仅造成土地生产力下降，洪水携带泥沙在河道、水库淤积，降低水库调洪蓄水能力，抬高河床，增加防洪费用和抗洪风险。泥沙中携带的大量有害物质污染水体，加重水源污染，造成生态环境恶化。根据沟蚀的发展阶段、演变时期和侵蚀强度等可将其划分为细沟侵蚀、浅沟侵蚀和切沟侵蚀。切沟是以不能横过耕作为主要特征的沟谷，是土壤侵蚀发育到了十分严重的阶段。切沟侵蚀使土地变得破碎，降低了生产力。侵蚀下来的物质，经径流搬运，在下游地区沉积，淤积池塘、水库、河流，增加了洪水隐患。我国大多数地区，以切沟为主的沟谷产沙占流域产沙总量的一半以上。由此可知，在沟蚀发育的地区容许土壤流失量的制定应该考虑对于沟蚀的控制和治理。当片蚀达到 1 500 t/（km²·a），沟蚀作用开始发生，基于此容许土壤流失量的确定应该小于 1 500 t/（km²·a）。综合以上确定容许土壤流失量应该考虑的因素，焦菊英等（2008）提出了水土流失治理标准确定有 3 个参考值：①标准值，即一定条件下的容许土壤流失量，是水土流失治理至少要达到的目标，且随着对不同土地利用类型的功能需求与可实施的最佳水土保持措施，以及所在水土流失类型区的侵蚀危害与治理约束条件的不同而不同；②理想值，即自然侵蚀状态下的土壤流失量；③极端值，即土壤流失量为 0，不发生水土流失。水土流失治理应先控制在生态环境与社会经济条件下的容许土壤流失量范围内，逐步达到自然侵蚀量或制止水土流失的发生，最终实现土地的可持续利用、区域生态系统的健康稳定及人与自然的和谐友好发展。同时，笔者认为应该针对不同区域的特征，制定适合不同区域的容许土壤流失量，在强烈侵蚀区域采用极端值，在轻度侵蚀区域采用理想值，在微度和无侵蚀区域采用标准值，适当地利用土地发展当地经济。McCormack 等（1982）认为主要考虑 2 个因素：植物生长所需的最适宜的根层厚度和表层土壤的相对生产力。Frederick 等（1991）认为土壤的母质类型、土壤的厚度、表层土壤和底部土壤的相对生产力是主要考虑的因素。范昊明等（2006）认为还有其他方面的因素由于种种限制并未受到广泛重视，如时间、区间的因素，社会道德及经济条件限制等诸多因素。但随着社会的发展，科学技术的不断进步和人类文明程度的提高，要建立更合理、更科学的容许土壤流失量标准，这些因素应受到足够重视。

关于容许土壤流失量的确定方法主要依据成土速率法、土层厚度法、多目标法、模型法等（范昊明等，2006；李兰等，2005）。截至目前，现有方法相对都比较复杂，实际可操作性较差，难以全面推广，急需深入探索容许土壤流失量确定的新方法。

8.2.2　南方坡耕地容许土壤流失量测算

多年来，针对南方地区的容许土壤流失量，仅有少量的研究报道。如水建国等（2003）应用土壤肥力平衡观点，提出了红色黏土母质发育红壤的土壤侵蚀允许指标为 300.0 t/（km²·a）；阮伏水等（1995）根据花岗岩风化成土速率确定福建省土壤允许侵蚀量（包括花岗岩地区）为 200.0 t/（km²·a）；景可和张信宝（2007）依据侵蚀沉积相关原理，利用沉积物的厚度、面积和沉积时段分别计算了洞庭湖流域、鄱阳湖流域和云梦泽流域的自然侵蚀量，分别为 264.2 t/（km²·a）、312.5 t/（km²·a）和 297.0 t/（km²·a）。郭志民等（1999）根据成土作用强度，建议我国南方水蚀区土层厚度小于 50 cm 的地区容许值为 200.0 t/（km²·a）。袁正科等（2005）从土壤肥力平衡观点出发、以恢复生态为目的的土壤允许侵蚀量指标应小于 170.0 t/（km²·a）。李兰等（2005）根据基岩风化速率和地球化学物质循环考虑，确定南方丘陵区容许土壤流失量为 1 000.0～1 200.0 t/（km²·a）。上述研究成果之间不仅差异很大，也缺乏进一步论证。

吴嘉俊等（1996）编写的《土壤流失量估算手册》中可容许土壤流失量的计算方法为

$$T = \frac{DP \times RA}{6PM + 4DR} \tag{8-1}$$

式中：T 为容许土壤流失量，t/（km²·a）；DP 为土壤有效深度，cm；RA 为年降雨量等级（表 8-1）；PM 为母岩性质等级（表 8-2）；DR 为排水能力等级（表 8-3）。

表 8-1　年降雨量等级划分

RA 等级	年降雨量/mm
0.5	<1 000
1.0	1 000~1 499
1.5	1 500~1 999
2.0	2 000~2 499
2.5	2 500~2 999
3.0	≥3 000

表 8-2　母岩性质等级划分

PM 等级	母岩性质
1	松散（砂页岩、洪积岩、冲积岩、砾岩）
2	坚固（粘板岩、板岩、花岗岩、石灰岩）

表 8-3　排水能力等级划分

DR 等级	排水能力
1.0	良好
1.5	中等
2.0	不良

结合全国第二次土壤普查资料，经初步计算，得出南方红壤丘陵区容许土壤流失量是 500.0 t/（km²·a），与《土壤侵蚀分类分级标准》（SL 190—2007）确定的南方红壤丘陵区土壤容许流失量为 500.0 t/（km²·a）是一致的，并将此纳入到《〈南方红壤丘陵区水土流失综合治理技术标准〉（SL 657—2014）应用指南》中。

8.3　细沟及其作为坡面水土流失标志的可行性

8.3.1　细沟及其相关特征

细沟是指在坡面径流差异性侵蚀条件下，在坡面上产生的一种小沟槽地形，其纵剖面与所在斜坡纵剖面一致，并能为当年犁耕所平复，其横剖面呈 "V" 形或箱形（郑粉莉和肖培青，2010）。细沟表征的是可能的侵蚀结果之一。

1. 细沟的侵蚀特点

细沟侵蚀是指细沟小股流对细沟沟壁、沟底、沟头土壤的分散、冲刷和搬运过程

（郑粉莉和肖培青，2010）。细沟侵蚀属于水力坡面侵蚀的一种类型，反映的是一种侵蚀方式。

朱显谟（1982）研究指出黄土高原坡耕地上细沟侵蚀量占坡面侵蚀量 70.00%。郑粉莉等（1987）通过定位观测、实地调查和人工模拟降雨试验，得出黄土丘陵沟壑区细沟平均侵蚀量占坡面侵蚀量的 74.20%。Mutchler 和 Young（1975）研究发现通过细沟沟道输移出去的坡面上的泥沙流失超过 80.00%。Meyer 等（1975）也观测到细沟产生后，坡面土壤流失量增加 3 倍。Whiting 等（2001）利用不同核素示踪，定量区分了次暴雨后片蚀和细沟发育的侵蚀量，得到细沟侵蚀占坡面侵蚀量的 97.00%，是片蚀量的约 29 倍。严冬春等（2010b）试验研究发现坡度为 25° 时细沟侵蚀量占坡面侵蚀量的比例达 91.16%。

国内外研究皆表明细沟发生后坡面侵蚀量比未发生细沟时增加几倍至几十倍，细沟侵蚀量占坡面侵蚀量的 70.00%～90.00%，充分反映了细沟出现是坡面侵蚀转向强烈的节点（沈海鸥，2015）。

2. 细沟的形态特征

张科利和秋吉康宏（1998）通过径流冲刷试验表明，当坡面冲刷形成的侵蚀沟深度大于 0.8～1.0 cm 时，侵蚀量剧增，可以认为此深度象征着细沟侵蚀的开始；陆兆熊等（1991）也认为在降雨条件下，坡面上出现 1～2 cm 的小沟就标志细沟侵蚀的开始。郑粉莉等（1987）、刘秉正和吴发启（1997）研究认为细沟的宽度和深度均在 1～10 cm 变化，长达数米至数十米。Kirkby 和 Morgan（1987）也认为细沟是在细沟水流作用下，土壤颗粒被剥离搬运，最终在地表留下深度小于 20 cm 的线状小沟。Gómez 和 Nearing（2005）将细沟定义为在降雨过程中能够观测到径流汇集的区域，而在降雨结束后坡面上又有明显可见的小切口。

因此，学术界普遍认为，细沟宽度小于 30 cm，深度小于 20 cm。

3. 细沟的发育条件

影响细沟侵蚀的最直接因素是降雨径流侵蚀力和土壤抗侵蚀力，其他诸如地形、地表覆盖、土地利用等因素则是通过削弱或者加强这两类因素而对细沟侵蚀产生影响（郑粉莉和肖培青，2010）。20 世纪 70 年代后期以来，学者们逐步开展对细沟侵蚀临界条件的研究（李君兰 等，2010），主要有临界水流条件、临界土壤条件、临界地形条件、细沟临界坡长等，其中细沟临界坡长日益受到关注，其为坡面水土流失治理措施布局提供了新的思路。

8.3.2 细沟作为坡面水土流失标志的可行性

1. 细沟作为坡面容许土壤流失量判别的标志

降雨初期，降雨击溅作用仅完成了裸露地表的土壤破碎过程，从统计学上理解，此时并没有土壤流失或土壤流失非常有限，当地表有覆盖保护或有水流时，降雨击溅作用影响更小。当坡面处于薄层水流且处于层流时，由于流速均匀、没有加速度，水流没有冲刷力，坡面土壤不易破坏搬运，土壤流失轻微，此情况下发生面状侵蚀造成的土壤流失在某种意义上可以认为没有或忽略不计，也就是在坡面容许土壤流失量范围内。当坡面层流变紊流、股流时，水力学特征发生根本性的转变，水流具有冲刷力，地表被破坏，在坡面上形成诸如细沟的痕迹。众多学者研究已表明，细沟发生时坡面侵蚀量将增加几倍至几十倍，此时土壤流失变化明显，已超出容许土壤流失量范围，且细沟侵蚀量占坡面总侵蚀量的比例可达90%以上。因此，细沟形成是坡面水土流失由轻微转向强烈的最明显标志，将细沟作为坡面容许土壤流失量判别的标志不仅具有科学依据，而且易操作。

2. 细沟特征易获取

其一，通过现场测量细沟的形态参数、密度可以确定土壤流失量、水土流失强度，凡有细沟发育的坡面计入水土流失面积和分布范围；其二，细沟痕迹看得见，摸得着，可监视测量；其三，普通百姓易理解，当坡面上有沟时土壤流失严重，这样具有感性认识，由此得出的监测成果易让各方接受；其四，无需修建相关监测设施，不需额外建设成本，也无需长期人力观测，不受经济条件限制，无人员技术要求。

3. 细沟作为坡面水土流失治理效果评估的重要指标

以消灭细沟作为坡面水土流失治理最基本目标，通过布置各项综合治理措施，将土壤流失量控制在容许土壤流失量范围内，从而达到保持水土的基本要求。待项目实施完成，检查验收时应注意以下两方面：其一，将细沟分布与否作为水土流失治理面积和强度的判断指标，坡面无细沟时不计入水土流失面积，坡面有细沟时则计入水土流失面积，且根据细沟形态大小和分布密度，将水土流失强度划分为若干等级；其二，将细沟发生与否作为治理措施效果评估的重要指标，坡面无细沟时，说明保持水土资源治理措施的效果较好，反之则说明治理措施不得当，需要整改。

4. 细沟作为坡面截排水工程布局的依据

为防止细沟发生，以细沟发育临界顺坡坡长为间隔，沿等高线横向设置截水沟（配套田间道路），拦截上坡径流泥沙及其携带的养分，截水沟两端接沉沙池和过滤带，泥沙经沉淀过滤后流入蓄水池，蓄水池蓄满后通过设置纵向排水沟（配套田间道路）向下坡蓄水池逐级排导，最后排入附近溪沟前设置面源污染净化处理措施，保障下游水质安全，实现水土流失与面源污染兼顾治理的双重目标。

8.4　小　　结

关于容许土壤流失量的确定方法目前相对比较复杂，实际可操作性差，难以全面推广，急需深入探索确定容许土壤流失量的新方法。

细沟不仅具备坡面水土流失监测对象的条件，还可作为坡面容许土壤流失量判别的标志、坡面水土流失治理效果评估的重要指标和坡面截排水工程布局的依据。细沟不仅适用于自然条件造成的水土流失判别依据，也可作为生产建设项目人为扰动破坏引发的水土流失的判断依据。

由于细沟相关研究成果主要来自北方黄土高原地区，在南方研究较少，在南北方自然地理条件差异显著的情况下，细沟发育机理和特点是否相似还难下结论。因此笔者建议深入开展南方地区的细沟发育过程和启动条件的研究，为进一步论证全国及至全球推广细沟作为坡面水土流失红线监测标志提供科学依据，也为实施开展以细沟治理为核心的生态治理工程提供决策依据。

第 9 章

南方坡耕地排水保土
关键技术与示范

9.1 背景需求

南方由于自然条件、经济条件，农耕文化等因素制约，现有措施并不能很好满足南方坡耕地治理需求。首先，对于坡改梯，一是尽管该技术相对成熟，但建设成本要求较高，据测算，坡改梯项目至少需要 3 000～5 000 元/亩[①]，这也决定了有限的投入只能用于有限的坡改梯（李蓉和土小宁，2010）；二是坡改梯适用条件苛刻，即使在经济条件满足的情况下，很多坡耕地由于建设条件限制，也不宜进行坡改梯。未按规范要求修建的梯田容易失稳垮塌，水土流失反而更加严重，常出现为了获取石坎梯田的石料，结果往往是"成一亩田，毁一片山"。只有修筑在坡度缓、土层厚的坡脚地带处的梯田才是最合理的。《全国坡耕地水土流失综合治理规划》（2012）根据地面坡度、土层厚度、土壤质地 3 项指标对坡改梯项目的适宜性进行分析。据统计，在现有建设水平条件下，全国不适宜进行坡改梯的坡耕地有 1.29 亿亩，占坡耕地总面积的 36%。南方不适宜进行坡改梯的坡耕地有 8 828.15 万亩，占坡耕地总面积的 40%。南方红壤丘陵区不适宜坡改梯的坡耕地面积为 1 289.00 万亩，占坡耕地总面积的 30%；西南土石山区，不适宜坡改梯的坡耕地面积为 7 539.14 万亩，占坡耕地总面积的 43%，其中还未考虑到南方山区地形破碎、交通不便、劳动力不足等因素，也就是说，南方坡耕地不宜坡改梯的坡耕地面积大大超过 40%。其次，以等高耕作为代表的保土耕作措施，当土壤含水量饱和时，水土保持效益将大打折扣，甚至负作用明显。以植物篱、植物护埂为代表的植被措施由于只能拦挡泥沙而无法调控径流，水土保持效益依然有限。最后，由于传统农耕文化的影响，有些保土耕作措施和植物措施并不能完全被当地群众接受，或者说有些措施还有一定争议，如顺坡耕作和等高耕作的博弈，有些地方农民在陡坡耕地种植时有"横坡整地、顺坡种植"的习惯（"大横坡+小顺坡"耕作模式），与传统保土耕作提倡的横坡耕作、等高耕作、等高沟垄种植等耕作模式大相径庭（严冬春 等，2010a）。

在当前国家大力推进生态文明建设和长江经济带建设背景下，探索研究坡耕地治理新理念、新技术，尤其是"坡改梯"及"退耕"外的措施，是加快坡耕地水土流失治理的重要途径，是实现水土流失科学防治的重要保障。

通过多年研究与实践，张平仓和程冬兵（2017）主要研发了半透水型截水沟、抗蚀增肥技术和边沟三项关键技术，并提出基于"排水保土"理念的坡耕地水土流失防控措施布局。

9.2 排水保土关键技术

9.2.1 半透水型截水沟

截水沟上沟壁保持原土面（或用自然毛石堆砌或其他方式）透水加固，保证上坡壤

[①] 1 亩≈666.67 m²

中流可自然排出，下沟壁、沟底用砖砌或混凝土或其他不透水方式，具备一定防渗抗冲强度，达到既能截、排地表径流，又能排、拦壤中流的目的。下沟壁稍高于原土壤坡面，配套设计田间道路，便于田间作业通行。根据野外定位观测，该截水沟径流收集效率比传统方法收集径流提高 12%～15%，与传统坡改梯相比，增加了 10%的耕地面积，且建造成本节省 40%。

1. 半透水型截水沟设计

（1）半透水型截水沟防御暴雨标准宜采取 10 a 一遇 24 h 最大降雨量。

（2）根据设计频率暴雨坡面汇流洪峰流量，按照明渠均匀流公式，可计算半透水型截水沟断面尺寸。

$$A=Q/[C(R \cdot i)^{1/2}] \tag{9-1}$$

式中：A 为半透水型截水沟的断面面积，m^2；Q 为设计坡面汇流洪峰流量，m^3/s；C 为谢才系数；R 为水力半径，m；i 为半透水型截水沟沟底比降。

Q 值计算：

$$Q=F \cdot \varPhi \cdot H \times 10^{-3} \tag{9-2}$$

式中：F 为半透水型截水沟控制的汇流面积，m^2；$\varPhi$ 为径流系数，在壤中流占比较大地区，坡面降水基本以地表径流和壤中流形式排出，$\varPhi$ 值可取 1；H 为 10a 一遇 24 h 最大降雨量，mm；

R 值的计算：

$$R=A/X \tag{9-3}$$

式中：X 为半透水型截水沟断面湿周，m，即过水断面水流与沟槽接触的边界总长度。

矩形断面：

$$X=b+2h \tag{9-4}$$

梯形断面：

$$X=b+2h(1+m^2)^{1/2} \tag{9-5}$$

式中：b 为沟槽底宽，m；h 为过水深，m；m 为沟槽内边坡系数。

C 值一般采用曼宁公式计算：

$$C=R^{1/6}/n \tag{9-6}$$

式中：n 为沟槽粗糙系数，与土壤、地质条件及施工质量有关，一般土质截水沟取 0.025 左右。

i 值的选择：半透水型截水沟沟底比降 i 应根据实际情况设计。为快速排走暴雨产生的大部分地表径流和壤中流，沟底比降可取 2%左右；当坡面有灌溉需求，排水要求较低时，可适当降低沟底比降，取 1%左右。

（3）在坡面沿等高线布设梯级半透水型截水沟时，为减少土壤侵蚀发生，不同半透水型截水沟之间的修筑间距应小于细沟发生的临界坡长（图 9-1）。细沟临界坡长应根据坡面实际情况（如下垫面土壤质地、植被覆盖度和坡度等）确定。细沟临界坡长参考值如表 9-1 所示。

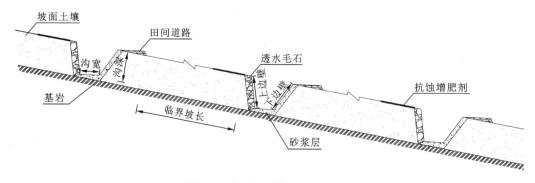

图 9-1　半透水型截水沟布设图

表 9-1　细沟临界坡长参考值

指标	坡度			
	<10°	10°~<15°	15°~20°	>20°
细沟临界坡长/m	<10	8~>6	6~4	<4

2. 半透水型截水沟施工

（1）半透水型截水沟施工过程中宜就地取材，坡度较缓处开挖后直接将素土夯实，坡度较大时可用毛石或块石堆砌，防御标准较高坡面考虑用浆砌石或水泥混凝土衬砌。

（2）半透水型截水沟需根据当地实际情况定期进行清理，尤其是次暴雨过后，淤积严重时应及时清理，清理出的淤积物就地均匀撒至坡面上部。

9.2.2　抗蚀增肥技术

1. 抗蚀增肥剂种类

抗蚀增肥技术的核心为抗蚀增肥剂，其可与其他植生方法结合，喷洒于坡面上，形成弹性多孔结构固结层，能有效地防止坡面因雨水打击和径流冲刷而受到侵蚀，且不影响植物（作物）的生长。目前广泛应用的抗蚀增肥剂种类较多，应根据实际情况选用合适的抗蚀增肥剂。本书以两种抗蚀增肥剂为例。

（1）改性亲水性聚氨酯树脂（W-OH）呈淡黄色至褐色油状体，以水为溶剂，与水反应生成具有良好力学性能的弹性凝胶体，W-OH 主要技术参数如下（表 9-2）。

表 9-2　W-OH 主要技术参数

外观	密度/（g/cm³）	黏度/（20℃，mPa·s）	固含量/%	凝固时间/s
淡黄色至褐色油状体	1.18	650~700	85	30~1 800

（2）环境友好型新型多糖高分子材料海藻多糖（SA-01）是以海藻多糖材料为基材制得的乳白色粉末状固体，以水为溶剂，可与水以任意比例互溶，其水溶液透明无味且

具有一定黏度。该材料加入土壤后能在土壤表面产生厚度可调的透水透气的固结保护层（表 9-3）。

表 9-3 SA-01 主要技术参数

外观	黏度/（20℃，mPa·s，1%）	固含量/%	密度/（g/cm^3）	凝固时间/s
乳白色粉末	50～1 000	0.1～30.0	1.02～1.09	60～3 600

注：其相关性能详见第 10 章。

2. 抗蚀增肥剂施用方法

（1）抗蚀增肥剂体积分数。W-OH 的最佳施用体积分数为 3.00%，SA-01 最佳施用体积分数为 0.25%，当防御暴雨标准较高或坡度较陡时可适当增加体积分数，但不能影响植物（作物）的生长，W-OH 的最大施用体积分数不超过 5.00%，SA-01 最大施用体积分数不超过 0.50%。

（2）抗蚀增肥剂一般采用在半透水型截水沟上沿等高横向条带状喷洒，施用宽度一般为坡长的 1/10。为保证效果和节约成本，最小施用宽度不小于 0.5 m，最大施用宽度不大于 1.0 m。

（3）抗蚀增肥剂兑水后施用量标准为 1～2 L/m^2。

3. 抗蚀增肥剂施工

抗蚀增肥剂在坡面应由上到下均匀喷洒，喷嘴距下垫面垂直距离 30～50 cm；在坡度较大或坡面与半透水型截水沟连接处适当加大喷洒浓度和次数，缓坡处可考虑采用条带状或方格状的模式喷洒，节约成本；抗蚀增肥剂有效期为 1 年，根据当地实际情况，可在汛期前定期进行喷洒，如因耕作扰动，应及时平整并重新喷洒。

9.3 排水保土规划布局

9.3.1 总体规划

（1）以"排水保土"理论为指导，以"坡面径流调控"为核心，按不同的防治对象，确定坡耕地水土流失防控技术类型和组成。

（2）以细沟临界坡长为间隔，沿等高线布设半透水型截水沟，连接沉沙池和纵向排水沟。

（3）田间道路应与半透水型截水沟、排水沟同步规划，并配套布设沉沙池、蓄水池，根据需要实施抗蚀增肥技术，在末级蓄水池出口布设水质处理措施，形成完整的坡耕地水土流失防控布局（图 9-2）。

南方坡耕地水土流失过程与调控

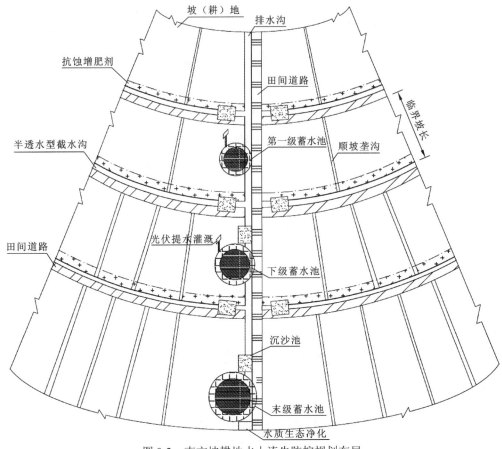

图 9-2　南方坡耕地水土流失防控规划布局

（4）本规划布局适用于未实施坡改梯的坡耕地水土流失防控，经济林地、疏林地、果园、茶园等仍存在水土流失的坡地可参照使用。

（5）本规划布局可为梯田建设条件不适宜或经济条件局限等地区的坡（耕）地水土流失防控提供科学指导，通过高效调控坡面径流、拦挡泥沙、保障水质，达到土壤保持和水环境改善的目的。

9.3.2　措施布局

（1）半透水型截水沟的布设应充分考虑坡面细沟临界坡长，以细沟临界坡长为间隔，沿等高线并保持一定坡降布设半透水型截水沟。

（2）半透水型截水沟两端应连接沉沙池，泥沙经沉淀过滤后，径流经排水沟流入蓄水池。蓄水池蓄满后，径流应通过布设的纵向排水沟，向坡下蓄水池逐级导排。

（3）蓄水池宜布设在坡面横向相对低洼处，进水口和出水口连接排水沟，根据防御暴雨标准和坡面汇流面积，设计不同材料、数量和大小。以自流灌溉为主，在有条件的地区，可对蓄水池配套光伏提水装置，方便坡（耕）地进行灌溉。

208

（4）田间道路应与半透水型截水沟、排水沟相结合，可沿横向半透水型截水沟修筑水平田间道路，沿纵向排水沟修筑台阶式田间道路。

（5）抗蚀增肥技术宜沿半透水型截水沟条带状喷洒。

（6）末级蓄水池中的水在排入附近溪沟前，应进行水质处理，保障水质达标。水质处理措施筛选可参照《农村生活污水处理导则》（GB/T 37071—2018）、《农田灌溉水质标准》（GB 5084—2021）、《农村生活污染控制技术规范》（HJ 574—2010）和《人工湿地污水处理工程技术规范》（HJ 2005—2010）。

9.4　基于排水保土的坡耕地梯级泥沙阻控技术示范

9.4.1　示范内容

基于"排水保土"理念，遵循"大横坡+小顺坡"传统耕作方式，构建原位截留—过程控制—末端净污的坡耕地梯级泥沙阻控技术体系，在江西省宁都县开展技术示范，为江西坡耕地水土流失治理提供新的技术支撑。具体示范技术包括：①原位截留技术（抗蚀增肥技术、半透水型截水沟、排水沟）；②过程控制技术（沉沙池）；③末端净污技术（植被过滤带、污水处理等）；④配套技术（田间道路）。

9.4.2　示范点概况

示范点位于江西省宁都县石上镇池布村池布小流域，城头村城头小流域作为推广区。示范点的具体位置在北纬 26°37′，东经 116°03′，距离宁都县 25 km，占地面积 15 000 m²，土壤母质为红砂岩风化物，多年平均降雨量 1 630 mm；推广区的具体位置在北纬 26°54′，东经 116°03′，距离宁都县 21 km，占地面积 22 000 m²，由于相距较近，土壤母质及多年平均降雨量与示范点相同。

9.4.3　技术方案设计与施工

1. 技术方案设计

在详细勘测示范点及推广区地形地貌的基础上，按照排水保土规划布局要求，以"原位截留—过程控制—末端净污"为主线，制定坡耕地梯级泥沙阻控技术方案和措施布局图。整个示范区包括技术示范区和实验观测区，其中技术示范区设置大横坡+小顺坡示范区、新材料示范区、新型截排水沟示范区及技术集成示范区等；实验观测区设三组共 6 个实验观测径流小区（2 m×8 m）。推广区与示范区布局基本相同，只是推广区未设置实验观测区。示范区和推广区规划布局示意图如图 9-3 和图 9-4 所示。

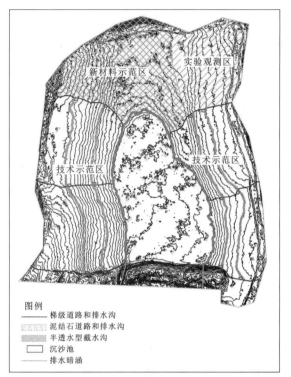

图 9-3　示范区规划布局示意图

图 9-4　推广区规划布局示意图

关键示范技术半透水型截水沟典型设计图如图 9-5 所示。

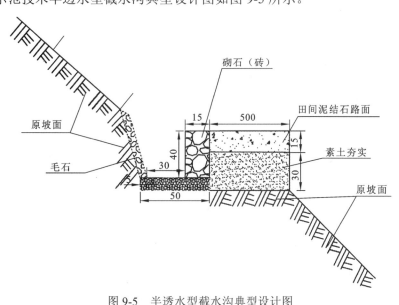

图 9-5　半透水型截水沟典型设计图

图中尺寸均以 cm 计算；采用 $M_{7.5}$ 浆砌石，M_{10} 水泥砂浆勾缝

2. 示范点及推广区施工

根据设计方案，笔者组织开展示范点施工（图 9-6），新建示范区面积约 15 000 m^2，推广区面积约 22 000 m^2，建成三组共 6 个实验观测用径流小区（2 m×8 m），作为坡耕地水土流失阻控技术效益评估野外实验及定位观测实验场。示范区和推广区建成后效果见图 9-7 和图 9-8。

图 9-6　示范点水土流失阻控技术实验观测设施施工图

图 9-7 示范区建成后效果图

图 9-8 推广区建成后效果图

9.4.4 效益评估

基于实验观测区新建的三组共 6 个实验观测用径流小区（2 m×8 m），结合项目开展示范的水土流失阻控新技术，笔者共设置六个实验观测处理小区，即对照、顺坡、横坡、顺坡+半透水型截水沟、SA-01 和 W-OH，进行对比观测分析。

1. 排水保土效益

根据技术示范区直观反映，基于"排水保土"措施布局体系的水土保持效益明显，小流域下游水质清澈，泥沙显著减少。为进一步量化指标效益，笔者根据 2019～2020 年实验观测区资料，整理了 5 次典型降雨事件（1 次小雨、1 次中雨、1 次大雨、2 次暴雨）数据，对比分析不同处理方式下的产流量和产沙量。

　　对于产流量，数据如图 9-9 所示，总体上顺坡耕作小区产流量最大，横坡耕作小区产流量最小。顺坡耕作有利于产汇流发生和水流运动，导致产流量最大；而横坡耕作通过截短坡长，改变水流方向，延缓了径流时间，导致水分入渗较多，从而减少了坡面产流。顺坡+半透水型截水沟小区，由于在顺坡耕作的基础上，横向设置了半透水型截水沟，一定程度上削减了部分水流流速，但半透水型截水沟主要功能还是排水，产流量只是比顺坡耕作小区稍小。新材料 SA-01 和 W-OH 小区，通过改变土壤表面结构，形成保护层，比原土壤坡面粗糙系数更小，更易发生产汇流，所有相比对照小区，产流量要大。两种新材料之间，产流量差异不明显，同时与顺坡+半透水型截水沟小区产流量也基本相当。

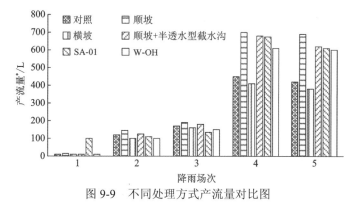

图 9-9　不同处理方式产流量对比图

　　对于产沙量，数据如图 9-10 所示，总体上顺坡耕作小区产沙量最大，对照小区稍小，新材料小区产沙量最小。横坡、顺坡+半透水型截水沟小区，由于横向拦截作用，大大削减了水流冲刷力和泥沙搬动，从而减少了土壤侵蚀。因为半透水型截水沟具有良好的疏导排水作用，所以顺坡+半透水型截水沟小区保土效果更佳。新材料 SA-01 和 W-OH 小区，由于在土壤表面形成保护层，有效减少土壤破坏和搬运，从而减少土壤侵蚀的发生，保土效果最好。两种材料小区之间，产沙量差异不大。

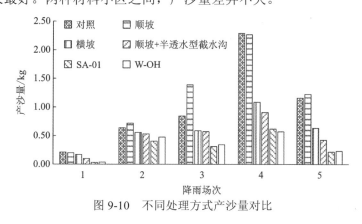

图 9-10　不同处理方式产沙量对比

　　不同降雨场次之间，各小区呈现基本一致规律特征，降雨量越大，各小区之间产流量和产沙量差异越明显。

注：* 产流量一般以体积 L 或深度 mm 为单位，此处由于数据来源不同，单位采用 L。

根据观测结果统计分析（表 9-4），相比对照小区，顺坡、顺坡+半透水型截水沟和新材料小区有利于排水，增加排水效益达 25.00%~48.00%，但横坡耕作小区有阻碍排水的表现，减少排水效益达 9.40%。在保土减沙方面，相比对照小区，除顺坡耕作小区外，横坡、顺坡+半透水型截水沟和新材料小区均表现明显保土效益，最高保土效益近 70.00%，尤其是顺坡+半透水型截水沟和新材料小区保土效益均在 50.00%以上，可有效阻控坡耕地土壤流失。

表 9-4　不同处理方式排水保土效益分析 （单位：%）

效益	对照	顺坡	横坡	顺坡+半透水型截水沟	SA-01	W-OH
排水效益	—	-48.72	9.40	-38.03	-39.32	-25.64
保土效益	—	-12.78	41.03	50.78	69.32	67.86

注：以对照小区为基准值，正数说明某小区数值比对照小区小，反之则大。

2. 投入产出效益

在投入产出方面，据初步匡算，单位面积建设成本大约 4 000 元/亩，是传统坡改梯治理投入的一半。一年内单位面积作物产量油菜籽达 300 斤/亩和芝麻 200 斤/亩，是未治理之前的近 2 倍，按市场价油菜籽 4 元/斤，芝麻 8 元/斤，一年每亩地可增收约 1 500 元。2~3 年，建设成本即可冲抵，而后可一直保持较高的土地生产率。同时，通过技术示范，当地农民和水土保持部门认为该技术体系简单易懂、易实施，施工期对耕种影响较小，容易被当地农民接受。

3. 社会效益

山丘区坡耕地资源长期粗放经营，利用效率低下，浪费严重，土地产出率与劳动生产率低下，加之地形复杂又给山区农业生产造成一定的困难，抵御干旱与洪涝等自然灾害能力较差，水土流失严重。开展坡耕地整治，示范应用坡耕地水土流失阻控新技术，提升水土流失防治和水肥利用效率，助力地方脱贫攻坚，对于提高农民生活水平、保障区域和国家粮食安全及促进社会稳定具有重大意义。

9.5　小　　结

基于"排水保土"理论，以"坡面径流调控"为核心，笔者及其团队提出以半透水型截水沟和抗蚀增肥技术为代表的南方坡耕地排水保土关键技术，以及排水保土规划布局，为梯田建设条件不适宜或经济条件有限等地区的坡耕地水土流失治理提供了多元化治理方案。

基于"排水保土"的坡耕地治理梯级泥沙阻控技术，集成了抗蚀增肥技术、新型截排水沟、新型坡面整治技术等水土流失阻控技术，其通过技术示范与推广应用，具有显著的经济、社会和生态效益。

　　将水土流失阻控技术和我国扶贫政策相结合，既可以解决农民生产、农村环境保护等问题，还可以增加农作物产量和提高农作物质量，防止坡耕地资源进一步退化，促进农业生产的良性循环，达到提升坡耕地利用效率和质量、改善生态环境的目的。水土流失阻控技术符合当前国家生态环境建设与保护、贫困偏远地区发展和农民增收的有关发展政策，有利于实现耕地资源的可持续利用和农业的可持续发展。

第 *10* 章

南方坡耕地土壤抗蚀技术

10.1 多糖类高分子材料筛选与作用机理

10.1.1 高分子材料固土作用机理

高分子材料特有的大分子结构能有效稳定土体，减少土壤侵蚀。根据活性基团的不同，高分子材料可通过静电引力、氢键/范德瓦耳斯力、自交联中的一种或几种联合作用，起到固土作用效果。因高分子材料掺入量少、运输方便、施工简单等优点，目前已成为土壤侵蚀防治材料研究与应用的热点。

通过静电引力起到固土作用是离子类高分子材料的一大特点，其高分子链中的活性基团可通过水解、电离等反应产生带电基团，进而与黏土矿物发生电荷作用连接土壤颗粒。阳离子型高分子材料可通过所带正电荷与黏土颗粒直接作用，阴离子型高分子材料则需利用土壤中多价阳离子发挥"架桥"效应以产生作用。目前这类材料的代表为阴离子型聚丙烯酰胺（anionic polyacrylamide，APAM）。APAM 是一种以丙烯酰胺单体为主要原料经过自由基聚合反应而制得的线性水溶性高分子材料，具有高电荷密度的特点，被广泛应用于减少水蚀（Lee et al.，2017a）、减少风蚀（王镱潼 等，2017）、灾后土壤治理（Neris et al.，2017）等土壤侵蚀防治的各个方向。针对 APAM 的研究，早期主要集中于其应用效果，其施用于土壤后能有效吸附于土壤，降低土壤容重（McNeal et al.，2017）、增强团聚体稳定性（Awad et al.，2018）、改善水动力学参数、提高土壤对水分的蓄渗能力（哈丽代姆·居麦 等，2020）。近年来研究者热衷于增强其应用范围与效果的改良研究，如苏杨（2013）针对矿区土壤治理将 APAM 与磷石膏和硅藻土复配，该复合材料在延缓土壤侵蚀的同时，还能提升土壤保水性，吸附土壤中重金属离子，减少矿区土壤中重金属离子的扩散。Xu 等（2017）将 APAM 与羧甲基纤维素和煤粉灰共混，得到适用于高寒、高海拔地区的水溶性新型复合材料，其施用后不仅能稳定边坡土体，还能增加土体饱和持水量、减少养分流失，极大地促进了植被的恢复。此外，其他离子类高分子材料，如聚丙烯酸类共聚物、木质素磺酸盐、水解聚丙烯腈、聚醋酸乙烯、羧甲基纤维素钠等也都被研究者利用此原理筛选并运用于固土抗蚀（Arias-trujillo et al.，2020；Ijaz et al.，2020；Khan et al.，2020）。依据固土机理，这类材料的使用效果除了受自身性质影响外，还一定程度上受土壤种类、土壤 pH，以及土壤中多价阳离子强度的影响（Ruehrwein and Ward，1952）。

通过氢键/范德瓦耳斯力起到固土作用是非离子类高分子土壤抗蚀材料的一大特点。应用于固土抗蚀的非离子类高分子材料大多含有氨基、羟基等亲水性基团。这些基团可与土壤中活性基团通过氢键/范德瓦耳斯力连接，并进一步利用高分子链缠绕土壤颗粒，加固土体。与静电引力相比氢键/范德瓦耳斯力作用力稍弱，施用后可通过养护，以增强其作用效果。分子链中含有大量羟基的聚乙烯醇（polyvinyl alcohol，PVA）是这类材料的典型代表。Tadayonfar 等（2016）研究了施用浓度和养护时间共同影响下 PVA 的固土效果，结果表明试验土壤的抗蚀性与养护时间呈正相关，在材料使用浓度较低时，通过养护可大幅提升作用效果；依据其作用机理，PVA 类材料的应用效果也受土壤种类的影响，Tümsavaş 和 Tümsavaş（2011）研究了其施用于不同类型土壤的效果，他们发现经 PVA 处理后，试验土壤的抗蚀性都有所增加，但在黏土含量较高的土壤中，增幅更为明显。非离子聚丙烯酰胺（nonionic polyacrylamide，NPAM）、黄原胶、琼脂胶、木质素等也都被研究者利用此原理应用于固土抗蚀（Liu et al.，2020；Hataf et al.，2018；Lee et al.，2017b）。这类材料的应用效果除受土壤性质、养护时间影响之外，还受其相对分子质量的影响（Kang et al.，2015）。

与以上两类材料通过活性基团与黏土矿物相互作用以起到固土效果不同，为减少材料应用过程中对土壤的选择性，近年来研究者提出了一种新的固土理念——利用高分子材料的自聚作用在土壤孔隙和表层形成网状结构，进而包裹土壤，起到固土效果。聚氨酯类材料就是在这种理念下筛选出的典型代表。应用于固土抗蚀的聚氨酯类材料多为聚氨酯预聚体，其高分子链端为与水有很强反应活性的异氰酸根基团，遇水后可迅速自交联。目前对这类材料研究应用较多的就是从日本引进的 W-OH。Liu 等（2017）和 Wu 等（2011）对 W-OH 应用效果展开了大量研究，他们将材料混水喷洒于沙土表面，发现其能在沙土表层形成多孔固结层，该固结层的厚度与强度随使用体积分数增加而增加，当体积分数达到 7%时，固结层厚度达到 27～29 mm，抗压强度达到 3.8 MPa。

10.1.2　多糖类高分子材料筛选

由 10.1.1 节可知，近年来随着土壤侵蚀防治需求的日益增加，研究者从高分子材料固土机理出发，结合材料自身结构特点，筛选出越来越多的高分子材料应用于土壤侵蚀防治。坡耕地因其环境敏感、耕作等特殊性，对其侵蚀防治材料提出一些特殊要求，可用于坡耕地土壤侵蚀防治。理想材料在满足固土抗蚀的基本条件下还应具备以下四个特点：①可完全生物降解，以避免施用后在土壤中不断富集；②以水为溶剂，以避免有机溶剂的二次污染；③对土壤选择性小，免于养护，起效快，以减少施工难度；④原料来源广泛、用量少、价格低，以降低使用成本。

多糖类材料来源广泛、可再生，具有良好的生物降解性，同时作为具有大量活性基团的高分子长链材料，其可与土壤中的活性位点作用，提升土壤抗蚀性，具有作为土壤材料的优良潜质。但多糖类材料种类繁多，不同类型的高分子材料的抗蚀效果与原理具有巨大差别。因此，本书研究从土壤学、土壤改性基本原理出发，利用多糖类材料与土壤的氢键、范德瓦耳斯力等作用筛选出多种具有潜在抗蚀效果的多糖类材料，并利用团聚体水稳性这一较为便捷的测试方法对其效果进行快速测评。笔者在团聚体粒径 10～20 mm、施用体积分数 1%条件下，进行了测评实验，部分材料结果如表 10-1 所示。

表 10-1　多糖类物质对土壤团聚体水稳性的影响

材料类型	水稳性指数
原状土	38.2%
改性淀粉	40.5%
黄原胶	57.2%
壳聚糖	62.5%
羧甲基纤维素	53.5%
海藻多糖	100.0%

结果表明，在缺少养护的条件下，除海藻多糖外，大多数多糖类物质都能一定程度上提升土壤抗蚀性，但其加固效果仍不够理想，不足以满足后续研究需要。海藻多糖则展现出良好的固土性能，在试验期内团聚体颗粒没有发生崩解，其水稳性指数达到了100.0%，因此笔者以此材料为基础展开了后续研究。

10.1.3　海藻多糖高分子材料提升土壤抗蚀性机理

笔者通过延长浸泡时间，观察施用海藻多糖后土壤团聚体的崩解过程。结果表明，施用海藻多糖的试验组与原始组相比发生了明显变化。就原始组而言，其展现出渐进的崩解模式：团聚体与水接触后，其表层土壤颗粒立即开始脱落，随着浸泡时间的延长，土壤颗粒逐渐发生坍塌崩解，并最终完全解体，分散成为细小的颗粒（图 10-1）；就试验组而言，其团聚体与水接触后，初期没有发生明显变化，但随着浸泡时间的延长，少数团聚体颗粒表面出现细小的裂缝，随后裂缝逐渐增大，团聚体内部土壤短时间内突然从裂缝中大量流出（图 10-2）。

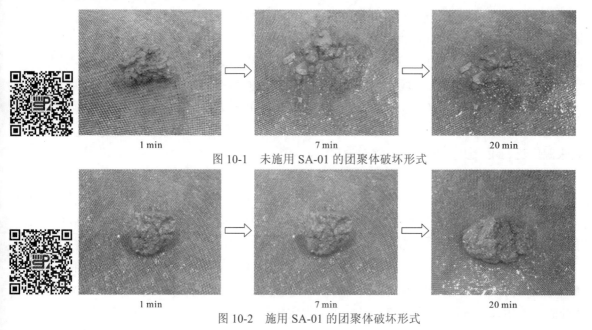

1 min　　　　　　　　7 min　　　　　　　20 min

图 10-1　未施用 SA-01 的团聚体破坏形式

1 min　　　　　　　　7 min　　　　　　　20 min

图 10-2　施用 SA-01 的团聚体破坏形式

由上述试验可知，随着海藻多糖的施用，土壤团聚体的水稳性指数大幅提升，且其崩解模式发生较大变化。依据材料的性质，研究者猜想这和材料与团聚体颗粒间的反应有关。海藻多糖高分子链中含有大量的亲水羟基(—OH)基团，该基团可通过氢键作用连接土壤颗粒，同时多糖的高分子长碳链也可通过渗透、扩散作用缠绕土体颗粒起到加固作用，此外海藻多糖特有的部分活性基团可与土壤中的 Ca^{2+}，Mg^{2+} 等高价阳离子发生反应，在表层土壤生成能透水透气有一定强度但不溶于水的凝胶保护层。为了验证猜想，笔者对原始组与喷洒 0.5%体积分数的海藻多糖的试验组团聚体表面进行了扫描电镜测试，其结果如图 10-3 所示。从图 10-3 可以看到，未喷洒海藻多糖的原始组团聚体表面具有很多片状原始土壤结构[图 10-3（a）]，而对于喷洒 0.5%体积分数海藻多糖的试验组[图 10-3（b）]而言，其表面未见到这种片状结构，而是覆盖了一层薄膜状的涂层，这些薄膜状结构就是我们猜想中的凝胶保护层。这也解释了喷洒海藻多糖材料前后团聚体崩解发生变化的现象，喷洒材料前，原始组团聚体是由矿物晶体或黏土微小颗粒通过相互作用集聚而成，当其与水接触后，水分从外到内，逐渐渗入到团聚体内部与团聚体土壤颗粒发生作用，削弱其间的相互作用，当该作用力小于土壤颗粒的重力与浮力差时，土壤颗粒就由外向内逐渐发生崩解。喷洒材料后，海藻多糖材料在团聚体表面形成一层凝胶保护层，该保护层具有一定机械强度，可在浸水初期，土壤颗粒间的相互作用力削弱后，保护团聚体免于崩解，故试验组初期团聚体没有发生明显变化；但随着浸泡时间的延长团聚体内部水土相互作用加剧及土壤浸泡后的膨胀作用，团聚体内部向外的力逐渐增大造成保护层破裂，也就是我们观察到的团聚体颗粒表面出现细小的裂缝，随后随着团聚体内部向外的力进一步增大，裂缝变大，团聚体内部土壤短时间内突然从裂缝中大量流出。海藻多糖固土机理示意图如图 10-4 所示。

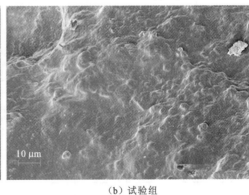

（a）原始组　　　　　　　　　　　　　（b）试验组

图 10-3　团聚体表面扫描电镜图

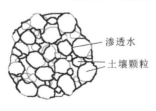
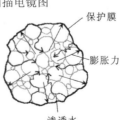

（a）原始组　　　　　　　　　（b）试验组

图 10-4　海藻多糖固土机理示意图

10.2 海藻多糖高分子材料

10.2.1 海藻多糖高分子材料结构优选与改良

通过前期试验我们优选出海藻多糖这一高分子材料用于固土抗蚀研究。但在试验中我们发现，其保护层膨胀强度与膨胀系数不够。当团聚体完全干燥后，再次放入水中，其团聚体水稳性明显下降。所以最后选定以海藻多糖为材料展开优选与改良研究。

海藻多糖是由甘露糖醛酸（M 单元）和古洛糖醛酸（G 单元）无规共聚组成的高分子材料，其应用效果主要受 M/G 比值和相对分子质量的影响。为研究其结构对固土性能的影响，笔者选择了 3 种相对分子质量（20℃，1%水溶液，黏度分别为 80～120 mPa·s、300～400 mPa·s、800～1 000 mPa·s）、3 种 M/G 值（0.5、1.0 和 2.0），共计 9 种的海藻多糖进行了研究。表 10-2 给出了团聚体在 1%体积分数、2 L/m² 喷洒量、相对湿度 30%条件下，室温放置不同时间后团聚体水稳性试验过程中的团聚体破裂数。

表 10-2 不同海藻多糖种类及养护时间下的团聚体破裂数

试验编号	黏度/（mPa·s）	M/G 值	放置时间/d						
			0	1	3	7	14	20	30
1	80～120	0.5	0	0	3	23	30	30	30
2	80～120	1.0	0	0	5	18	30	30	30
3	80～120	2.0	0	0	3	22	30	30	30
4	300～400	0.5	0	0	0	5	10	15	17
5	300～400	1.0	0	0	0	7	12	15	15
6	300～400	2.0	0	0	0	7	11	15	18
7	800～1000	0.5	0	0	0	0	0	0	0
8	800～1000	1.0	0	0	0	0	0	0	0
9	800～1000	2.0	0	0	0	0	0	0	0

由表 10-2 可知，在放置时间较短时，施用不同结构海藻多糖的团聚体均表现出良好的水稳性。但随着放置时间的延长，不同分子量海藻多糖材料的固土效果展示出明显区别。随着分子量的增加，团聚体水稳性的耐久性不断增加，这是因为随着分子量的增加，分子链长增加，在土壤颗粒表层形成保护层强度变大。M/G 值对土壤团聚体水稳性及耐久性的影响不大，但我们在试验中发现，M/G 值和分子量还影响海藻多糖在土壤表层形成固结层的厚度，随着 M/G 值的增加，其反应速度加快，在土壤表层形成固结层的厚度降低；随着相对分子质量的增加，其黏度增大，溶液入渗速度减慢，入渗难度加大，形成固结层厚度减小。最终通过综合考虑，我们选择 M/G 值为 1.0，20℃，1%水溶液，黏

度 800～1 000 mPa·s 的海藻多糖进行后续研究。

坡耕地因旱作种植的特点，表层土壤在雨季常会面临多次干湿交替，在前期试验中我们发现当海藻多糖与土壤作用形成的凝胶固结层完全干燥后，短时强降雨会造成固结层一定程度地破裂，进而影响材料应用效果。于是我们采用共混改良的方法对其凝胶膨胀系数进行调控，通过机理分析选取了多种共混改良剂，利用改良剂与海藻多糖的协同效益提升其应用效果，并对其相容性展开研究。表 10-3 给出了部分共混剂与海藻多糖以 1∶4 比例共混后，配置形成溶液的情况。通过相容性和稳定性分析我们优选出可与海藻多糖共混的材料，并利用其分子特性展开共混复配。如聚丙烯酰胺具有线性高分子长链，可与海藻多糖互穿交联以提升凝胶强度，同时其也可以利用所带电荷与土壤产生静电引力，提升土壤抗蚀性。

表 10-3　不同共混剂与海藻多糖相容性与稳定性

材料类型	相容性	稳定性	黏度变化
聚丙烯酰胺	相容	稳定	黏度增加
黄原胶	相容	稳定	黏度略有增加
大豆分离蛋白	相容	长时间静置后有絮状物析	黏度有增加
壳聚糖	不相容	共混后有絮状物析出	黏度增加
聚-L－赖氨酸	不相容	共混后有絮状物析出	黏度增加

经过多次复配与改良，得到第一代抗蚀剂材料，并命名为 SA-01 型抗蚀剂材料，后续对其对土壤理化性质的影响展开了研究。

10.2.2　材料技术参数

SA-01 型抗蚀剂材料主要成分是从天然产物中提取而来，以水为溶剂，可与水以任意比例互溶，其溶液无色无味，施用于土壤后可与土壤表面形成透水透气的固结保护层，该保护层厚度可调，自然降解可控，安全环保，与土壤反应后生成保护层如图 10-5 所示，技术参数如表 10-4 所示。

图 10-5　SA-01 材料施用效果

表 10-4 SA-01 材料主要技术参数

颜色	黏度/ (mPa·s，20℃，1%)	固含量/%	密度/ (g/cm³)	凝固时间/s
无色透明	50～1000	0.1～30.0	1.02～1.09	60～3600

SA-01 与固土常用的高分子材料对比如表 10-5 所示。

表 10-5 不同固土材料对比简介

材料	性状	基材	溶剂	施工方式	施工	起效时间	作用机理
SA-01	白色粉末状固体、溶液无色透明无味	植物提取天然多糖	水	混水喷洒、浇灌或干施	简单、无需专业设备	无需养护	自交联、范德瓦耳斯力/氢键
W-OH	浅黄色油状液体、刺鼻性气味	合成聚氨酯预聚体	丁酮等有机溶剂	混水喷洒	需专业设备，易堵设备管道	无需养护	自交联、范德瓦耳斯力/氢键
APAM	白色粉末、小颗粒状固土，溶液无色透明无味	合成聚丙烯酰胺	水	混水喷洒、浇灌或干施	简单、无需专业设备	需养护，养护时间较短	静电引力、范德瓦耳斯力/氢键
PVA	白色片状、絮状或粉末状固体，溶液无色透明无味	合成聚乙烯醇	水	混水喷洒、浇灌或干施	简单、无需专业设备	需养护，养护时间较长	范德瓦耳斯力/氢键

10.3 改良材料对土壤理化性质的影响

10.3.1 土壤抗剪强度

1. 实验方法

将试验用土经过风干、破碎、过筛后，选出粒径为 2 mm 以下的土壤颗粒，配置不同体积分数 SA-01 溶液（0.00%、0.25%、0.50%、0.75%、1.00%），与土样搅拌混合，控制土样含水率在 20%左右，容重为 1.25g/cm³。随后用环刀切取制备的土样，以便剪切后的试样能够放置于剪切盒内，进行直剪实验。试验仪器是 DJY-4 四联等应变直剪仪，试验过程中垂直施加的四级荷载分别为 50 kPa、100 kPa、150 kPa、200 kPa，应变速率为 0.8 mm/min。

2. 实验结果

本书使用直接剪切试验，在不同的垂直压应力 σ 作用下，记录试样被剪切破坏时的数值并乘以相关系数，最后得出抗剪强度最重要的两个参数：内聚力 c 和内摩擦角 φ。

表 10-6 中,施用不同体积分数 SA-01 的试验组,随着所加载荷载的增大,内聚力均随之增大,而且在各个荷载作用下,也有随着体积分数的增大,内聚力增大的现象。从图 10-6 和图 10-7 可以看到,施用抗蚀剂 SA-01 后,试样的内摩擦角和内聚力均较对照组有所提高。施用不同体积分数的 SA-01 后,内聚力提高的幅度是对照组的 0.63～2.16 倍,在体积分数为 1.00%时达到最大;施用 SA-01 后的内摩擦角与体积分数 0.00%时相比,提高的幅度较小,仅提高了 0.09%～18.85%。

表 10-6　SA-01 体积分数对土壤内聚力的影响

体积分数/%	不同荷载下的内聚力/kPa			
	50 kPa	100 kPa	150 kPa	200 kPa
0.00	23.000 0	35.746 5	48.408 6	65.367 4
0.25	31.278 0	44.517 0	68.169 6	84.348 0
0.50	36.105 0	46.751 3	58.701 6	83.176 5
0.75	40.315 5	49.905 9	69.116 4	87.862 5
1.00	45.879 6	47.647 4	76.299 9	87.628 2

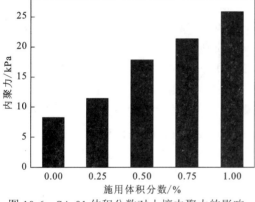

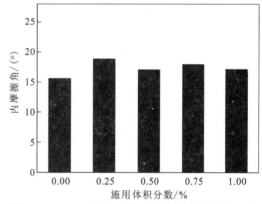

图 10-6　SA-01 体积分数对土壤内聚力的影响　　图 10-7　SA-01 体积分数对土壤内摩擦角的影响

3. 机理分析

内聚力和内摩擦角是评价土体抗剪强度的重要参数。内聚力主要是土粒间的作用力、水化膜间粘滞力和毛细管水的表面张力等联合作用而导致的土壤颗粒间的相互吸引作用力和土壤中化合物的交结作用形成的固结力。SA-01 材料中的部分活性基团与土壤中的 Ca^{2+}、Mg^{2+} 等高价阳离子发生反应,在土壤颗粒表层和间隙形成凝胶固结体,且其高分子长链通过渗透、扩散作用缠绕土体颗粒,故在试验条件下,随着材料施用体积分数的增加,其内聚力逐渐提升。对内摩擦角而言,其主要与土粒间的滑动摩阻力和咬合力有关,试验条件下改性土试样水通过形成凝胶固结体等增加了土壤颗粒之间的作用力,提高了试样的内聚力,但这种作用力在很大程度上弱于土壤颗粒强度,因而在剪切时所受到的滑动摩阻力主要与土壤颗粒自身强度密切相关，故试验的内摩擦角与参照样相比没有明显的变化。

10.3.2　土壤亲水性

1. 实验方法

（1）试样制备。将从现场取回，经过风干的土壤过 2 mm 筛，除去小石块等杂质。按实验要求将土壤样本放入干净的玻璃培养皿（直径 115 mm，高 22 mm）中。测定之前在土壤表面喷洒一定量的不同体积分数 SA-01 溶液（0.00%、0.25%、0.50%、0.75%、1.00%），水溶液的喷洒量固定为 2 L/m^2。在实验室的室温条件下用压力喷壶在土壤样品上方喷水，使其最终达到最大持水量，然后每隔一段时间进行实验。每组实验重复三次，取其平均值作为实验结果。

（2）滴水穿透时间（water drop penetration time，WDPT）法测定。实验时用滴定管将 10 滴纯净水滴到制备的土壤样品上，记录每一滴纯净水渗入土壤表面所需的时间，取 10 滴纯净水渗入土壤表面所用时间的算术平均值作为土壤样品的最终取值。为防止水滴高度过高，势能转化为动能，对土壤表面的冲击，滴管高度在样品上方 0～5 mm 处。

采用 Dekker 和 Ritsema（1994）提出的斥水性分类标准，按滴水穿透时间将斥水性分为 5 个等级：0 级，无斥水性（<5 s）；1 级，轻微斥水性（5～<60 s）；2 级，中等斥水性（60～<600 s）；3 级，严重斥水性（600～<3 600 s）；4 级，极度斥水性（≥3 600 s）。

（3）酒精溶液入渗（molarity ethanol droplet，MED）法测定。实验时使用纯度为 95%的酒精配制成不同体积分数的溶液，用滴定管将 6 滴不同体积分数的酒精+水溶液滴到制备的土壤样品上，观察其在 5 s 内能否完全渗入土壤。实验时根据观察实际的入渗时间，将溶液按酒精体积分数从低到高逐一测试，直到选取到满足要求的酒精体积分数，根据 Doerr 等（2002）的研究分类标准，采用其物质的量浓度值作为该土壤样品的亲水性（表 10-7）。

表 10-7　酒精溶液斥水性分类标准

指标	酒精体积分数/%								
	0.0	1.0	3.0	5.0	8.5	13.0	18.0	24.0	36.0
物质的量浓度/（mol/L）	0.00	0.17	0.51	0.85	1.45	2.22	3.07	4.09	6.14
斥水性	—	—	—	轻微	中度	强烈	严重	严重	极端

2. 实验结果

用滴水穿透时间法测定喷洒不同体积分数 SA-01 水溶液的风干土壤样品的测定结果如图 10-8 所示。从图 10-8 可知，不加改良剂的土壤样品平均滴水穿透时间为 2.84 s，小于 5.00 s，试样不具有斥水性。对施用 SA-01 改良剂的土壤样品而言，施用 SA-01 后其滴水穿透时间随体积分数增加逐渐增加，但施用体积分数为 0.25%时，其增加幅度较小，平均滴水穿透时间为 4.55 s，试样仍不具有斥水性；随施用体积分数进一步增加，滴水穿透时间增速变大，滴入的液滴在土壤表面有一定时间的停留，稍后慢慢地完全渗入土壤；施用体积分数为 0.50%时，平均滴水穿透时间达到 55.70 s，表现为轻微斥水；施用体积分数为 0.75%和 1.00%时，平均滴水穿透时间达到 131.05 s 和 180.15 s，表现为中等斥水。

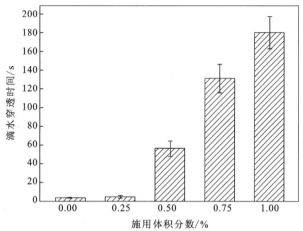

图 10-8　不同体积分数 SA-01 溶液处理下滴水穿透时间

MED 法测试结果与 WDPT 法类似，随着 SA-01 施用体积分数的增加，土壤样品斥水性逐渐增强，SA-01 施用体积分数为 0.50%时表现为轻微斥水；SA-01 施用体积分数为 0.75%和 1.00%时表现为中等斥水（表 10-8）。

表 10-8　酒精溶液入渗法测定斥水等级

施用 SA-01 体积分数/%	物质的量浓度/（mol/L）	斥水性等级
0.00	0.00	—
0.25	0.51	—
0.50	0.85	轻微
0.75	1.45	中度
1.00	1.45	中度

此外，实验中还对不同体积分数所需的 SA-01 粉末与土壤混合后的试样进行实验，结果显示其斥水性强度与施用 SA-01 水溶液的结果存在明显差异，前者斥水强度小于后者，这是因为配置不同体积分数所需的 SA-01 粉末含量，相对于其混合的土壤含量而言所占比例很小，不能充分与土壤颗粒混合均匀，不能与土壤颗粒充分作用。

用滴水穿透时间法测定不同含水率的土样在不同体积分数 SA-01 施用下的斥水性，结果如图 10-9 和图 10-10 所示。由图 10-9 可知，土样斥水性随土样含水率变换而变化。不加 SA-01 的土壤滴水穿透时间随土壤含水率的增大先增加后减小，呈单峰状态，在含水率 19%左右时达到最大值 5.4 s，展现出轻微斥水性，但整体呈现无斥水性状态。就实验组而言其变化趋势随着体积分数的增加发生明显变化，由单峰曲线状，变化为波动状态，其值保持在一个范围内，峰值随含水率增加也呈逐渐上升态势，同时随着 SA-01 施用体积分数的提升，其斥水性不断提升，除 0.25%实验组整体无斥水性状态外，其余实验组呈现一定程度的斥水性。

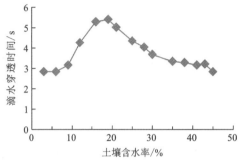

图 10-9　对照组滴水穿透时间与土壤含水率的关系

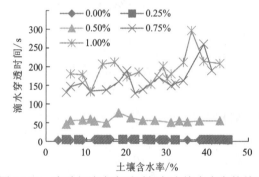

图 10-10　实验组滴水穿透时间与土壤含水率的关系

3. 机理分析

上述实验结果表明，SA-01 水溶液能够在很大程度上增加土壤的斥水性，随着体积分数的增加，其斥水性也相应增加。其作用机理分析如下：实验采用的土壤改良剂 SA-01 是以多糖为主要成分的高分子材料，其部分活性基团可与土壤中的 Ca^{2+}、Mg^{2+} 等高价阳离子发生反应，在表层土壤生成有一定强度但不溶于水的凝胶保护层。在改良土壤表面滴入液滴时，就会受到这层保护膜的阻拦，随后液滴缓慢地通过土壤颗粒表面的空隙渗入土壤内部，这样 SA-01 水溶液的施用就造成了土壤斥水性的增加；同时 SA-01 水溶液的聚合度高，因此只需用很低的体积分数就可以得到较高的斥水性。

10.3.3　土壤渗透性

1. 实验方法

土样经过风干、过筛后，选出粒径 5 mm 以下的土壤颗粒，按《土工试验规程》

（SL237—1999）制备扰动土试样，施用不同体积分数 SA-01 溶液（0.00%、0.25%、0.50%、0.75%、1.00%），并进行充分饱和及土壤渗透性实验。

采用变水头渗透实验，实验装置为南 55 型渗透仪。试样尺寸：61.8 mm×40.0 mm（直径 d×高 h），将装有试样的环刀移入套筒中，套筒事先涂抹凡士林，之后将实验装置上盖，拧紧使其不漏气，最后将仪器与进水设备相连。实验开始时，先将仪器在一定水头作用下（<200 mm）静置一段时间，待出水口有水流出后，将水头管调至某一水头后关闭止水夹，记录起始水头 h_1，经过 t 时间后，记录终止水头 h_2。再经过 t 时间，记录其初、止水头，这样得到 2~3 组数据，之后再将水头管水位回调至所需水头，按上述操作连续测记，重复次数为 5~6 次，同时记录实验时与终止时的水温。

渗透系数：

$$k_T = 2.3\frac{aL}{S_r t} \tag{10-1}$$

$$k_{20} = k_T \frac{\eta_T}{\eta_{20}} \tag{10-2}$$

式中：k_T 为水温为 T 时的渗透系数，cm/s；a 为水头管的截面面积，cm^2；L 为入渗深度，等于试样高度，cm；S_r 为试样的断面面积，cm^2；t 为时间，s；2.3 为 ln 与 lg 的换算系数；η_T，η_{20} 为温度换算系数；k_{20} 为调整后的渗透系数，cm/s。

2. 实验结果

SA-01 体积分数为 0.00%时的变水头渗透实验的记录见表 10-9。经过整理计算得出其渗透系数为 $2.2919×10^{-5}$ cm/s，为中等透水层。

表 10-9　SA-01 体积分数为 0.00%时的渗透系数

时间/s	2.3a $L/(S_r t)$	h_1/cm	h_2/cm	lg（h_1/h_2）	k_T /（$×10^{-5}$ cm/s）	η_T/η_{20}	k_{20} /（$×10^{-5}$ cm/s）	平均渗透系数 /（$×10^{-5}$ cm/s）
60	0.002 1	180.0	175.6	0.010 7	2.269 1	1.055 9	2.395 9	
60	0.002 1	175.6	171.4	0.010 5	2.219 6	1.055 9	2.343 7	
60	0.002 1	171.4	167.6	0.009 7	2.055 6	1.055 9	2.170 5	
60	0.002 1	172.0	168.0	0.010 2	2.157 4	1.055 9	2.278 0	
60	0.002 1	168.0	164.6	0.008 9	1.874 6	1.055 9	1.979 4	2.291 9
60	0.002 1	164.6	160.2	0.011 8	2.484 3	1.055 9	2.623 2	
60	0.002 1	176.0	171.6	0.011 0	2.321 3	1.055 9	2.451 1	
60	0.002 1	171.6	167.8	0.009 7	2.053 2	1.055 9	2.168 0	
60	0.002 1	167.8	164.0	0.009 9	2.100 2	1.055 9	2.217 6	

在其他条件一致时，将 SA-01 施用体积分数增加到 0.25%、0.50%、0.75%、1.00%，其渗透系数随 SA-01 施用体积分数的变化见图 10-11。从图 10-11 中可以看出，土样渗透系数随 SA-01 施用体积分数的增加先增加后降低，波动范围为 $2.85 \times 10^{-5} \sim 9.10 \times 10^{-6}$ cm/s，属中等透水层。当 SA-01 体积分数为 0.25%时，渗透系数最高，高于原状土，随后随着 SA-01 施用体积分数的提升渗透系数在 SA-01 体积分数为 0.50%时迅速降低，小于原状土，而后随着 SA-01 施用体积分数的进一步提升，渗透系数逐渐下降，但下降趋势变缓。

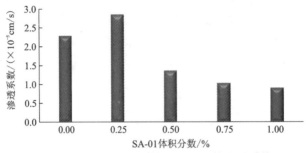

图 10-11　不同体积分数 SA-01 下的渗透系数

3. 机理分析

从上述实验结果看，SA-01 水溶液在低体积分数时能够增加土壤的渗透系数，而当体积分数持续增加时渗透系数反而降低，其形成机理分析如下。

SA-01 材料是以多糖为主要成分的高分子材料，且其部分活性基团可与土壤中的 Ca^{2+}、Mg^{2+}等高价阳离子发生反应，在表层土壤生成能透水透气有一定强度的凝胶保护层，其高分子长碳链可通过渗透、扩散作用缠绕土体颗粒起到加固作用。在较低体积分数时，SA-01 通过其长碳链将土壤中的细小颗粒缠聚在一起，在长碳链的周边形成一条通道，而许多条这样的长碳链就会使试样内部存在相互串通的通道，改变土壤的结构，加强其渗透性能，再加上与土壤内部的高价阳离子的反应，也有利于在土壤内部形成小孔隙，加强水在内部的流动性。SA-01 施用体积分数越大，与土壤试样发生相互作用的材料越多，原土壤内部由于长碳链形成的微小通道就会被剩余的 SA-01 溶液及其形成的凝胶所侵占，甚至可能堵塞水分下渗的通道，减少入渗量。SA-01 施用体积分数越大，其所包裹试样的地方越多，就会使试样内的空气不能及时排除，产生封闭气泡，减小有效渗透面积，降低渗透性。

10.3.4　土壤崩解速率

1. 实验方法

1）试样制备

用方形环刀在 $10 \sim 20$ cm 土层取样进行实验，非原状土经风干后捣碎，筛选出不同粒径土样，按 1.2g/cm^3 填充进圆形环刀。对原状土，在土样表面均匀喷洒 30mL 不同体积分数的 SA-01 溶液作为实验组，非原状土自环刀（体积 100 mL）上方加入 40 mL 不同体积分数 SA-01 溶液作为实验组。

2）实验装置及步骤

采用静水崩解法测试，用崩解速率定量描述，实验装置如图 10-12 所示，该土壤崩解仪由浮筒、崩解缸、承载网板构成，由于实验土体的重量有限，在崩解过程中随着土体的减少，浮筒上升过程中会出现无法保持垂直的现象，所以研究者在网板上增加了少量重物来改进实验，方便更准确地读数。将经过 SA-01 处理的原状土养护好后，放置在实验装置上，浸入水中观察浮筒读数变化，从而测定出土样崩解速率。

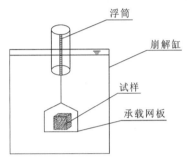

图 10-12　土壤崩解仪示意图

实验步骤如下：①将养护好的改性土样轻放于铁丝网板上，铁丝框架与浮筒连接在一起，然后缓慢放入静水中，观察初始读数并开始计时；②一组改性土样的崩解时间定为 30min，分别在特定时间点记录浮筒刻度数据。当出现在 30min 内全部崩解的情况，则记录下当时的时间和读数。

3）土壤崩解速率计算方法

土壤崩解速率采用下式计算：

$$B = \frac{S_d}{\rho} \cdot \frac{l_0 - l_t}{t} \tag{10-3}$$

式中：B 为单位时间内崩解体积，cm^3/min；S_d 为浮筒底面积，cm^2，设备改制后两个浮筒底面积皆为 30.2cm^2；ρ 为试样土的容重，g/cm^3；l_0、l_t 分别为浮筒刻度初始值和时刻 t 的数值，cm；t 为时间，min。

2. 实验结果

1）非原状土实验结果

非原状土测试时将一定粒径的土壤按 1.25 g/cm^3 的容重填入环刀中，而后从环刀顶部加入一定量 SA-01 溶液。加水的对照组随着水分加入土壤颗粒逐渐破裂坍塌，土体体积变小，放置 2 h 后土样较稀，放入水中后迅速崩解，未能读取有效读数；而对于加入 SA-01 溶液的实验组，其加入溶液后土体体积基本不变，SA-01 溶液顺着土体间隙渗入土样内部，与土壤反应生成三维立体支撑结构，放置后能形成具有一定强度的成型试样。

将试样放入水中后在实验时间内基本没有崩解,其过程如图 10-13 所示,整个实验过程中土体没有发生崩解,展现出优良的抗崩解性能。

| （a）0 min | （b）20 min | （c）30 min |

图 10-13　SA-01 溶液处理试样崩解过程图

2）原状土实验结果

表 10-10 给出了在 SA-01 不同施用体积分数及不同养护时间条件下,原状土在 30min 内的崩解速率情况。由表 10-10 可以看出,添加 SA-01 后土样的崩解速率大幅降低,同时随着养护时间的延长,崩解速率也有一定的下降。

表 10-10　添加 SA-01 后土样的崩解速率表

SA-01 施用体积分数/%	养护时间/h	初始读数/cm	最终读数/cm	崩解速率/（cm³/min）
0.00	8	8.65	7.15	0.56
	16	8.50	7.50	0.37
	24	8.40	7.54	0.32
0.25	8	8.40	7.90	0.19
	16	8.50	8.30	0.08
	24	8.70	8.50	0.08
0.50	8	8.40	8.20	0.08
	16	8.60	8.45	0.06
	24	8.50	8.35	0.06
0.75	8	8.40	8.30	0.04
	16	8.50	8.40	0.04
	24	8.70	8.70	0.00
1.00	8	8.40	8.35	0.02
	16	8.65	8.65	0.00
	24	8.40	8.40	0.00

养护时间为 8 h 处理方式中，对照组的崩解速率是 SA-01 施用体积分数为 0.25%的实验组的 2.95 倍，是体积分数为 1.00%的实验组的 28.00 倍。在 3 种不同养护时间条件下，施用 SA-01 处理的土样的崩解速率均随着 SA-01 施用体积分数的提高而下降，且根据表 10-10 可以看到，从未施用 SA-01 到施用 SA-01 体积分数为 0.25%，3 个养护时间下其崩解速率都迅速下降，表明 SA-01 对于增强土壤的抗崩解性能有非常显著的效果。养护时间对崩解速率也有一定的影响，未施用 SA-01 组中，养护 8 h 组崩解速率是养护 24 h 组的 1.75 倍；SA-01 施用体积分数为 0.50%的实验组中，养护时间为 8 h 的土样崩解速率是养护时间 24 h 土样崩解速率的 1.33 倍。随着 SA-01 施用体积分数提高到 0.75% 时，养护时间为 24 h 的土样在 30 min 内不存在崩解现象（图 10-14）。

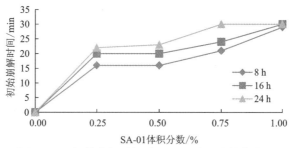

图 10-14　初始崩解时间随 SA-01 体积分数变化图

施用 SA-01 溶液能够减缓土样初始崩解的时间，未施用 SA-01 溶液的土样在与水接触的瞬间就开始崩解，而施用不同体积分数 SA-01 的土样，在水中经过一段时间后才开始崩解。随着 SA-01 施用体积分数的增大，其初始崩解时间增大。SA-01 施用体积分数为 0.25%的土样，相比于未施用 SA-01 组，其崩解性能得到大幅提升，3 个养护时间下土样都在 15 min 以后才开始崩解；养护时间对初始崩解时间也会产生影响，养护时间越久，其抗崩解性能越好。其中 SA-01 体积分数为 0.75%，养护时间为 24 h 及 SA-01 体积分数为 1.00%，养护时间为 16 h、24 h、30 h 的土样仍保持完好。

从实验过程中可以看出（图 10-15），将未施用 SA-01 的崩解土样放入水中后，土样立即开始崩解，先是土样外部与水接触后开始崩塌，随着时间推进，外层脱落使得水分不断的侵入，土样内部也开始崩解。未施用 SA-01 的实验土样从外到内逐渐崩解，称为渐进式崩解。经过施用 SA-01 溶液的土样崩解，其崩解过程：将土样放入水中后，可见土样表面有气泡不断从土样内部排出；随着侵入水分的增多，土样外部开始出现小裂缝，当内部土壤颗粒吸水达到某一程度，裂缝突然加大加宽，土样从裂缝处开始塌落，内部浸水土壤缓慢流出。实验现象和土壤团聚体在静水中崩解有相似之处。

其他产品的高分子土壤改良剂，例如聚丙烯酰胺（polyacrylamide，PAM）在使用时有不同的方式，在研究土壤抗蚀剂 SA-01 对土壤性质的影响时，也考虑到了这一点。将取样器中的原状土和不同体积分数的 SA-01 溶液搅拌后置于原取样器中养护成型，进行崩解速率实验。搅拌后的改性土样硬度大，放入静水中完全没有崩解的迹象。在后续的实验中，将这样的改性土放置在静水中连续 5 h 也不会发生明显的变化。

图 10-15 　对照组（左）与实验组（右）土样在静水中的崩解情况

3. 机理分析

上述结果表明 SA-01 溶液可以改善土样的崩解速率。在相同养护时间下 SA-01 体积分数越高，其抗崩解效果越好；在相同 SA-01 体积分数下，养护时间越长，其抗崩解效果越好；施用 SA-01 的土样与未施用 SA-01 的土样呈现出不一样的崩解模式，其形成机理如下。

SA-01 是以多糖为主要成分的高分子材料，其高分子链上的部分活性基团可与土壤中的 Ca^{2+}、Mg^{2+} 等高价阳离子发生反应，在表层土壤生成能透水透气，有一定强度但不溶于水的凝胶保护层。部分 SA-01 溶液渗入到一定深度的土样内部，其中的高分子链通过渗透、扩散作用和土壤颗粒反应结合，起到了加固作用。当土样浸水后，虽然其内部土壤颗粒吸水产生了膨胀力，但土壤表面形成的保护层及土壤颗粒的加固作用，足以抵抗来自土体内部的膨胀力，防止土体崩解。

施用 SA-01 产生的保护层并不能总是维持土样不被破坏，随着土样内部空气不断排出，侵入的水分就会变多，内部土壤颗粒吸水，产生更大的膨胀力。当产生的膨胀力足够大，超过保护膜所能维持的强度，保护膜会有裂缝出现，最后发展到土样突然崩解，内部浸水土壤缓慢流出。未施用 SA-01 的土样，其表面没有一层保护膜作用，将其放入水中后随着水—土之间的持续作用，土样呈现出从外部到内部的逐渐分散崩解现象。

保护膜破坏的时间也是实验组土体的初始崩解时间，这个时间会随着 SA-01 施用体积分数的提高而延后，这是由于 SA-01 施用体积分数的提高，与土壤表层颗粒反应的材料就会越多，形成的保护层的强度就会越大，因内部膨胀力而破坏的难度就越大；随着养护时间的增加，土样的崩解时间也会有一定的延后，这是由于随着时间的增加，SA-01 能够更深入地渗入土体内部，与土壤颗粒更加紧密地结合，但这并不意味着时间越长效果越好，后期实验中，研究者发现随着养护时间的继续增加，反而会使得浸入水中的土体相较于 24 h 的养护组更快地被破坏。

10.4　改良材料抗蚀增肥效益

10.4.1　降雨产流

1. 实验方法

1）实验条件

实验采用长江科学院水土流失模拟实验室降雨大厅的下喷式模拟降雨系统，降雨高度为 9 m，降雨覆盖面积为 20 m×20 m。实验使用固定式可调坡钢制土槽，土槽尾端设有不锈钢集水口，并接有一段不锈钢管引流。土槽规格为 2.0m×1.0m×0.5m（长×宽×高）。土槽示意图如图 10-16 所示。

实验前将土样自然风干后过筛（10 mm），以避免存在杂草与石块对实验的干扰。先在土

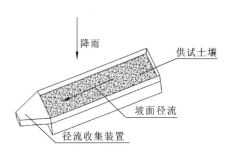

图 10-16　土槽示意图

槽底层铺 15 cm 厚的细沙，以保证实验土层的透水性与天然坡面相接近。之后将土分层装填于土槽内，每层填土 5 cm，边填土边压实，填土总厚度为 30 cm。填土容重保持在 1.25g /cm^3 左右，以便与取土区土壤的容重相一致。填土后在土槽表面喷洒一定量不同体积分数的 SA-01 溶液（0.00%、0.25%、0.50%、0.75%、1.00%）。

本实验设计降雨强度为 90 mm/h，选取坡度为 5°、10°、15°，降雨时间为 60 min。在实验开始时，对降雨强度进行反复率定，以确保降雨均匀系数大于 75%。实验前一天用 60 mm/h 降雨强度湿润土壤，降雨时间为 30 min，使土样接近自然状态下的土壤坡面。当土槽下方集水口出现携沙水流时记录产流时间。降雨前后用定焦摄像机拍摄红壤坡面的情况。降雨前采用环刀法分别在两个土槽上、中、下三个位置测定土壤含水率，并保证每次土壤含水率误差在 10%以内才开始接下来的降雨实验。坡面产流后，径流用 500 mL 烧杯接样。产流开始后的前 5 min，每分钟接一次样，之后每隔 5 min 接一次样，直至降雨结束。接样时间为 20 s。实验结束后，记录每个烧杯的径流量，先称量每个烧杯的重量，之后在 105 ℃烘箱下烘干，计算得到每个烧杯中的产沙量。当水流稳定后，用染色剂（KMnO$_4$）法测量坡面径流速。测定区长度为 0.5 m，每处测量多次求得平均流速值。

2）数据处理

产流率 q_r，单位为 L/（m^2·min），计算公式为

$$q_r = \frac{Q}{At} \tag{10-4}$$

式中：Q 为累积产流量，L；A 为汇流面积，即实验土槽的表面积，m^2；t 为时间，min。

以坡度为 5°，未施用 SA-01 的坡面为基准，在此基础上由 SA-01 体积分数或坡度变化引起的坡面产流变化量按以下公式计算（负值取其绝对值）：

$$QY_t = QY_{co} + QY_{sl} \tag{10-5}$$

式中：QY_t 是总产流量增量，L；QY_{co} 是体积分数造成的产流变化量，L，即某一体积分数下的变化量与基准面的差值；QY_{sl} 是坡度造成的产流变化量，L，即某一坡度下的产流量与基准面的差值。

SA-01 体积分数和坡度对坡面产流贡献率大小的计算公式为

$$RC(Q)_{co} = \frac{QY_{co}}{QY_t} \tag{10-6}$$

$$RC(Q)_{sl} = \frac{QY_{sl}}{QY_t} \tag{10-7}$$

式中：$RC(Q)_{co}$、$RC(Q)_{sl}$ 分别表示 SA-01 体积分数和坡度对坡面产流的贡献率。

2. 施用 SA-01 对产流时间的影响

初始产流时间是指从降雨开始，到坡面有水流集中溢流的时刻。通过对坡度为 5°、10°、15° 的红壤坡面施用不同体积分数 SA-01 抗蚀剂，记录土壤坡面产流时刻，结果如表 10-11 所示。

表 10-11　不同体积分数 SA-01 下的产流时刻　　　　　　（单位：min）

坡度/(°)	SA-01 体积分数/%				
	0.00	0.25	0.50	0.75	1.00
5	4.15	5.54	3.18	2.35	1.50
10	3.20	5.05	3.10	2.20	1.20
15	3.07	3.28	2.14	1.89	0.56

由表 10-11 可以看到，在施用同一体积分数条件下，无论是对照组还是实验组，初始产流时间随坡度的增加而减少。但就对照组而言，坡度从 5° 到 10° 产流时间变化幅度较大，从 4.15 min 减少到 3.20 min，减少 0.95 min，减少 22.89%；坡度从 10° 到 15°，产流时间差别不大，仅减少 0.13 min，减少 4.06%。对实验组而言，其变化幅度较大的区域普遍出现在坡度从 10° 到 15°，以 SA-01 施用体积分数 0.25% 为例，坡度从 5° 变化到 10° 时，初始产流时间仅减少 0.49 min，减少 8.84%；坡度从 10° 变化到 15° 时，减少 1.77 min，减少 35.05%。同时可以发现，随着 SA-01 的施用，坡度变化导致的初始产流时间的变化幅度也在增加，就对照组而言，其坡度从 5° 变化到 15°，初始产流时间减少 26.02%；对于实验组而言，以 SA-01 体积分数 0.25% 和 1.00% 实验组为例，坡度从 5° 变化到 15°，其初始产流时间分别减少 40.79% 和 62.67%。在同一坡度条件下，初始产流时间在 SA-01 施用体积分数较低时略微延长，随后随 SA-01 施用体积分数的增加，产流时间整体呈减少趋势，在 SA-01 施用体积分数为 1.00% 时产流最快。随着坡度的增加，体积分数变化导致的初始产流时间变化幅度也在增加，当坡度为 5° 时，SA-01 施用体积分数从 0.00% 到 1.00%，初始产流时间减少 63.86%；但坡度为 15° 时，SA-01 施用体积分数从

0.00%到 1.00%，初始产流时间减少 81.76%。总的来说坡面的初始产流时间与降雨量和入渗量有关，坡度和 SA-01 施用体积分数的变化影响其受雨面积和入渗率，进而影响其初始产流时间。对产流时间与坡度和 SA-01 质量浓度进行多元回归分析，结果如表 10-12 所示。

表 10-12　不同质量浓度下的初始产流时间回归分析

模型	非标准化系数		标准系数	t	Sig.
	回归系数	标准误差	回归系数		
常量	5.477	0.573	—	9.551	0.000
坡度	−0.111	0.047	−0.341	−2.375	0.035
质量浓度	−0.301	0.054	−0.798	−5.566	0.000

多元回归方程为

$$T_1 = 5.477 - 0.111C - 0.301S \qquad (R^2 = 0.753,\ p<0.01) \qquad (10\text{-}8)$$

式中：T_1 为不同降雨类型下的初始产流时间，s；S 为坡度，°；C 为 SA-01 质量浓度，g/L。从关系式中可以看出不同降雨类型下初始产流时间与 SA-01 质量浓度、坡度呈线性负相关。

3. 施用 SA-01 对产流率的影响

在降雨实验中，分别对 5°、10°、15° 坡面进行 5 种体积分数（0.00%、0.25%、0.50%、0.75%、1.00%）SA-01 抗蚀剂处理，降雨持续时间为产流后 60 min，获得产流规律如图 10-17 所示。

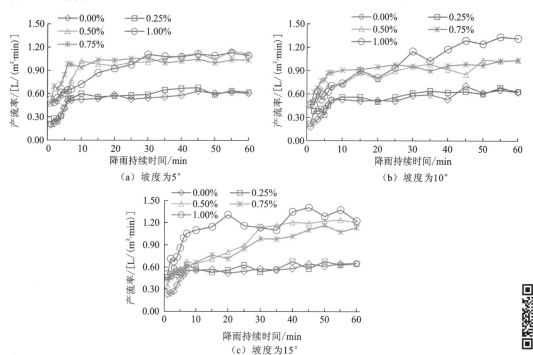

图 10-17　不同坡度及不同体积分数下坡面产流率变化规律

从图 10-17 中可以看到，未施用 SA-01 抗蚀剂与施用 SA-01 抗蚀剂的坡面产流特征存在明显差异。总体上来看，在同一降雨强度和坡度下，施用 SA-01 抗蚀剂的坡面产流率均大于未施用 SA-01 抗蚀剂的坡面产流率。坡度加大，各坡面产流率也有逐渐增加的趋势，且不同体积分数作用下的坡面产流率的变化差异较为显著。具体表现为：SA-01 体积分数为 0.00%的对照组在坡度为 5°、10°、15°时稳定产流率分别为 0.60 L/（m²·min）、0.62 L/（m²·min）、0.65 L/（m²·min）；而当 SA-01 施用体积分数为 1.00%时，其稳定产流率分别为 1.12 L/（m²·min）、1.24 L/（m²·min）、1.38 L/（m²·min）。

未施用 SA-01 抗蚀剂的坡面产流率在初期呈逐步上升趋势，在 5~10 min 内较快达到稳定。而在其他条件一致情况下，施用 SA-01 抗蚀剂的坡面达到稳定产流率的时间波动较大，特别是坡度增加时，表现得更为明显。施用 SA-01 抗蚀剂的坡面在 30~40 min 内的产流率基本达到稳定，而 SA-01 体积分数为 1.00%的坡面达到稳定的时间要更加靠后，在坡度 15°时尚未达到稳定状态。以上结果显示，随着产流时间的持续，未施用 SA-01 抗蚀剂坡面产流率迅速增大并很快达到稳定，而施用 SA-01 抗蚀剂坡面也有相同的增长趋势且产流率更大。

在不同坡度下，不同体积分数 SA-01 处理后的坡面，其产流率均大于未处理坡面，主要原因是未施用 SA-01 抗蚀剂坡面，雨滴降落初期，土壤含水率不高，雨滴逐步下渗；随着土壤含水率的增加，下渗水分减少，开始产生坡面径流。而施用 SA-01 抗蚀剂的坡面，SA-01 溶液在土壤表面形成一层保护膜，当其 SA-01 的体积分数较大时，就会一定程度上降低水分的渗透性，抑制水分下渗，使原本下渗的雨水也被迫形成坡面径流。

4. 施用 SA-01 对产流量的影响

从图 10-18 中可以看到，施用 SA-01 抗蚀剂的坡面，其坡面产流量均比未施用 SA-01 抗蚀剂的坡面产流量要大，且随 SA-01 抗蚀剂体积分数的增大，产流量也呈增加状态。当坡度为 5°，SA-01 体积分数为 0.25%时，其产流量为对照组的 3.79 倍；当 SA-01 体积分数增加到 1.00%时，其产流量为对照组的 6.92 倍。坡面的产流量远比对照组增加的多，SA-01 抗蚀剂加入时土壤会产生一定的斥水性，在坡面上就会产生对降雨入渗的不利影响，使得入渗降雨量大部分直接形成坡面径流。更多的径流加强了径流冲刷能力，加剧

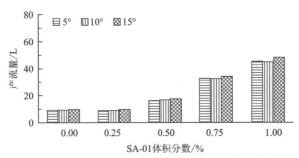

图 10-18　不同坡度及不同体积分数下坡面产流量变化规律

土壤侵蚀的程度。因此，在黏性红壤表面施用 SA-01 时需要选取一个合适的体积分数范围，使其形成的径流不会对坡面造成严重的土壤侵蚀。

在同一体积分数下，坡面产流量的规律大致为 15°>10°>5°，这可能是由于实验用的黏性红壤本身的渗透性较强，在坡度较小时，虽然集雨面积大，但渗透速度也较大，难以产生明显的表面径流；当坡度较大时，在重力的作用下，更容易形成表面径流，产流量也较大。与施用 SA-01 抗蚀剂后坡面产流量相比，坡度对坡面产流量的增加影响较小。当施用 SA-01 体积分数为 0.50% 时，15° 的产流量与 5° 的产流量相比增幅最大，前者为后者的 1.35 倍。在引起的产流量变化上，比起坡度增加，抗蚀剂体积分数增加具有更大贡献。

对不同 SA-01 体积分数的产流数据进行回归分析，分别建立不同坡度下产流量与不同 SA-01 体积分数的关系式，如表 10-13 所示，由拟合的关系式可以看出产流量与 SA-01 体积分数呈显著的二次函数关系。

表 10-13　坡面侵蚀产流量与 SA-01 体积分数的拟合关系

坡度/ (°)	回归方程	R^2	p
5	$Q' = 8.183 - 0.006C + 0.390C^2$	0.980	<0.05
10	$Q' = 8.369 + 0.045C + 0.373C^2$	0.986	<0.05
15	$Q' = 8.738 - 0.259C + 0.434C^2$	0.987	<0.05

注：Q' 表示产流量；C 表示 SA-01 体积分数。

10.4.2　降雨产沙

1. 实验方法

1）实验条件

实验条件同 10.4.1 节。

2）数据处理

侵蚀产沙率 S_r，单位为 g/ ($m^2 \cdot min$)，计算公式为

$$S_r = \frac{M_s}{At} \tag{10-9}$$

式中：M_s 为产沙量，g；A 为汇流面积，m^2。

以坡度为 5°，未施用 SA-01 抗蚀剂的坡面为基准，在此基础上由 SA-01 体积分数或坡度变化引起的坡面产沙变化量按以下公式计算（负值取其绝对值）：

$$SY_t = SY_{co} + SY_{sl} \tag{10-10}$$

式中：SY_t 是总产沙量增量，g；SY_{co} 是 SA-01 体积分数造成的产沙变化量，g，即某一体积分数下的变化量与基准面的差值；SY_{sl} 是坡度造成的产沙变化量，g，即某一坡度下的产沙量与基准面的差值。

SA-01 体积分数和坡度对坡面产沙贡献率大小计算公式为

$$RC(S)_{co} = \frac{SY_{co}}{SY_t} \qquad (10\text{-}11)$$

$$RC(S)_{sl} = \frac{SY_{sl}}{SY_t} \qquad (10\text{-}12)$$

式中：$RC(S)_{co}$ 为 SA-01 体积分数对坡面产沙的贡献率；$RC(S)_{sl}$ 为坡度对坡面产沙的贡献率。

2. 施用 SA-01 对产沙率的影响

在降雨实验中，分别对 5°、10°、15° 坡面施用 5 种体积分数（0.00%、0.25%、0.50%、0.75%、1.00%）SA-01 处理，降雨持续时间为产流后 60 min。获得坡面侵蚀产沙规律如图 10-19。

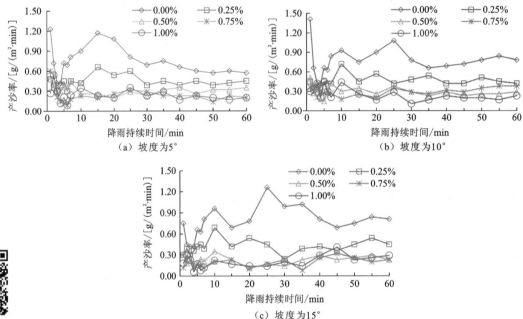

图 10-19　不同坡度及不同体积分数下坡面侵蚀产沙规律

在图 10-19 中，可以看出在降雨前期，产沙率增加较快，并迅速达到最大值，然后随时间的推移，产沙率逐渐减小，在某一范围内达到稳定。当 SA-01 体积分数较小时，其产沙规律与对照组的产沙趋势较为吻合。但不同坡度，不同体积分数下坡面产沙特征存在一定差异。

在降雨初期，未施用 SA-01 抗蚀剂的坡面有较多的松散、破碎的土壤颗粒，当坡面形成径流向下游流动时，这部分土壤就被径流携带；一段时间，这部分土壤都被冲走，而径流还未产生足够的冲刷力时，产流率就由最高值降到最低值。随着降雨时间的持续，来自雨滴的溅蚀作用使得土壤颗粒被压实，或细颗粒进入土壤孔隙并产生沉积，最终将孔径完全堵塞，使水分难以入渗，坡面径流不断增加，径流的增加使得对于坡面冲刷力度增大，造成坡面侵蚀产沙量增加。

施用 SA-01 抗蚀剂的坡面其产沙率均比未施用 SA-01 抗蚀剂的要小。具体表现为：未施用 SA-01 抗蚀剂的坡面在坡度为 5°、10°、15° 时稳定产沙率分别为 0.67 g/（m^2·min）、0.78 g/（m^2·min）、0.81 g/（m^2·min）；而当 SA-01 施用体积分数为 0.25% 时，其稳定产沙率分别为 0.45 g/（m^2·min）、0.42 g/（m^2·min）、0.45 g/（m^2·min），为对照组的 0.67、0.53、0.56 倍；SA-01 体积分数增加到 1.00% 时，其稳定产沙率分别为对照组的 0.45、0.38、0.44 倍。由此可知，施用 SA-01 抗蚀剂能够减少坡面产沙率，且 SA-01 体积分数越大，坡面产沙率也会相对越低，而且施用 SA-01 抗蚀剂坡面达到稳定产沙率的时间也比对照组提前。未施用 SA-01 抗蚀剂的坡面其产沙稳定时间都在 40 min 以后，且随着坡度的增加还会相应地延迟；而施用 SA-01 抗蚀剂坡面，其稳定时间基本都在 15～20 min。这些表明 SA-01 抗蚀剂能够减少坡面侵蚀产沙，其主要原因是土壤抗蚀剂 SA-01 与土壤颗粒反应结合，增强了团聚体的水稳性，多糖类高聚物形成的三维网状结构具有的凝结能力，帮助土壤颗粒抵御来自雨水的冲击和水的分散作用。虽然人工降雨后期坡面产流增大，特别是施用 SA-01 抗蚀剂后期径流率增加，但其由径流产生的冲刷力小于或等于抗蚀剂与坡面形成的保护膜的抵抗力，从而减小坡面的侵蚀，降低产沙率。

3. 施用 SA-01 对产沙量的影响

从图 10-20 中可以看到，施用 SA-01 抗蚀剂的坡面，其坡面产沙量均比未施用 SA-01 抗蚀剂的坡面产沙量要少，且随 SA-01 抗蚀剂体积分数的增加，产沙量减小。未施用 SA-01 抗蚀剂的坡面在坡度为 5°、10°、15° 时产沙量分别为：22.9 g、23.25 g、22.35 g，而 SA-01 抗蚀剂体积分数为 0.25% 的产沙量分别为对照组的 0.55、0.59、0.59 倍；SA-01 体积分数为 0.50% 时，产沙量分别为对照组的 0.40、0.45、0.52 倍；当 SA-01 体积分数继续增加到 1.00% 时，其产沙量分别为对照组的 0.18、0.14、0.16 倍。可以得出，施用 SA-01 抗蚀剂能够有效地减少坡面侵蚀量，其主要原因是土壤抗蚀剂 SA-01 与土壤颗粒反应结合，增加土壤颗粒间的相互作用力，加强土壤对径流冲刷的抵抗力，帮助土壤颗粒抵御来自雨水的冲击和水的分散作用。

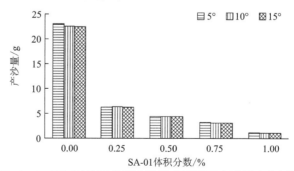

图 10-20　不同坡度及体积分数组合下坡面产沙量变化规律

对不同 SA-01 体积分数的产沙数据进行回归分析，分别建立不同坡度下产沙量与不同 SA-01 体积分数的关系式，具体如表 10-14 所示。

表 10-14　坡面侵蚀产沙量与 SA-01 体积分数的拟合关系

坡度/(°)	回归方程	R^2	p
5	$S = 17.673\mathrm{e}^{-0.262C}$	0.935	<0.01
10	$S = 17.860\mathrm{e}^{-0.268C}$	0.941	<0.01
15	$S = 17.496\mathrm{e}^{-0.263C}$	0.942	<0.01

注：S 为模拟降雨条件下的产沙量；C 为 SA-01 体积分数。

由拟合的关系式可以看出产沙量与 SA-01 体积分数呈现显著的指数函数关系，随着 SA-01 体积分数的增大，坡面的产沙量减少。

10.4.3　SA-01 优化适用量

1. 实验方法

1）实验条件

实验条件同 10.4.1 节。

2）数据处理

Fr、Re、f 计算公式见 4.1.2 节。曼宁粗糙系数 n 计算公式如下：

$$n = \frac{h^{2/3}J^{1/2}}{v} \tag{10-13}$$

式中：v 为径流平均流速，cm/s；h 为平均水深，cm；J 为水力坡度。

2. SA-01 型多糖类高分子土壤抗蚀剂对水动力学参数特征的影响

笔者通过坡面产流的水力学要素，计算得出雷诺数 Re，弗劳德数 Fr，达西-韦斯巴赫阻力系数 f 和曼宁粗糙系数 n，分析它们在不同坡度及 SA-01 体积分数组合下的变化趋势（表 10-15）。从表 10-15 中可以看到，在 3 种坡度、5 种不同体积分数下，雷诺数介于 4.46～23.50。雷诺数在坡度相同的前提下，随着坡面施用 SA-01 体积分数的增大而增加。在施用 SA-01 体积分数一致时，其值也随坡度增加而增加。在本实验中，根据明渠流的划分依据，在 3 种坡度和 5 种体积分数组合下，雷诺数均小于 500，说明坡面流属层流状态。而对于坡面流弗劳德数，其值均小于 1（除 1.42、1.37 外），说明其属于缓流。在坡度增大时，坡面的弗劳德数随之增加，这是因为随着坡面的倾角上升，受重力影响时流速加大，同时坡面流的径流量也会相应地减小，造成弗劳德数的增加。而在同一坡度下，施用不同体积分数 SA-01 的坡面，其弗劳德数的差异较为复杂，且坡度越大，其变化趋势越大。当施用体积分数为 0.00%～0.50%时，弗劳德数随体积分数增大而持续增大，当体积分数超过 0.50%时，弗劳德数反而减小，这是因为施用 SA-01 的坡面会影响坡面的入渗产流状况，再加上坡度的存在，会影响坡面的径流量、径流流速，继而影响坡面的水动力过程。所以，弗劳德数是坡面的坡度与施用 SA-01 体积分数对径流量和径流流速共同作用的结果。

表 10-15　坡面侵蚀产流量与 SA-01 体积分数的拟合关系

坡度/（°）	体积分数/%	*Re*	*Fr*	*f*	*n*
	0.00	4.47	0.61	1.852	0.037
	0.25	4.46	0.77	1.190	0.029
5	0.50	7.93	0.72	1.335	0.033
	0.75	15.93	0.56	2.250	0.047
	1.00	22.21	0.46	3.230	0.060
	0.00	4.53	0.64	3.344	0.049
	0.25	4.53	0.81	2.105	0.038
10	0.50	8.24	0.86	1.857	0.038
	0.75	15.86	0.62	3.573	0.059
	1.00	21.86	0.59	3.985	0.065
	0.00	4.73	0.85	2.836	0.044
	0.25	4.74	1.42	1.029	0.025
15	0.50	8.38	1.37	1.105	0.028
	0.75	16.69	0.92	2.442	0.047
	1.00	23.50	0.78	3.434	0.059

坡度相同时，曼宁粗糙系数 *n* 随 SA-01 体积分数增大呈增加趋势。当体积分数为0.00%时，其曼宁粗糙系数与 SA-01 体积分数为 0.25%和 0.50%相比，值更大。这是因为在坡面流速和流量的作用下，施用 SA-01 后在坡面形成的保护膜，减轻土壤侵蚀程度，使得坡面的形态改变较小；而 SA-01 体积分数为 0.00%的坡面，相当于裸露坡面，受径流影响坡面侵蚀加剧，造成坡面表面形态复杂化。阻力系数 *f* 在坡度一致时也随体积分数增大呈上升趋势。

以往的研究中，Foster（1984）等人通过模拟天然形成的细沟形态所做出的定床实验表明，坡度为 1.70°～5.16°，阻力系数 *f* 不超过 0.500 时，阻力系数 *f* 与水流雷诺数 *Re* 存在 $f=aRe-b$ 关系。本实验数据显示，在施用 SA-01 的红壤坡面上阻力系数 *f* 范围为1.029～3.985，但其阻力系数 *f* 与雷诺数 *Re* 之间无显著的相关关系，而曼宁粗糙系数 *n* 与雷诺数 *Re* 则存在明显的指数函数关系，其回归方程式可表达为 $y=0.029\,5e^{0.031\,73x}$，$R^2=0.595$（$p<0.01$）。

降雨时，由降雨量转化成的径流具有能量，会影响坡面的侵蚀过程，径流水力过程的参数发挥着重要作用，因此坡面侵蚀过程可以用坡面流的水力学参数解释，将坡面侵蚀过程与 4 个水动力学参数作相关分析，结果如表 10-16 所示。

表 10-16 侵蚀过程量与水动力学指标的相关分析

	产流量	产沙量	产流率	产沙率	Re	Fr	f	n
产流量	1.000							
产沙量	-0.771**	1.000						
产流率	0.495**	-0.670**	1.000					
产沙率	-0.579**	0.657**	-0.530**	1.000				
Re	0.995**	-0.785**	0.507**	-0.591**	1.000			
Fr	-0.124	0.162	0.107	0.128	-0.115	1.000		
f	0.410*	-0.371*	0.029	-0.167	0.402*	-0.410*	1.000	
n	0.483**	-0.444*	0.099	-0.299	0.476**	-0.464**	0.889**	1.000

注：**$p<0.01$；*$p<0.05$；$n=15$。

由表 10-16 可知，雷诺数与产流量和产流率均表现出显著的正相关关系，而与产沙量和产沙率表现为负相关关系。其中，雷诺数与产流量和产沙量的相关系数分别为 0.995 和-0.785，而雷诺数是坡面径流流速与水力半径的函数，如果雷诺数的变化加大，就会导致径流侵蚀能力和泥沙输移能力的变化，最终将会加剧坡面侵蚀过程。而从水动力参数之间的相互关系，可以看出雷诺数和弗劳德数都与曼宁粗糙系数有着相关性。从总体来说，坡面径流雷诺数可以较好地反映坡面侵蚀的变化过程。

3. SA-01 型多糖类高分子土壤抗蚀剂的体积分数对坡面侵蚀

产流产沙的贡献分析

由上述可知，SA-01 的体积分数和坡度的变化必定导致侵蚀过程和侵蚀效果的不同。采用计算贡献率的方法对由施用 SA-01 体积分数和坡度所引起坡面产流量和坡面侵蚀量的贡献率进行简单的量化，分析在模拟降雨过程中坡面侵蚀产流产沙与 SA-01 体积分数及坡度的响应效果。

由 10.4.1 研究可知，施用 SA-01 的坡面，其坡面产流量均比未施用 SA-01 的坡面产流量要大，且在加大 SA-01 体积分数后，产流量值随之增加；随坡度增大，产流量也呈增加的趋势。而对于体积分数与坡度对坡面侵蚀过程的贡献，本书仅对坡度 5°和 10°及坡度 5°和 15°下 SA-01 体积分数和坡度对坡面产流量的影响进行计算分析，其中以坡度 5°和未施用 SA-01 抗蚀剂坡面的产流量为基准进行后续的计算，具体的结果见表 10-17、表 10-18。

表 10-17 坡度 5°和 10°下 SA-01 体积分数与坡度的贡献率计算与对比

体积分数 /%	5°侵蚀量 (ei)	10°侵蚀量 (Ei)	综合增量 (Ei-e)	增量 A (ei-e)	增量 B (Ei-ei)	体积分数贡献率 (ei-e)/(Ei-e)	坡度贡献率 (Ei-ei)/(Ei-e)
0.00	9.18	9.30	0.12	0.00	0.12	0.00	1.00
0.25	34.83	35.75	26.57	25.65	0.92	0.97	0.03
0.50	40.91	43.27	34.09	31.73	2.36	0.93	0.07
0.75	50.71	53.56	44.38	41.53	2.85	0.94	0.06
1.00	63.59	64.88	55.70	54.41	1.29	0.98	0.02

表 10-18　坡度 5° 和 15° 下 SA-01 体积分数与坡度的贡献率计算与对比

体积分数 /%	5°侵蚀量 （ei）	10°侵蚀量 （Ei）	综合增量 （Ei-e）	增量 A （ei-e）	增量 B （Ei-ei）	体积分数贡献率 （ei-e）/（Ei-e）	坡度贡献率 （Ei-ei）/（Ei-e）
0.00	9.18	9.71	0.53	0.00	0.53	0.00	1.00
0.25	34.83	45.60	36.42	25.65	10.77	0.70	0.30
0.50	40.92	55.20	46.02	31.74	14.28	0.69	0.31
0.75	50.71	58.08	48.90	41.53	7.37	0.85	0.15
1.00	63.59	68.23	59.05	54.41	4.64	0.92	0.08

注：e 为 SA-01 体积分数为 0.00%，5°坡面的产流量，L；ei 为 5°坡面某体积分数下的产流量，L；Ei 为 10°和 15° 时坡面各个 SA-01 体积分数下的产流量，L；Ei-e 为由坡度和 SA-01 体积分数引起的坡面产流量，L；ei-e 为由体积分数引起的产流量的变化值，L；Ei-ei 为由坡度引起的产流量变化值，L；（ei-e）/（Ei-e）为 SA-01 体积分数的贡献率；（Ei-ei）/（Ei-e）为坡度的贡献率。

由表 10-17 和 10-18 可知，坡度和 SA-01 体积分数对坡面产流量的影响是此消彼长的。当坡度由 5° 到 10° 时，体积分数贡献率较大，对产流量起主导作用；当坡度由 10° 到 15° 时，SA-01 体积分数贡献率依旧大于坡度的贡献率，但坡度对产流量的贡献率在增加，在 SA-01 体积分数为 0.25%、0.50% 时达到最大。本章通过对坡度和 SA-01 施用体积分数与坡面产流之间的关系进行多因素方差分析（表 10-19），发现坡度或 SA-01 施用体积分数对坡面产流量有极显著的影响（$p<0.01$）；而体积分数和坡度之间的交互作用对坡面产流量的影响则较小（$p>0.05$）。由此可见，对于在降雨强度 90 mm/h 下的红壤坡面侵蚀过程，坡度较低时，SA-01 施用体积分数占主导地位，随着坡度的增加，坡度对产流量的影响加大。这可能是因为在坡度较小时，径流量沿斜坡向下的分力较小，径流主要是在原地蓄积入渗。由于 SA-01 溶液在坡面形成的保护层影响坡面径流的入渗，使得大部分的坡面径流向坡下流出。当坡度增大时，径流一经产生就在重力分力的影响下流失。因此，SA-01 施用体积分数对坡面产流的影响效果比坡度显著。

表 10-19　SA-01 体积分数与坡度对坡面产流的双因素方差分析

源	III 型平方和	df	均方	F	Sig.
校正模型	6 375.292[①]	14	455.378	1 088.926	0.000***
截距	15 952.447	1	15 952.447	38 146.409	0.000***
坡度	8.489	2	4.245	10.150	0.002**
体积分数	6 358.373	4	1 589.593	3 801.127	0.000***
坡度×体积分数	8.430	8	1.054	2.520	0.058
误差	6.273	15	0.418	—	—
总计	22 334.012	30	—	—	—
校正的总计	6 381.565	29	—	—	—

注：① $R^2=0.999$（调整 $R^2=0.998$）；***$p<0.01$，表示达到极显著水平；**：$p<0.01$，表示达到显著水平。

由 10.4.2 研究可知，施用 SA-01 的坡面，其坡面产沙量均比未施用 SA-01 的坡面要少，且产沙量在加大 SA-01 体积分数后，其值随之增加。而坡度的影响较为复杂，当 SA-01

体积分数较大时，产沙量随坡度增加而减少。而对于 SA-01 体积分数与坡度作用下对坡面侵蚀过程的贡献，本书对坡度 5° 和 10° 及坡度 5° 和 15° 下 SA-01 体积分数和坡度对坡面产沙量的影响进行计算分析。以坡度 15° 和未施用 SA-01 抗蚀剂坡面的产流量为基准进行后续的计算，具体结果见表 10-20、表 10-21。

表 10-20　坡度 15° 和 10° 下 SA-01 体积分数与坡度的贡献率计算与对比

体积分数/%	15°侵蚀量（ei）	10°侵蚀量（Ei）	综合减量（e-Ei）	减量 A（e-ei）	减量 B（ei-Ei）	体积分数贡献率（e-ei）/（e-Ei）	坡度贡献率（ei-Ei）/（e-Ei）
0.00	22.35	23.25	-0.90	0.00	-0.90	0.00	1.00
0.25	13.20	13.65	8.70	9.15	-0.45	1.05	-0.05
0.50	11.55	10.50	11.85	10.80	1.05	0.91	0.09
0.75	10.45	9.65	12.70	11.90	0.80	0.94	0.06
1.00	10.25	9.25	13.10	12.10	1.00	0.92	0.08

表 10-21　坡度 15° 和 5° 下 SA-01 体积分数与坡度的贡献率计算与对比

体积分数/%	15°侵蚀量（ei）	10°侵蚀量（Ei）	综合减量（e-Ei）	减量 A（e-ei）	减量 B（ei-Ei）	体积分数贡献率（e-ei）/（e-Ei）	坡度贡献率（ei-Ei）/（e-Ei）
0.00	22.35	22.90	-0.55	0.00	-0.55	0.00	1.00
0.25	13.20	12.60	9.75	9.15	0.60	0.94	0.06
0.50	11.55	9.20	13.15	10.80	2.35	0.82	0.18
0.75	10.45	7.85	14.50	11.90	2.60	0.82	0.18
1.00	10.25	8.70	13.65	12.10	1.55	0.89	0.11

注：e 为 SA-01 体积分数为 0.00%、15°坡面的侵蚀产沙量，L；ei 为 15°坡面各个 SA-01 体积分数下的侵蚀产沙量，L；Ei 为 10° 和 5°时坡面各个 SA-01 体积分数下的侵蚀产沙量，L；e-Ei 为由坡度和 SA-01 体积分数引起的侵蚀产沙量，L；e-ei 为由 SA-01 体积分数引起的产沙量的变化值，L；ei-Ei 为由坡度引起的产沙量变化值，L；（e-ei）/（e-Ei）为 SA-01 体积分数的贡献率；（ei-Ei）/（e-Ei）为坡度的贡献率。

由表 10-20 和表 10-21 可见，坡度和 SA-01 体积分数对侵蚀产沙的影响，坡度由 5° 到 10°，或者由 5° 到 15° 时，体积分数对产沙量的影响较大；随着坡度增大，其对产沙量的影响也在增加。通过对坡度和 SA-01 体积分数与坡面产流之间的关系进行多因素方差分析（表 10-22），笔者发现坡度和 SA-01 施用体积分数对坡面产沙量有极显著的影响（$p < 0.01$）；而 SA-01 体积分数和坡度之间的交互作用对坡面侵蚀产沙作用不存在显著影响（$p > 0.05$）。综上所述，对于在降雨强度 90 mm/h 下的红壤坡面侵蚀过程，坡度较低时，SA-01 体积分数占主导地位，随着坡度的增加，坡度对产沙量的影响也在增大；而 SA-01 体积分数与坡度之间的交互作用对侵蚀产沙的影响较弱。这可能是因为 SA-01 的施用，使得坡面上形成的保护膜，牢牢地抓住坡面表层的土壤颗粒，虽然坡度增大会加大径流的冲刷力，但其产沙的侵蚀力还达不到破坏保护膜的抵抗力，所以就减轻了坡面受径流的冲刷携带作用，因而 SA-01 体积分数较坡度对坡面侵蚀产沙的效果更为显著。

表 10-22　SA-01 体积分数与坡度对坡面侵蚀产沙的多因素方差分析

源	III 型平方和	df	均方	F	Sig.
校正模型	1 786.842	14	127.632	10 186.079	0.000***
截距	1 700.575	1	1 700.575	135 720.290	0.000***
坡度	0.093	2	0.047	3.729	0.048*
体积分数	1 786.500	4	446.625	35 644.445	0.000***
坡度×体积分数	0.249	8	0.031	2.483	0.061
误差	0.188	15	0.013	—	—
总计	3 487.605	30	—	—	—
校正的总计	1 787.030	29	—	—	—

4. 最优适用量

长江中上游降雨量较大，但红壤土层较薄，蓄水有限，使得降雨过程中土壤易饱和，产生超渗产流，加重侵蚀强度。在长江中上游地区土壤侵蚀主要表现为一种在降雨和土壤水分参与下的重力侵蚀过程，因此研究者提出"减水保土"的方法。基于此，根据施用 SA-01 后的坡面产流产沙的变化，选择适宜的红壤抗蚀剂 SA-01 的施用量。从表 10-23 和表 10-24 中可以看到，在 5° 坡面上，SA-01 施用体积分数为 0.25%时径流量增加率为 2.79，且随着 SA-01 体积分数的增大其径流量也随之增加，在 SA-01 体积分数为 1.00%时径流量增加率达到最大，为 5.93。在其他坡度时也有相同的规律，径流量随 SA-01 体积分数的增大而增加；而对于侵蚀产沙，当坡度为 5° 时，其产沙量减小率为 0.45，SA-01 体积分数由 0.50%增大到 1.00%时，其产沙量减小率分别为 0.60、0.66、0.82。在坡度为 10°、15° 时具有相同趋势，坡面 SA-01 施用较小体积分数就能够有效减小坡面侵蚀，当 SA-01 体积分数达到 0.50%时减沙效益基本达到最大值。当 SA-01 施用体积分数大于 0.50%时，增加 SA-01 抗蚀剂体积分数，其产沙量的减少幅度并不明显。但过大的体积分数使得 SA-01 凝滞在土壤表面，堵塞土壤孔隙，导致比未施用 SA-01 抗蚀剂坡面径流大大增多。虽然在短历时的人工降雨实验过程中这样的原因导致的大径流量没有使得侵蚀量有所增加，但实际情况下，降雨的形式和降雨时长较为复杂。因此，在黏性红壤的表面施用 SA-01 时需要选取一个合适的体积分数范围，使坡面的土壤侵蚀程度最小。本书根据产流量和产沙量在 5°、10° 和 15° 的坡面上的产流产沙规律，结合具体的情况在 SA-01 体积分数为 0.25%～0.50%选择。

表 10-23　径流量增加（减少）率变化

坡度/（°）	SA-01 体积分数/%				
	0.00	0.25	0.50	0.75	1.00
5	0.00	2.79	3.46	4.52	5.93
10	0.00	2.85	3.65	4.76	5.98
15	0.00	3.69	4.68	4.98	6.03

表 10-24　产沙量增加（减小）率变化

坡度/（°）	SA-01 体积分数/%				
	0.00	0.25	0.50	0.75	1.00
5	0.00	-0.45	-0.60	-0.66	-0.82
10	0.00	-0.41	-0.55	-0.58	-0.86
15	0.00	-0.41	-0.48	-0.53	-0.84

注：径流（产沙）量增加（减小）率=（实验组-对照组）/对照组。

10.4.4　SA-01 对作物生长影响

1. 实验方法

采用盆栽实验研究材料对作物生长的影响，栽种容器尺寸为 18 cm×20 cm（直径×高），选用花生与芝麻两种常用旱作植物为实验对象。实验用土为沌口科研基地红壤，风干后过 20 目筛。花生每盆播种 5 粒，芝麻每盆播种 25 粒，每种处理方式重复 3 次，花生播种深度 5 cm，芝麻播种深度 2 cm，随后向盆栽表面以 2 L/m^2 的量喷洒 0.00%、0.50%、1.00% 的 SA-01 溶液，紧接着浇水，并每天称量，补充因蒸发而丧失的水分。记录作物出苗状况，待出苗稳定后，进行间苗，花生每盆保留 1 颗苗，芝麻每盆保留 4 颗苗，随后记录其生长状况，分析其株高、产量与地上生物量（图 10-21）。

（a）播种期　　　　　　　　　　　（b）出苗期

（c）开花期　　　　　　　　　　　（d）收获期

图 10-21　不同生长期作物生长状况

2. 施用 SA-01 对作物生长的影响

图 10-22 与图 10-23 分别给出了花生与芝麻在播种初期，其出苗数量随播种天数的变化。由图 10-22 可以看出，对花生而言，其未施用 SA-01 抗蚀剂实验组出苗时间略早于施用 0.25% 与 1.00% SA-01 的实验组，但其达到稳定出苗的时间与施用 SA-01 的实验组相近，且施用 SA-01 实验组最终出苗率略大于未施用 SA-01 实验组。对芝麻而言，其初始出苗时间相同，但未施用 SA-01 的实验组达到稳定出苗的时间略早于施用 SA-01 实验组，且最终出苗率略高于施用 SA-01 组，但差别不大。这可能是因为施用 SA-01 后，SA-01 在土壤表面形成固结保护层，该保护层能稳定表层土体结构，一方面促进土体内水气循环，促进花生的出苗；另一方面该固结层一定程度上提升了表层土壤的强度，对于幼苗较弱的芝麻而言，略微增加了其出苗难度。

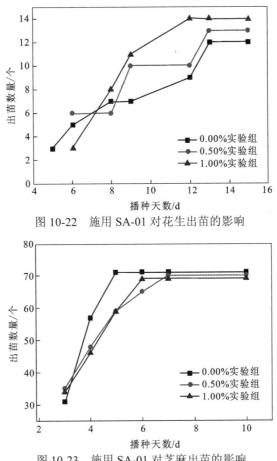

图 10-22　施用 SA-01 对花生出苗的影响

图 10-23　施用 SA-01 对芝麻出苗的影响

表 10-25 给出了不同处理条件下，收获时作物的生长状况，由表 10-25 可以看出，对花生而言，施用 SA-01 后其出苗率随施用 SA-01 体积分数的增加而增加，生物量与产量随施用体积分数增加先增加再降低，在 0.50%实验组达到最大值，且均高于未施用

SA-01 对照组。对芝麻而言，其出苗率随 SA-01 施用体积分数增加略有降低，株高与产量随施用 SA-01 体积分数的增加先增加再降低，于 0.50%实验组达到最大值。试验结果表明新型海藻多糖抗蚀材料 SA-01 能稳定土体结构，促进土壤内部水气循环，进而促进作物生长。

表 10-25　施用材料对作物生长的影响

作物	SA-01 体积分数/%	出苗率/%	生物量（干重）/（g/盆）	株高/cm	产量（鲜重）/（g/盆）
花生	0.00	80.00	24.34±4.37	—	54.14±9.65
	0.50	86.60	30.30±2.65	—	56.35±7.91
	1.00	93.30	26.42±3.82	—	54.16±7.72
芝麻	0.00	96.10	—	78.20±4.80	5.19±0.78
	0.50	93.30	—	81.09±7.20	5.78±0.19
	1.00	90.06	—	79.41±8.50	5.44±0.25

10.5　小　　结

　　本章以多糖类高分子材料为基础，分析了多糖类高分子材料与土壤的相互作用机理，进行了材料筛选与改良，以及后续抗蚀增肥效益的研究。通过实验研究，得出以下主要结论。

　　（1）本章通过机理分析与分子设计，从众多多糖类材料中筛选出海藻多糖作为抗蚀增肥材料研究的基础；同时对其作用机理展开研究，结果表明海藻多糖材料可与土壤中的高价阳离子发生反应，在土体表层形成透水的保护层，该保护层能有效稳定土体，提升土壤抗蚀性。

　　（2）研究者通过进一步共混改良，提升材料应用性能，得到 SA 型土壤抗蚀增肥剂。对 SA 型多糖类高分子土壤抗蚀剂改良后，其斥水性有所提高，在同一含水率下，斥水性随着所施用溶液的体积分数增加而增加。土壤渗透系数随施用 SA-01 抗蚀剂体积分数的增加先增加后降低，在施用 SA-01 抗蚀剂体积分数为 0.25%时达到极值。

　　（3）SA 型土壤抗蚀增肥剂能大幅度提升团聚体水稳性。在粒径相同时，团聚体水稳性随施用 SA-01 抗蚀剂体积分数的增加而增大。不同的粒径的土壤，只需施用体积分数为 0.25%的 SA-01 溶液，就能将团聚体水稳性提升到 70%以上；当 SA-01 体积分数达到 1.00%时，水稳性指数基本可以达到 100%。在 SA-01 体积分数相同时，团聚体水稳性随粒径增加而降低。

　　（4）SA 型土壤抗蚀增肥剂能够加强土壤抗剪强度，对于改善土体的抗崩解能力有明显的作用，能够有效地降低土样崩解性；随着施用 SA-01 体积分数的增大，土体的崩解速率也会随之降低。随着施用 SA-01 体积分数的增大，坡面产流开始时间均较未施用

SA-01 坡面提前，且 SA-01 体积分数越大，产流启动时间越短。通过对产流时间与坡度和 SA-01 体积分数进行多元回归分析，笔者发现其能用二元一次函数拟合。随着产流时间的持续，未施用 SA-01 抗蚀剂坡面的产流率迅速增大并很快达到稳定，而达到稳定产流率的时间较为缓慢且波动较大，达到稳定的时间基本在 30～40 min。此外，在同一坡度下，施用 SA-01 的稳定产流率均大于未施用 SA-01 的坡面。随着坡度的增加，各坡面产流率呈增加的趋势。

（5）坡面施用 SA-01 对侵蚀过程有较明显的影响。施用 SA-01 能够减少坡面产沙，随着 SA-01 体积分数增大，坡面产沙率会相对地降低，且施用 SA-01 坡面达到稳定产沙率的时间也比对照组提前；未施用 SA-01 的坡面其产沙稳定时间都在 40 min 以后，且随着坡度的增加还会相应地延迟。施用 SA-01 的坡面，其坡面产沙量均比未施用 SA-01 坡面要少，且随 SA-01 体积分数的增加，产沙量也随之减小。产沙量与 SA-01 体积分数之间可以用二次函数较好的拟合。相比于坡度，SA-01 体积分数对坡面产流量、产沙量具有更大的贡献率。多因素方差分析结果表明：坡度和施用 SA-01 体积分数对坡面产流量、产沙量有极显著的影响；而 SA-01 体积分数和坡度之间的交互作用对坡面产流量和产沙量的影响较弱。本书根据 5°、10° 和 15° 坡面上的产流量和产沙量的情况，认为可以根据具体情况选取 SA-01 体积分数（0.25%～0.50%）。

R 参考文献
References

鲍玉海, 丛佩娟, 冯伟, 等, 2018. 西南紫色土区水土流失综合治理技术体系[J]. 水土保持通报, 38(3): 143-150.

蔡强国, 朱远达, 王石英, 2004. 几种土壤的细沟侵蚀过程及其影响因素[J]. 水科学进展, 15(1): 12-18.

《长江流域水土保持技术手册》编辑委员会, 1999. 长江流域水土保持技术手册[M]. 北京: 中国水利水电出版社.

陈百明, 杨邦杰, 郧文聚, 等, 2009. 云南省沿边地区的坡耕地合理利用与土地整治: 西双版纳调查报告[J]. 中国发展, 9(3): 1-5.

陈芳, 王硕, 吴新亮, 等, 2014. 不同侵蚀程度下地带性土壤的结构及渗透性能分析[J]. 农业工程学报, 30(22): 137-146.

陈奇伯, 齐实, 孙立达, 2000. 土壤容许流失量研究的进展与趋势[J]. 水土保持通报, 20(1): 9-13.

陈忠, 盛毅华, 2005. 现代系统科学学[M]. 上海: 上海科学技术文献出版社.

程冬兵, 廖纯艳, 张平仓, 等, 2010. 南方红壤丘陵区水土流失综合治理技术体系研究[J]. 长江科学院院报, 27(11): 98-101.

程冬兵, 张平仓, 杨洁, 2012. 红壤坡地覆盖与敷盖径流调控特征研究[J]. 长江科学院院报, 29(1): 30-34.

丁文峰, 2010. 紫色土和红壤坡面径流分离速度与水动力学参数关系研究[J]. 泥沙研究, 6: 16-22.

丁文峰, 张平仓, 王一峰, 2008. 紫色土坡面壤中流形成与坡面侵蚀产沙关系试验研究[J]. 长江科学院院报, 25(3): 14-17.

董丽, 2011. 双辽市坡耕地调查的技术方法及成果分析[J]. 吉林农业, 9: 12.

杜焰玲, 张韬, 党媛, 2016. 坡耕地生态环境保护问题研究[J]. 农技服务, 33(13): 1-4.

鄂竟平, 2005. 水土保持的根本目标是实现"两个可持续"[J]. 中国水利, 8: 13-16.

范昊明, 蔡强国, 郭成久, 2006. 东北黑土区土壤容许流失量与水土保持治理指标探讨[J]. 水土保持学报, 2: 31-34, 81.

方清忠, 胡玉法, 2010. 长江上中游地区坡耕地综合治理对策[J]. 中国水土保持, 9: 44-48.

冯伟, 2018. 坡耕地水土流失综合治理探索与实践[M]. 北京: 中国水利水电出版社.

付兴涛, 张丽萍, 2014. 红壤丘陵区坡长对作物覆盖坡耕地土壤侵蚀的影响[J]. 农业工程学报, 30(5): 91-98.

关君蔚, 1996. 水土保持原理[M]. 北京: 中国林业出版社.

郭廷辅, 1998. 水土保持的内涵和外延: 三论水土保持的特殊性[J]. 中国水土保持, 7: 1-2.

郭志民, 陈志伟, 陈永宝, 1999. 应用 GIS 方法对土壤侵蚀潜在危险性进行评价及其时空分布特征研究[J]. 福建水土保持, 11(4): 40-45.

哈丽代姆·居麦, 宁松瑞, 王全九, 等, 2020. 施加 PAM 与 CMC 对土壤水分入渗与蒸发特征的影响[J]. 水土保持学报, 34(1): 121-127, 134.

何绍浪, 李凤英, 何小武, 2018. 水蚀预报中降雨侵蚀力研究进展[J]. 水土保持通报, 38(2): 262-270.

胡甲均, 2006. 水土保持小型水利水保工程设计手册[M]. 武汉: 长江出版社.

黄昌勇, 2000. 土壤学[M]. 北京: 中国农业出版社.

焦菊英, 贾燕锋, 景可, 等, 2008. 自然侵蚀量和容许土壤流失量与水土流失治理标准[J]. 中国水土保持科学, 4: 77-84.

景可, 张信宝, 2007. 长江中上游土壤自然侵蚀量及其估算方法[J]. 地理研究, 26(1): 67-74.

李君兰, 蔡强国, 孙莉英, 等, 2010. 细沟侵蚀影响因素和临界条件研究进展[J]. 地理科学进展, 29(11): 1319-1325.

李兰, 周忠浩, 刘刚才, 2005. 容许土壤流失量的研究现状及其设想[J]. 地球科学进展, 10: 1127-1134.

李蓉, 土小宁, 2010. 以苎麻资源开发为突破口加速南方坡耕地水土流失治理[J]. 国际沙棘研究与开发, 8(1): 21-26, 47.

李晓平, 2019. 耕地面源污染治理: 福利分析与补偿设计[D]. 咸阳: 西北农林科技大学.

李振基, 陈小麟, 郑海雷, 2004. 生态学[M]. 2 版. 北京: 科学出版社.

梁志权, 卓慕宁, 郭太龙, 等, 2015. 不同雨强及坡度下坡面流的水动力特性[J]. 生态环境学报, 24(4): 638-642.

刘秉正, 吴发启, 1997. 土壤侵蚀[M]. 西安: 陕西人民出版社.

刘贤赵, 黄明斌, 李玉山, 2002. 超渗超蓄产流模型在评价水保措施减水效益中的应用[J]. 山地学报, 20(2): 218-222.

刘震, 2009. 新时期我国水土保持工作的主要特征[J]. 中国水土保持, 10: 1-4.

刘震, 2013a. 努力推动水土保持事业发展促进生态文明建设[J]. 中国水土保持, 4: 4-9.

刘震, 2013b. 扎实推进国家水土保持生态文明工程建设[J]. 中国水利, 9: 1-3.

陆兆熊, 蔡强国, 朱同新, 等, 1991. 黄土丘陵沟壑区土壤侵蚀过程研究[J]. 中国水土保持, 11: 19-22.

裴铁, 王番, 李金中, 1998. 壤中流模型研究的现状及存在问题[J]. 应用生态学报, 9(5): 543-547.

秦伟, 左长清, 晏清洪, 等, 2015. 红壤裸露坡地次降雨土壤侵蚀规律[J]. 农业工程学报, 31(2): 124-132.

阮伏水, 吴雄海, 施悦忠, 等, 1995. 福建省花岗岩地区土壤允许侵蚀量的确定[J]. 福建水土保持研究, 2: 26-31.

沈海鸥, 2015. 黄土坡面细沟发育与形态特征研究[D]. 咸阳: 西北农林科技大学.

史东梅, 2010. 基于 RUSLE 模型的紫色丘陵区坡耕地水土保持研究[J]. 水土保持学报, 24(3): 39-44, 251.

史立人, 1999. 长江流域的坡耕地治理[J]. 人民长江, 30(7): 25-27, 48.

水建国, 叶元林, 王建红, 等, 2003. 中国红壤丘陵区水土流失规律与土壤允许侵蚀量的研究[J]. 中国农业科学, 36(2): 179-183.

水利部, 中国科学院, 中国工程院, 2010. 中国水土流失防治与生态安全: 水土流失数据卷 [M]. 北京: 科学出版社.

苏杨, 2013. 基于提高持水能力的硅藻土改性及改良土壤持水性能的初步研究[D]. 长沙: 中南林业科技大学.

孙启铭, 2001. 坡耕地综合治理[J]. 云南农业, 6: 15.

唐成毅, 严冬春, 龚长文, 等, 2012. 紫色土坡耕地细沟侵蚀的防治[J]. 成都理工大学学报 (自然科学版), 39(4): 450-454.

汪涛, 朱波, 罗专溪, 等, 2008. 紫色土坡耕地径流特征试验研究[J]. 水土保持学报, 22(6): 30-34.

王贵平, 白迎平, 贾志军, 等, 1998. 细沟发育及侵蚀特征初步研究[J]. 中国水土保持, 5: 13-16.

王经民, 吴钦孝, 韩冰, 等, 2004. 陕北黄土区土壤入渗模型的比较探讨[J]. 农业系统科学与综合研究, 20(4): 288-290.

王礼先, 2003. 关于我国水土保持科学的内涵与研究领域问题[J]. 中国水土保持科学, 1(2): 108-110.

王礼先, 2004. 中国水利百科全书: 水土保持分册[M]. 北京: 中国水利水电出版社.

王礼先, 2006a. 我国水土保持的理论与方法[J]. 中国水利, 12: 16-18, 24.

王礼先, 2006b. 小流域综合治理的概念与原则[J]. 中国水土保持, 2: 16-17, 52.

王礼先, 朱金兆, 2005. 水土保持学[M]. 2 版. 北京: 中国林业出版社.

王万茂, 2010. 土地资源管理学[M]. 2 版. 北京: 高等教育出版社.

王万忠, 1983. 黄土地区降雨特性与土壤流失关系的研究 II: 降雨侵蚀力指标 R 值的探讨[J]. 水土保持通报, 5: 62-64, 26.

王镱潼, 唐泽军, 陈超, 等, 2017. 内蒙库布齐沙漠表层固沙室内风洞模拟试验[J]. 中国环境科学, 37(8): 2888-2895.

王政秋, 2010. "长治"工程区坡耕地治理技术创新与推广[J]. 人民长江, 41(13): 97-101.

吴嘉俊, 卢光辉, 林俐玲, 1996. 土壤流失量估算手册[M]. 台湾: 国立屏东技术学院.

谢俊奇, 2005. 中国坡耕地[M]. 北京: 中国大地出版社.

谢颂华, 涂安国, 莫明浩, 等. 2015. 自然降雨事件下红壤坡地壤中流产流过程特征分析[J]. 水科学进展, 26(4): 526-534.

谢云, 刘宝元, 章文波, 2000. 侵蚀性降雨标准研究[J]. 水土保持学报, 14(4): 6-11.

严冬春, 龙翼, 史忠林, 2010a. 长江上游陡坡耕地"大横坡+小顺坡"耕作模式[J]. 中国水土保持, 10: 8-9.

严冬春, 文安邦, 史忠林, 等, 2010b. 川中紫色丘陵坡耕地细沟发生临界坡长及其控制探讨[J]. 水土保持研究, 17(6): 1-4.

杨瑞珍, 1994. 我国坡耕地资源及其利用模式[J]. 资源科学, 16(1): 1-7.

杨子生, 1999. 滇东北山区坡耕地分类及基本特征[J]. 山地学报, 17(2): 131-135.

余新晓, 1990. 降雨侵蚀力指数的时间序列分析[J]. 北京林业大学学报, 12(2): 55-62.

余新晓, 2010. 水文与水资源学[M]. 北京: 中国林业出版社.

袁正科, 周刚, 田大伦, 等, 2005. 红壤和紫色土区域植被恢复中的水土流失过程[J]. 中南林学院学报, 25(6): 1-7.

张爱国, 李锐, 杨勤科, 2001. 中国水蚀土壤抗剪强度研究[J]. 水土保持通报, 21(3): 5-9.

张爱国, 马志正, 杨勤科, 等, 2002. 中国水土流失土壤因子研究进展[J]. 山西师范大学学报, 16(1): 79-85.

张洪江, 程金花, 2019. 土壤侵蚀原理[M]. 4 版. 北京: 科学出版社.

张建军, 朱金兆, 魏天兴, 1996. 晋西黄土区坡面水土保持林地产流产沙的观测分析[J]. 北京林业大学学报, 18(3): 14-20.

张科利, 秋吉康宏, 1998. 坡面细沟侵蚀发生的临界水力条件研究[J]. 土壤侵蚀与水土保持学报, 4(1): 41-46.

张科利, 秋吉康宏, 张兴奇, 1998. 坡面径流冲刷及泥沙输移特征的试验研究[J]. 地理研究, 17(2): 163-170.

张利超, 杨伟, 李朝霞, 等, 2014. 激光微地貌扫描仪测定侵蚀过程中地表糙度[J]. 农业工程学报, 30(22): 155-162.

张平仓, 程冬兵, 2014a. 新时期水土保持内涵及与相关科学的关系[J]. 长江科学院院报, 31(10): 23-27.

张平仓, 程冬兵, 2014b. 《南方红壤丘陵区水土流失综合治理技术标准》（SL657—2014）应用指南[M]. 北京: 中国水利水电出版社.

张平仓, 程冬兵, 2017. 南方坡耕地水土流失过程与调控研究[J]. 长江科学院院报, 34(3): 35-39, 49.

张平仓, 程冬兵, 2020. 长江流域水土流失治理方略探讨[J]. 人民长江, 51(1): 120-123.

张平仓, 杨勤科, 夏艳华, 2002. 长江中上游地区土壤侵蚀机制及过程试验研究[J]. 长江流域资源与环境, 11(4): 376-382.

张平仓, 郭熙灵, 刘晓路, 2004. 关于长江中上游水土流失基本问题探讨[J]. 水土保持通报, 24(5): 99-104.

张瑞瑾, 1998. 河流泥沙动力学[M]. 2版. 北京: 中国水利水电出版社.

张信宝, 贺秀斌, 2010. 长江上游坡耕地整治成效分析[J]. 人民长江, 41(13): 21-23.

张信宝, 焦菊英, 贺秀斌, 等, 2007. 允许土壤流失量与合理土壤流失量[J]. 中国水土保持科学, 5(2): 114-116, 121.

张展羽, 俞双恩, 2009. 水土资源规划与管理[M]. 北京: 中国水利水电出版社.

张正林, 吴明兰, 郭大琼, 2012. 坡耕地综合治理工程的施工与管理探析[J]. 亚热带水土保持, 24(4): 30-31, 45.

郑粉莉, 1989. 发生细沟侵蚀的临界坡长与坡度[J]. 中国水土保持, 8: 23-24.

郑粉莉, 肖培青, 2010. 黄土高原沟蚀演变过程与侵蚀产沙[M]. 北京: 科学出版社.

郑粉莉, 唐克丽, 周佩华, 1987. 坡耕地细沟侵蚀的发生、发展和防治途径的探讨[J]. 水土保持学报, 1(1): 36-48.

中国科学院黄土高原综合科学考察队, 1991. 黄土高原地区土壤侵蚀区域特征及其治理途径[M]. 北京: 中国科学技术出版社.

中华人民共和国国家质量监督检查检疫总局, 中国国家标准化管理委员会, 2006. 水土保持术语: GB/T 20465—2006[S]. 北京: 中华人民共和国水利部.

中华人民共和国国家质量监督检查检疫总局, 中国国家标准化管理委员会. 2008a. 水土保持综合治理技术规范 坡耕地治理技术: GB/T 16453.1—2008[S]. 北京: 中华人民共和国水利部.

中华人民共和国国家质量监督检查检疫总局, 中国国家标准化管理委员会. 2008b. 水土保持综合治理技术规范 荒地治理技术: GB/T 16453.2—2008[S]. 北京: 中华人民共和国水利部.

中华人民共和国国家质量监督检查检疫总局, 中国国家标准化管理委员会. 2008c. 水土保持综合治理

技术规范　沟壑治理技术: GB/T 16453. 3—2008[S]. 北京: 中华人民共和国水利部.

中华人民共和国国家质量监督检查检疫总局, 中国国家标准化管理委员会. 2008d. 水土保持综合治理技术规范　小型蓄排引水工程: GB/T 16453. 4—2008[S]. 北京: 中华人民共和国水利部.

中华人民共和国国家质量监督检查检疫总局, 中国国家标准化管理委员会. 2008e. 水土保持综合治理技术规范　风沙治理技术: GB/T 16453. 5—2008[S]. 北京: 中华人民共和国水利部.

中华人民共和国国家质量监督检查检疫总局, 中国国家标准化管理委员会. 2008f. 水土保持综合治理技术规范　崩岗治理技术: GB/T 16453. 6—2008[S]. 北京: 中华人民共和国水利部.

中华人民共和国国土资源部, 2007. 第二次全国土地调查技术规程: TD/T 1014—2007[S]. 北京: 中华人民共和国国土资源部.

中华人民共和国环境保护部, 2016. 2015 年中国环境状况公报[R]. 北京: 中华人民共和国环境保护部.

中华人民共和国水利部, 2008a. 土壤侵蚀分类分级标准: SL 190—2007[S]. 北京: 中国水利水电出版社.

中华人民共和国水利部, 2008b. 水土保持试验规范: SL 419—2007[S]. 北京: 中国水利水电出版社.

中华人民共和国水利部, 2009. 水土保持工程项目建议书编制规程: SL 447—2009[S]. 北京: 中国水利水电出版社.

中华人民共和国水利部, 2011. 《中华人民共和国水土保持法》释义(一) [J]. 中国水利, 5: 4-10.

中华人民共和国水利部, 2012. 全国坡耕地水土流失综合治理规划(报批稿)[R]. 北京: 中华人民共和国水利部.

中华人民共和国水利部, 2014. 南方红壤丘陵区水土流失综合治理技术标准: SL 657—2014 [S]. 北京: 中国水利水电出版社.

中华人民共和国中央人民政府, 2007. 2007 年国务院政府工作报告[R]. 北京: 中华人民共和国中央人民政府.

中华人民共和国中央人民政府, 2017. 中共中央国务院关于加强耕地保护和改进占补平衡的意见 [R]. 北京: 中华人民共和国中央人民政府.

中华人民共和国住房和城乡建设部, 中华人民共和国国家质量监督检查检疫总局, 2014. 水土保持工程设计规范: GB 51018—2014[S]. 北京: 中国计划出版社.

周国逸, 余作岳, 彭少麟, 1995. 小良试验站三种植被类型地表径流效应的对比研究[J]. 热带地理, 15(4): 306-312.

朱显谟, 1982. 黄土高原水蚀的主要类型及其有关因素[J]. 水土保持通报, 3: 40-44.

朱显谟, 1993. 试论我国水土保持工作中的实践与理论问题[J]. 水土保持通报, 13(1): 1-6.

左长清, 1987. 风化花岗岩土壤侵蚀规律和预测方程的探讨[J]. 水土保持通报, 7(3): 53-58.

KIRKBY M J, MORGAN R P C, 1987. 土壤侵蚀[M]. 王礼先, 吴斌, 洪惜英, 译. 北京: 水利电力出版社.

ARIAS-TRUJILLO J, MATÍAS-SANCHEZ A, CANTERO B, et al., 2020. Effect of polymer emulsion on the bearing capacity of aeolian sand under extreme confinement conditions[J]. Construction and building materials, 236: 387-394.

AWAD Y M, LEE S S, KIM K H, et al., 2018. Carbon and nitrogen mineralization and enzyme activities in soil aggregate-size classes: Effects of biochar, oyster shells, and polymers[J]. Chemosphere, 198: 40-48.

DEKKER L W, RITSEMA C J, 1994. How water moves in a water repellent sandy soil: 1. potential and actual water repellency[J]. Water resources research, 30(9): 2507-2517.

DOERR S H, DEKKER L W, RITSEMA C J, 2002. Water repellency of soils: The influence of ambient relative humidity[J]. Soil science society of America journal, 66(2): 401-405.

FREDERICK R T, HOBBS J A, DONAHUE R L, 1991. Soil and water conservation[M]. 2nd ed. Upper Saddle River: Prentice Hall.

FOSTER G R, HUGGINS L F, MEYER L D, 1984. A laboratory study of rill hydraulics: I. velocity relationship[J]. Transactions of the ASAE, 27(3): 790-796.

GÓMEZ J A, NEARING M A, 2005. Runoff and sediment losses from rough and smooth soil surfaces in a laboratory experiment[J]. Catena, 59: 253-266.

HATAF N, GHADIR P, RANJBAR N, 2018. Investigation of soil stabilization using chitosan biopolymer[J]. Journal of cleaner production, 170: 1493-1500.

IJAZ N, DAI F, MENG L C, et al., 2020. Integrating lignosulphonate and hydrated lime for the amelioration of expansive soil: A sustainable waste solution[J]. Journal of cleaner production, 254, 1-13.

KANG J, MCLAUGHLIN R A, AMOOZEGAR A, et al., 2015. Transport of dissolved polyacrylamide through a clay loam soil[J]. Geoderma, 243/244: 108-114.

KHAN K A, NASIR H, ALAM M, et al., 2020. Performance of subgrade soil blended with cement and ethylene vinyl acetate[J]. Advances in civil engineering, 4: 1-12.

LEE S, CHANG I, CHUNG M K, et al., 2017a. Geotechnical shear behavior of Xanthan Gum biopolymer treated sand from direct shear testing[J]. Geomechanics and engineering, 12(5): 831-847.

LEE C H, WANG C C, JIEN S H, et al., 2017b. In-situ biochar application conserves nutrients while simultaneously mitigating runoff and erosion of an Fe-oxide-enriched tropical soil[J]. Science of the total environment, 619: 665-671.

LIANG Z S, WU Z, NOORI M, et al., 2017. Effect of simulated corrosion environment on mechanical performances of sand fixation by hydrophilic polyurethane[J]. Fresenius environmental bulletin, 26(10): 5797-5805.

LIU J, QI X H, ZHANG D, et al., 2017. Study on the permeability characteristics of polyurethane soil stabilizer reinforced sand[J]. Advances in materials science and engineering, 3: 1-14.

LIU B Y, NEARING M A, SHI P J, et al., 2000. Slope length effects on soil loss for steep slopes[J]. Soil science society of America journal, 64(5): 1759-1763.

LIU Y W, CHANG M S, WANG Q, et al., 2020. Use of sulfur-free lignin as a novel soil additive: A multi-scale experimental investigation[J]. Engineering geology, 269: 445-457.

MCCORMACK D E, YOUNG K K, KIMBERLIN L W, 1982. Determinants of soil loss tolerance[M]. Wisconsin: ASA Special Publications.

MCNEAL J P, KRUTZ L J, LOCKE M A, et al., 2017. Application of polyacrylamide (PAM) through lay-flat polyethylene tubing: effects on infiltration, erosion, N and P transport, and corn yield[J]. Journal of environmental quality, 46(4): 855-861.

MEYER L D, FOSTER G R, ROMKENS M J M, 1975. Source of soil eroded by water from upland slopes[J].

Agricultural research service report, S40: 177-189.

MUTCHLER C, YOUNG R, 1975, Soil detachment by raindrops: In present and prospective technology for predicting sediment yields and sources[J]. Agricultural research service report, 40: 113-117.

NERIS J, DOERR S H, NOTARIO J, et al., 2017. Effectiveness of polyacrylamide, wood shred mulch, and pine needle mulch as post-fire hillslope stabilization treatments in two contrasting volcanic soils[J]. Forests, 8(7): 247.

RUEHRWEIN R A, WARD D W, 1952. Mechanism of clay aggregation by polyelectrolytes [J]. Soil science, 73(6): 485-492.

TADAYONFAR G, SHAHMIRI N, BAZOOBANDI M H, 2016. The Effect of polyvinyl acetate polymer on reducing dust in arid and semiarid areas[J]. Open journal of ecology, 6(4): 176-183.

TROEH F R, HOBBS J A, DONAHUE R L, 1991. Soil and water conservation[M]. 2nd ed. Upper Saddle River: Prentice Hall.

TÜMSAVAŞ Z, TÜMSAVAŞ F, 2011. The effect of polyvinyl alcohol (PVA) application on runoff, soil loss and drainage water under simulated rainfall conditions[J]. Journal of food agriculture & environment, 9(2): 757-762.

WHITING P J, BONNIWELL E C, MATISOFF G, 2001. Depth and areal extent of sheet and rill erosion based on radionuclides in soils and suspended sediment[J]. Geology, 29(12): 1131-1134.

WISCHMEIER W H, SMITH D D, 1958. Rainfall energy and its relationship to soil loss[J]. Transactions American geophysical union, 39(2): 285-291.

WISCHMEIER W H, SMITH D D, UHLAND R E, 1958. Evaluation of factors in the soil-loss equation[J]. Agricultural engineering, 39(8): 458-462, 474.

WU Z, GAO W, WU Z, et al., 2011. Synthesis and characterization of a novel chemical sand-fixing material of hydrophilic polyurethane[J]. Journal of the society of materials science Japan, 60(7): 674-679.

XU H, LI T B, CHEN J N, et al., 2017. Characteristics and applications of ecological soil substrate for rocky slope vegetation in cold and high-altitude areas[J]. Science of the total environment, 609: 446-455.

ZHANG C, WANG R X, HAN P Y, et al., 2018. Soil water repellency of the artificial soil and natural soil in rocky slopes as affected by the drought stress and polyacrylamide[J]. Science of the total environment, 619/620: 401-409.